delta 10

LEHRERBAND

Mathematik für Gymnasien

Schätz
Eisentraut

D1666923

C.C. BUCHNER

delta

Mathematik für Gymnasien
Herausgegeben von Ulrike Schätz und Franz Eisentraut

Der Lehrerband zu delta 10 wurde verfasst von Franz Eisentraut, Stephan Kessler und Ulrike Schätz

Gestaltung und Herstellung:
Wildner + Designer GmbH, Fürth · www.wildner-designer.de

1. Auflage   4 3 2   2012

Die letzte Zahl bedeutet das Jahr dieses Druckes.
Alle Drucke dieser Auflage sind, weil untereinander unverändert, nebeneinander benutzbar.

www.ccbuchner.de

ISBN 978-3-7661-**8280**-7

Inhaltsverzeichnis

Inhaltsverzeichnis

Seitenzahl aus
dem Schülerbuch   Lösungen

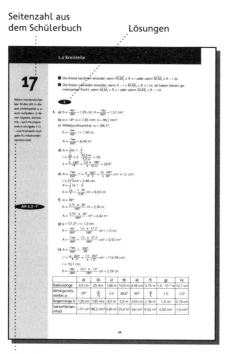

didaktischer
Kommentar

Lösungen

Im Lösungsteil sind die Lösungen der Aufgaben aus dem
Schulbuch (einschließlich der Verständnisfragen, der Wie-
derholungs- und Kopfrechenaufgaben) angegeben. Wo es
sinnvoll erscheint, werden auch Angaben zum Lösungsweg
gemacht oder es werden unterschiedliche Lösungsmöglichkei-
ten aufgezeigt. Dabei wurde großer Wert auf eine übersichtli-
che Darstellung der Lösungen gelegt.

Für eine schnelle Orientierung im Lehrerband sind in der
Randspalte die entsprechenden Seitenzahlen des Schulbuchs
groß abgedruckt. Der didaktische Kommentar in der Rand-
spalte weist auf Lehrplanbezüge hin; er macht aber auch
Angaben zu Möglichkeiten der methodischen Umsetzung der
Inhalte des jeweiligen Kapitels.

Die Lösungen sind durch das Symbol „L" gekennzeichnet;
unter „W" findet man die Lösungen der Wiederholungsauf-
gaben und unter „Z" Vorschläge für weiteres Übungsmaterial
(teils als Kopiervorlage).

Arbeitsheft

Zu delta 10 gibt es ein Schülerarbeitsheft. Das Arbeitsheft bietet zu jedem Kapitel weiteres Aufgabenmaterial, auf dessen
möglichen Einsatz durch das Symbol „AH" mit Seitenzahl in
der Randspalte hingewiesen wird. Dadurch wird der Lehrkraft
für die Planung des Unterrichts eine optimale Verzahnung der
unterschiedlichen Materialien aufgezeigt.

Das Arbeitsheft eignet sich insbesondere auch zur Förderung
sowohl leistungsschwächerer als auch leistungsstärkerer
Schüler.

Hinweis auf Einsatz
des Arbeitsheftes

delta 10 Arbeitsheft BN 8263
48 Seiten, 27 Seiten Lösungsteil.

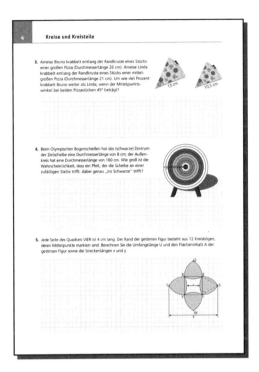

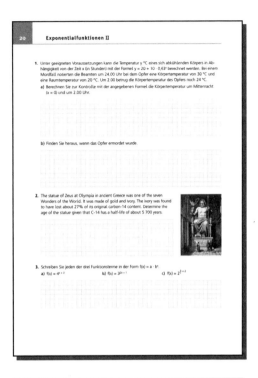

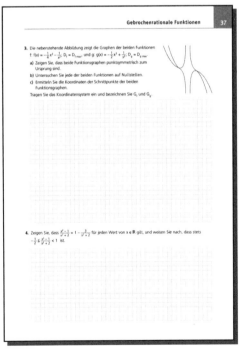

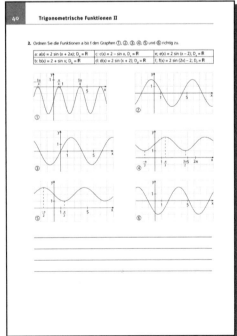

delta 10 Arbeitsheft (verkleinerte Musterseiten; Original farbig)

LÖSUNGEN

L

1. a) L = {2}   **b)** L = {0; 2}   **c)** L = { }   **d)** L = {–16; 1}
  e) L = {–23,5; 1}   **f)** L = {–2}   **g)** L = {1,5; 3}   **h)** L = {7; 10}
  i) L = {–1}
  Summenwert aller Lösungen: – 15

2. a) L = {1}   Probe: L. S.: 1 + 4 = 5; R. S.: 8 – 3 = 5; L. S. = R. S. ✓

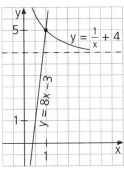

b) L = {–1; 1}
  Probe für x = –1: L. S.: 1 + 1 = 2; R. S.: –0,5 + 2,5 = 2; L. S. = R. S. ✓
  Probe für x = 1: L. S.: 1 + 1 = 2; R. S.: –0,5 + 2,5 = 2; L. S. = R. S. ✓

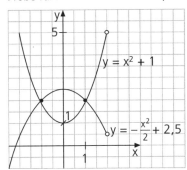

3. a) L =]0,8; ∞[**b)** L =]–∞; –0,5]\{–4}

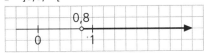 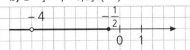

c) L = (ℝ\ [–$\sqrt{2}$; $\sqrt{2}$])\{–2}   **d)** L =]4; ∞[

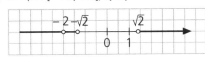

4. a) L = {(–$\frac{1}{12}$; $\frac{1}{2}$)}   **b)** L = {(–3; 6)}   **c)** L = {(2; –3; 7)}

5. Die Diskriminante der Gleichung $x^2 + x + a = 0$ ist D = 1 – 4a:
  f hat genau eine Nullstelle, wenn a = 0,25 und wenn a = 0 ist.
  f hat keine Nullstelle, wenn a > 0,25 ist.
  f hat zwei Nullstellen, wenn a < 0,25, aber ungleich 0 ist.

6. a) |p – 6| = 3p; p = 1,5   **b)** |p + 1| < 10; p ∈]–11; 9[∩ ℚ

7. a) $\dfrac{1}{x(x + a)}$ **b)** $2x + b$ **c)** $a^{-\frac{17}{6}} \cdot b^{\frac{4}{3}} = \sqrt[6]{a^{17} b^8}$

8. a) $P_1; P_4; P_5; P_7; P_9; P_{10}$: 60% **b)** $P_1; P_2; P_4; P_5; P_9$: 50%
c) $P_5; P_8$: 20% **d)** $P_3; P_8$: 20%
e) P_7: 10% **f)** $P_1; P_2; P_3$: 30%
g) P_6: 10%

9. Die Gerade AB hat die Gleichung $y = x - 3$; $C \notin AB$,
da $-1,5 \neq 0 - 3$ ist.
Die Parabel P hat die Gleichung $y = ax^2 + bx + c$.
Das Gleichungssystem I $9a + 3b + c = 0$
II $a + b + c = -2$
III $c = -1,5$
hat die Lösungsmenge $L = \{(0,5; -1; -1,5)\}$;
also besitzt P die Gleichung
$y = 0,5x^2 - x - 1,5 = 0,5(x - 1)^2 - 2$ und den Scheitel $S\,(1\,|-2)$.

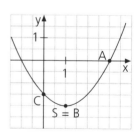

10.

	$\overline{AB} = c$	$\overline{BC} = a$	$\overline{CA} = b$	Größenvergleich	Das Dreieck ist	und hat
a)	5 LE	5 LE	$2\sqrt{5}$ LE	$5^2 < 5^2 + (2\sqrt{5})^2$	spitzwinklig	A = 10 FE
b)	9 LE	$4\sqrt{5}$ LE	$\sqrt{17}$ LE	$9^2 < (4\sqrt{5})^2 + \sqrt{17}^2$	spitzwinklig	A = 18 FE
c)	20 LE	$\sqrt{194}$ LE	$\sqrt{74}$ LE	$20^2 > \sqrt{194}^2 + \sqrt{74}^2$	stumpfwinklig	U ≈ 42,5 LE
d)	10 LE	$\sqrt{10}$ LE	$3\sqrt{10}$ LE	$10^2 = \sqrt{10}^2 +$ $(3\sqrt{10})^2$	rechtwinklig	$\gamma = 90°$; $\sin \alpha = \dfrac{\sqrt{10}}{10}$; $\alpha \approx 18,4°$; $\beta \approx 71,6°$

11.

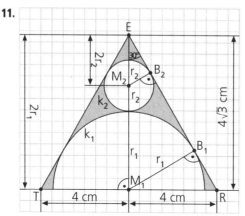

Die rechtwinkligen Dreiecke M_1RE, M_1B_1E und M_2B_2E sind Hälften von gleichseitigen
Dreiecken:
$\overline{M_1E} = 4\sqrt{3}$ cm; $r_1 = \dfrac{\overline{M_1E}}{2} = 2\sqrt{3}$ cm
$2r_2 + r_2 = 4\sqrt{3}$ cm $- r_1$; $3r_2 = 2\sqrt{3}$ cm; $| : 3$ $r_2 = \dfrac{2}{3}\sqrt{3}$ cm
$A = A_{\text{Dreieck}} - A_{\text{Halbkreis } k_1} - A_{\text{Kreis } k_2} = \left[\dfrac{1}{2} \cdot 8 \cdot 4\sqrt{3} - \dfrac{1}{2} \cdot \left(2\sqrt{3}\right)^2 \cdot \pi - \left(\dfrac{2}{3}\sqrt{3}\right)^2 \cdot \pi\right]$ cm²
$= \left(16\sqrt{3} - \dfrac{22}{3}\pi\right)$ cm² $\approx 4,7$ cm²

12.

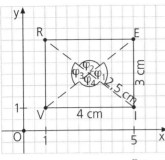

Größen der Winkel: $\tan \frac{\varphi_{1,3}}{2} = \frac{1,5}{2} = \frac{3}{4}$; $\varphi_1 = \varphi_3 \approx 73,7°$; $\varphi_2 = \varphi_4 \approx 106,3°$

a) Pyramidenvolumen: $V_{Pyramide} = \frac{1}{3} \cdot (4 \text{ cm} \cdot 3 \text{ cm}) \cdot 10 \text{ cm} = 40 \text{ cm}^3$

Seitenflächenhöhen: $\sqrt{10^2 + 2^2} \text{ cm} = \sqrt{104} \text{ cm} = 2\sqrt{26} \text{ cm}$

bzw. $\sqrt{10^2 + 1,5^2} \text{ cm} = \sqrt{102,25} \text{ cm} = 0,5\sqrt{409} \text{ cm}$

Oberflächeninhalt: $4 \text{ cm} \cdot 3 \text{ cm} + 2 \cdot \frac{1}{2} \cdot 4 \text{ cm} \cdot 0,5\sqrt{409} \text{ cm} +$

$2 \cdot \frac{1}{2} \cdot 3 \text{ cm} \cdot 2\sqrt{26} \text{ cm} =$

$= 12 \text{ cm}^2 + 2\sqrt{409} \text{ cm}^2 + 6\sqrt{26} \text{ cm}^2 \approx 83,0 \text{ cm}^2$

Neigungswinkel: $\tan (\sphericalangle SIR) = \frac{10}{2,5} = 4$; $\sphericalangle SIR \approx 76,0°$

b) Kegelvolumen: $V_{Kegel} = \frac{1}{3} \cdot (2,5 \text{ cm})^2 \cdot \pi \cdot 10 \text{ cm} \approx 65,4 \text{ cm}^3$

Mantellinienlänge: $s = \sqrt{10^2 + 2,5^2} \text{ cm} = \sqrt{106,25} \text{ cm} = 2,5\sqrt{17} \text{ cm}$

Oberflächeninhalt: $(2,5 \text{ cm})^2 \cdot \pi + 2,5 \text{ cm} \cdot \pi \cdot 2,5\sqrt{17} \text{ cm} = 6,25(1 + \sqrt{17})\pi \text{ cm}^2 \approx$

$\approx 100,6 \text{ cm}^2$

Prozentsatz: $\frac{V_{Kegel} - V_{Pyramide}}{V_{Pyramide}} \approx 63,6\%$

13. a) $6 \cdot \left(\frac{1}{6}\right)^4 \approx 0,46\%$ b) $\frac{5}{6} \cdot \frac{4}{6} \cdot \frac{3}{6} \approx 27,8\%$

c) $\left(\frac{1}{6}\right)^4 \approx 0,08\%$ d) $4! \cdot \left(\frac{1}{6}\right)^4 \approx 1,9\%$

e) $4 \cdot \left(\frac{2}{6}\right)^3 \cdot \frac{4}{6} + \left(\frac{2}{6}\right)^4 \approx 11,1\%$ f) $\frac{4}{6} \cdot \frac{2}{6} \cdot \frac{4}{6} \cdot \frac{2}{6} \approx 4,9\%$

14.

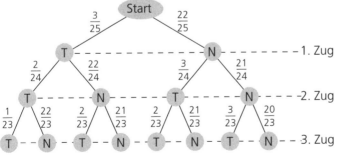

a) $P(\text{„drei Trefferlose"}) = \frac{3}{25} \cdot \frac{2}{24} \cdot \frac{1}{23} = \frac{1}{2\,300} \approx 0,04\%$

b) $P(\text{„mindestens ein Trefferlos"}) = 1 - \frac{22}{25} \cdot \frac{21}{24} \cdot \frac{20}{23} \approx 33,0\%$

c) $P(\text{„höchstens ein Trefferlos"}) = \frac{22}{25} \cdot \frac{21}{24} \cdot \frac{20}{23} + 3 \cdot \frac{3}{25} \cdot \frac{22}{24} \cdot \frac{21}{23} \approx 97,1\%$

Kapitel 1

Ferdinand von Lindemann
geb. 1852 in Hannover
gest. 1939 in München

Wenn im Alltag von der **Quadratur des Kreises** gesprochen wird, so meint man damit, dass es um die Lösung eines ganz besonders schwierigen Problems geht. Otto von Bismarck verwendete in seinen Reden oft den Vergleich mit der Quadratur des Kreises, wenn er auf ein unlösbares politisches Problem zu sprechen kam. Die Quadratur des Kreises ist eines der drei berühmten über zweitausend Jahre alten Probleme der Mathematik (die beiden anderen sind die Würfelverdopplung und die Winkeldreiteilung).
Unter der Quadratur des Kreises versteht man die Konstrukion (mit dem Zirkel und Lineal in endlich vielen Schritten) eines Quadrats, das den gleichen Flächeninhalt wie ein gegebener Kreis besitzt. Lindemann gelang mit dreißig Jahren ein Beweis für die Unmöglichkeit der Quadratur des Kreises, indem er die Transzendenz der Zahl π (π = 3,14159265... ist der Wert des Verhältnisses der Umfangslänge eines Kreises zur Länge eines Durchmessers dieses Kreises) bewies, also die Tatsache, dass die Zahl π nicht Lösung einer Gleichung der Form $a_n x^n + a_{n-1} x^{n-1} + ... + a_1 x + a_0 = 0$ mit natürlichem Grad n, mit ganzzahligen Koeffizienten a_n, a_{n-1}, ..., a_1, a_0 und mit von null verschiedenem a_n sein kann.

Ferdinand Lindemann wurde am 12. April 1852 in Hannover als drittes Kind des Lehrers für neuere Sprachen Ferdinand Lindemann und seiner Frau Emilie, geb. Crusius, geboren. Er besuchte das Gymnasium Fridericianum in Schwerin und studierte von 1870 an Mathematik in Göttingen. Er promovierte bereits 1873 bei Felix Klein mit einer Dissertation *De motibus infinite parvis*. Nach Studienaufenthalten in England und Frankreich habilitierte er sich 1877 in Würzburg und übernahm noch im gleichen Jahr eine Professur in Freiburg/Br.

Ferdinand Lindemann und die Ludolph'sche Zahl
In Lindemanns Freiburger Zeit fällt seine berühmte Arbeit über die Transzendenz der „Ludolph'schen Zahl" π. In seinen Lebenserinnerungen schreibt Ferdinand von Lindemann, dass ihm die Beweisidee auf einem Spaziergang an seinem dreißigsten Geburtstag gekommen sei. Diese Arbeit, die 1822 in den Mathematischen Annalen erschien, brachte ihm die Anerkennung bedeutender Mathematiker seiner Zeit; so bezeichnete ihn der englische Mathematiker James Joseph Sylvester als den „Bezwinger von π" und sagte, dass dies in seinen Augen ein stolzerer Titel sei, als wenn er der Sieger von Solferino oder von Königgrätz gewesen wäre.

Ferdinand Lindemann, Rektor der Albertus-Universität in Königsberg und Rektor der Ludwig-Maximilians-Universität in München, Lehrer und Förderer bedeutender Mathematiker, Mitglied der Bayerischen Akademie der Wissenschaften
Das Ansehen, das sich Lindemann durch seine Arbeit über die Transzendenz der Zahl π erworben hatte, brachte ihm 1883 den Ruf an die Albertus-Universität in Königsberg, wo er bis 1893 tätig war. Im Jahr 1893 übernahm er dann einen Lehrstuhl an der Ludwig-Maximilians-Universität in München, den er bis zu seiner Emeritierung im Jahr 1923 inne hatte. Sein besonderes Interesse galt stets auch der Ausbildung der Lehrkräfte an Gymnasien. An beiden Universitäten übte Lindemann zeitweilig das Amt des Rektors aus. Lindemann war der Doktorvater von sechzig Mathematikern, darunter z. B. D. Hilbert, H. Minkowski, A. Sommerfeld und M. Lagally.
Lindemann war seit 1894 Mitglied der Bayerischen Akademie der Wissenschaften und besuchte regelmäßig internationale wissenschaftliche Tagungen, u. a. in Wien, Paris, London und St. Petersburg. Neben seiner berühmtesten Arbeit (über die Transzendenz der Zahl π) verfasste er Werke über verschiedene Gebiete der Mathematik und auch über Geschichte der Mathematik.

Ferdinand Lindemann – nicht nur Mathematiker

Seit seiner Jugend war Lindemann sehr an historischen und prähistorischen Forschungen interessiert. Sein besonderes Interesse galt dabei der Geschichte der Gewichtsmaße, der Zahlzeichen und der Polyeder. Auch auf diesem Gebiet hat er eine Reihe von Arbeiten veröffentlicht.

Gemeinsam mit seiner Frau Lisbeth übersetzte er Werke von Poincaré aus dem Französischen ins Deutsche und brachte so die wissenschaftstheoretischen Arbeiten des Mathematikers und Philosophen Poincaré dem deutschsprachigen Publikum nahe.

Ferdinand von Lindemann

Neben einer Reihe von Ehrendoktorwürden, wissenschaftlichen Auszeichnungen und Preisen wurden Ferdinand Lindemann durch den König von Bayern verschiedene Verdienstorden verliehen. 1918 wurde er in den persönlichen Adelsstand erhoben.

- Das Bogenmaß eines Winkels ist als Verhältnis (Quotient) b : r = $\frac{b}{r}$ zweier Längen, nämlich der Kreisbogenlänge b zum Mittelpunktswinkel α und der Kreisradiuslänge r, ohne Benennung.
- Das Bogenmaß ist – im Gegensatz zur Kreisbogenlänge – (auch auf dem Einheitskreis) ohne Benennung.

Die Schülerinnen und Schüler lernen das Bogenmaß von Winkeln kennen und erarbeiten den Zusammenhang zwischen Bogenmaß und Gradmaß; dabei wiederholen sie ihre Kenntnisse über die Kreiszahl π. Bei der Beschäftigung mit der Zahl π machen sie sich bewusst, dass die Quadratur des Kreises nicht möglich ist, dass es also nicht möglich ist, (mit Zirkel und Lineal in endlich vielen Schritten) ein Quadrat zu konstruieren, das den gleichen Flächeninhalt hat wie ein gegebener Kreis. Die Umrechnung von Winkelgrößen im Gradmaß ins Bogenmaß und umgekehrt erfolgt zwar mit dem Taschenrechner, erfordert aber doch bei den meisten Schülern und Schülerinnen Übungszeit. Das Bogenmaß besonderer Winkel sollten die Schülerinnen und Schüler auswendig kennen.

L

1.

Winkel im Gradmaß	0°	15°	20°	135°	75°	75,00°	225°	330°	165,0°
Winkel im Bogenmaß	0	$\frac{\pi}{12}$	$\frac{\pi}{9}$	$\frac{3\pi}{4}$	$\frac{5\pi}{12}$	1,309	$\frac{5\pi}{4}$	$\frac{11\pi}{6}$	2,880

2. a) $x = \sqrt{1{,}6^2 + 2{,}5^2}$ cm $= \sqrt{8{,}81}$ cm $= 2{,}968\ldots$ cm $\approx 3{,}0$ cm;

$\tan\alpha = \frac{1{,}6\text{ cm}}{2{,}5\text{ cm}} = 0{,}64$; $\alpha \approx 33° \triangleq 0{,}58$;

$\beta = 90° - \alpha \approx 57° \triangleq 0{,}99$

b) $y = \sqrt{3{,}0^2 - 1{,}2^2}$ cm $= \sqrt{7{,}56}$ cm $= 2{,}7495\ldots$ cm $\approx 2{,}7$ cm;

$\cos\alpha = \frac{1{,}2\text{ cm}}{3{,}0\text{ cm}} = 0{,}40$; $\alpha \approx 66° \triangleq 1{,}2$;

$\beta = 90° - \alpha \approx 24° \triangleq 0{,}42$

c) $z = \sqrt{8^2 + 2^2}$ cm $= \sqrt{68}$ cm $\approx 8{,}25$ cm;

$\tan\alpha = \frac{2\text{ cm}}{8\text{ cm}} = 0{,}25$; $\alpha = 14{,}0° \triangleq 0{,}244$;

$\beta = 90° - \alpha \approx 76{,}0° \triangleq 1{,}33$

3. a) $\sin\frac{\pi}{2} = 1$ b) $\tan\frac{\pi}{4} = 1$ c) $\cos\frac{\pi}{6} = \frac{\sqrt{3}}{2}$

d) $\left(\sin\frac{\pi}{4} + \cos\frac{\pi}{4}\right)^2 = \left(\frac{1}{2}\sqrt{2} + \frac{1}{2}\sqrt{2}\right)^2 = (\sqrt{2})^2 = 2$

e) $\left(\sin\frac{\pi}{3}\right)^2 + \left(\cos\frac{\pi}{3}\right)^2 = 1$

f) $\cos\frac{\pi}{2} + \cos\frac{\pi}{4} = 0 + \frac{1}{2}\sqrt{2} = \frac{1}{2}\sqrt{2}$

g) $\sin\frac{\pi}{2} + \sin\frac{\pi}{4} = 1 + \frac{1}{2}\sqrt{2} = \frac{1}{2}(2 + \sqrt{2})$

h) $\sin\left(\frac{\pi}{3} + \frac{\pi}{6}\right) - \left(\sin\frac{\pi}{3} + \sin\frac{\pi}{6}\right) = \sin\frac{\pi}{2} - \left(\frac{1}{2}\sqrt{3} + \frac{1}{2}\right) = 1 - \frac{1}{2}\sqrt{3} - \frac{1}{2} =$

$= \frac{1}{2} - \frac{1}{2}\sqrt{3} = \frac{1}{2}(1 - \sqrt{3})$

4.

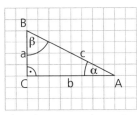

AH S.2

a) wahr; Begründung: Grundwissen

b) falsch; Gegenbeispiel: $\tan 45° + \tan 45° = 1 + 1 = 2$

c) wahr; Begründung: $\tan\alpha = \frac{a}{b}$; $\tan\beta = \frac{b}{a}$; $\tan\alpha \cdot \tan\beta = \frac{a}{b} \cdot \frac{b}{a} = 1$

d) wahr; Begründung: $\sin\alpha = \frac{a}{c}$; $\sin\beta = \frac{b}{c}$; $\frac{\sin\alpha}{\sin\beta} = \frac{a}{b} = \tan\alpha$;

e) wahr; Begründung: $\alpha + \beta = 90°$;
L.S. $= \sin 90° = 1$; R.S. $= 1 + \cos 90° = 1$; L.S. $=$ R.S.

f) wahr; Begründung: $\alpha + \beta = 90°$; L.S. $= \sin 90° = 1$; R.S. $= \tan\frac{90°}{2} = \tan 45° = 1$;
L.S. $=$ R.S.

5. (1) $\dfrac{(\sin\theta)^2 + (\cos\theta)^2 \cdot \tan\theta}{\sin\theta + \cos\theta} = \dfrac{\sin\theta\,(\sin\theta + \frac{(\cos\theta)^2 \cdot 1}{\cos\theta})}{\sin\theta + \cos\theta}$

$\quad = \dfrac{\sin\theta\,(\sin\theta + \cos\theta)}{\sin\theta + \cos\theta} = \sin\theta$

(2) $\dfrac{1 - \sin\theta}{\cos\theta} - \dfrac{\cos\theta}{1 + \sin\theta} = \dfrac{(1 - \sin\theta)\,(1 + \sin\theta) - (\cos\theta)^2}{(1 + \sin\theta)\cos\theta} = \dfrac{1 - (\sin\theta)^2 - (\cos\theta)^2}{(1 + \sin\theta)\cos\theta} =$

$\quad = \dfrac{1 - [(\sin\theta)^2 + (\cos\theta)^2]}{(1 + \sin\theta)\cos\theta} = \dfrac{1 - 1}{(1 + \sin\theta)\cos\theta} = 0$

W

W1

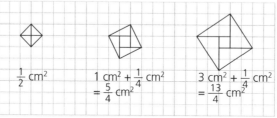

$\frac{1}{2}$ cm² $\qquad$ 1 cm² + $\frac{1}{4}$ cm² $\qquad$ 3 cm² + $\frac{1}{4}$ cm²

$\qquad\qquad$ = $\frac{5}{4}$ cm² $\qquad\qquad$ = $\frac{13}{4}$ cm²

$A = \frac{1}{2}$ cm² $+ \frac{5}{4}$ cm² $+ \frac{13}{4}$ cm² $= 5$ cm²

W2 1

W3 $20 = 16 + \sqrt{16}$

$56 = 49 + \sqrt{49}$

$72 = 64 + \sqrt{64}$

100

$156 = 144 + \sqrt{144}$

$210 = 196 + \sqrt{196}$

$650 = 625 + \sqrt{625}$

$\dfrac{a^2}{a} = a$

$n^{\frac{2n}{n}} = n^2$

$n^{\frac{n^2}{n}} = n^n$

Die Beschäftigung mit der Kreiszahl π hat viele Menschen seit Jahrhunderten fasziniert. Auf dieser Themenseite werden verschiedene Verfahren vorgestellt, mithilfe derer Mathematiker seit dem Altertum immer wieder versucht haben, für die Zahl π einen möglichst genauen Wert zu finden. Im Zusammenhang mit der erreichten Genauigkeit, mit der diese Zahl im Lauf der Geschichte ermittelt worden ist, ist es möglich, ggf. in Zusammenarbeit mit dem Fach Geschichte und mithilfe von Internetrecherchen, eine historische Übersicht zu erarbeiten. Im Sinne mathematischer Allgemeinbildung wird auch der Begriff *transzendente Zahl* erläutert.

L

1. Durchmesserlänge d = 10 Ellen; Umfangslänge U = 30 Ellen: $\frac{U}{d} = \frac{30\ \text{Ellen}}{10\ \text{Ellen}} = 3$.
Für π kann man hieraus den Näherungswert 3 entnehmen.

12

2. **a)** Quadratseitenlänge: $d - \frac{d}{9} = \frac{8}{9}d$; Flächeninhalt: $\left(\frac{8}{9}d\right)^2 = \left(\frac{16}{9}r\right)^2 = \frac{256}{81}r^2 \approx 3{,}16r^2$

Ahmes hat für π den Näherungswert $\frac{256}{81} \approx 3{,}16$ verwendet.

b) (1) Quadratseitenlänge: $d - \frac{d}{10} = \frac{9}{10}d$; Flächeninhalt: $\left(\frac{9}{10}d\right)^2 = \left(\frac{18}{10}r\right)^2 = \frac{81}{25}r^2 =$
$= 3{,}24r^2$; $\pi \approx 3{,}24$

(2) Quadratseitenlänge: $d - \frac{d}{8} = \frac{7}{8}d$; Flächeninhalt: $\left(\frac{7}{8}d\right)^2 = \left(\frac{14}{8}r\right)^2 = \frac{49}{16}r^2 \approx$

$\approx 3{,}06\ r^2$; $\pi \approx 3{,}06$

3. Satz von Pythagoras im Dreieck ① : $s_{2n}^2 = x_n^2 + \left(\frac{1}{2}s_n\right)^2$ (1)

und im Dreieck ② : $(1 - x_n)^2 = 1^2 - \left(\frac{1}{2}s_n\right)^2 = \frac{1}{4}(4 - s_n^2)$; $1 - x_n > 0$:

$$1 - x_n = \frac{1}{2}\sqrt{4 - s_n^2};\ x_n = 1 - \frac{1}{2}\sqrt{4 - s_n^2}\ \text{eingesetzt in (1)}$$

$$s_{2n}^2 = \left(1 - \frac{1}{2}\sqrt{4 - s_n^2}\right)^2 + \frac{1}{4}s_n^2 = 1 - \sqrt{4 - s_n^2} + \frac{1}{4}(4 - s_n^2) + \frac{1}{4}s_n^2 =$$

$$= 2 - \sqrt{4 - s_n^2};\ s_{2n} = \sqrt{2 - \sqrt{4 - s_n^2}};$$

$$u_{2n} = 2n \cdot s_{2n} = 2n \cdot \sqrt{2 - \sqrt{4 - s_n^2}}$$

4. Lösungsweg und Ergebnis sind auf Seite 13 im Lehrbuch zu finden.

13

5.

Für die Seitenlänge s_i ($i \in \{1; 2; \ldots; n\}$) und den Flächeninhalt A_i jedes der n Teildreiecke ① , ② , … und ⓝ des dem Kreis k (Radiuslänge: r) umbeschriebenen n-Eckes gilt $A_i = \frac{1}{2}s_i \cdot r$. Also ist der gesamte Flächeninhalt dieses n-Ecks durch

$A_{\text{Vieleck}} = A_1 + A_2 + \ldots + A_n =$
$\frac{1}{2}s_1 \cdot r + \frac{1}{2}s_2 \cdot r + \ldots + \frac{1}{2}s_n \cdot r =$
$\frac{1}{2}r \cdot (s_1 + s_2 + \ldots + s_n) = \frac{1}{2}r \cdot U_{\text{Vieleck}}$ gegeben.

6. Für die V-Figur mit Scheitel M und Schenkeln [MB und [MC gilt der 2. Strahlensatz:

$$\frac{1}{2}S_n : \frac{1}{2}s_n = r : h_n = r : \sqrt{r^2 - \left(\frac{1}{2}s_n\right)^2};\ l \cdot s_n$$

und mit r = 1 daher $S_n = \frac{1 \cdot s_n}{\sqrt{1^2 - \left(\frac{1}{2}s_n\right)^2}} = \frac{2s_n}{\sqrt{4 - s_n^2}}$

7. (1) $a_n = n \cdot \frac{1}{2} s_n \cdot h_n = \frac{n}{2} \cdot s_n \cdot \sqrt{1 - \left(\frac{s_n}{2}\right)^2} =$

$$= \frac{n}{2} \cdot s_n \cdot \frac{1}{2} \sqrt{4 - s_n^2} = \frac{n s_n}{4} \sqrt{4 - s_n^2};$$

$$A_n = n \cdot \frac{1}{2} \cdot S_n \cdot 1 = \frac{n}{2} \cdot \frac{2 s_n}{\sqrt{4 - s_n^2}} = \frac{n s_n}{\sqrt{4 - s_n^2}};$$

$$\sqrt{a_n \cdot A_n} = \sqrt{\frac{n \cdot s_n}{4} \cdot \sqrt{4 - s_n^2} \cdot \frac{n \cdot s_n}{\sqrt{4 - s_n^2}}} = \frac{n \cdot s_n}{2};$$

$$a_{2n} = 2n \cdot \frac{s_{2n}}{4} \sqrt{4 - s_{2n}^2} = \frac{n}{2} \cdot \sqrt{2 - \sqrt{4 - s_n^2}} \cdot \sqrt{4 - \left(2 - \sqrt{4 - s_n^2}\right)} =$$

$$= \frac{n}{2} \sqrt{2 - \sqrt{4 - s_n^2}} \cdot \sqrt{2 + \sqrt{4 - s_n^2}} = \frac{n}{2} \sqrt{4 - (4 - s_n^2)} = \frac{n}{2} \sqrt{s_n^2} = \frac{n}{2} \cdot s_n = \sqrt{a_n \cdot A_n}$$

(2) $A_{2n} = 2n \cdot \frac{1}{2} S_{2n} \cdot 1 = n S_{2n} = \frac{2 n s_{2n}}{\sqrt{4 - s_{2n}^2}} = \frac{2n \cdot \sqrt{2 - \sqrt{4 - s_n^2}}}{\sqrt{4 - \left(2 - \sqrt{4 - s_n^2}\right)}} =$

$$= \frac{2n \cdot \left(\sqrt{2 - \sqrt{4 - s_n^2}}\right)^2}{\sqrt{2 + \sqrt{4 - s_n^2}} \cdot \sqrt{2 - \sqrt{4 - s_n^2}}} = \frac{2n \cdot \left(2 - \sqrt{4 - s_n^2}\right)}{s_n};$$

$$\frac{2 \cdot a_{2n} \cdot A_n}{a_{2n} + A_n} = \frac{2 \cdot \frac{n}{2} \cdot s_n \cdot \frac{n \cdot s_n}{\sqrt{4 - s_n^2}}}{\frac{n}{2} \cdot s_n + \frac{n \cdot s_n}{\sqrt{4 - s_n^2}}} = \frac{n^2 s_n^2}{\sqrt{4 - s_n^2} \left[\frac{n}{2} s_n \left(1 + \frac{2}{\sqrt{4 - s_n^2}}\right)\right]} =$$

$$\frac{2 n^2 s_n^2}{n \cdot s_n \left(\sqrt{4 - s_n^2} + 2\right)} = \frac{2n \cdot s_n \cdot \left(2 - \sqrt{4 - s_n^2}\right)}{4 - 4 + s_n^2} = \frac{2n \cdot \left(2 - \sqrt{4 - s_n^2}\right)}{s_n} = A_{2n}$$

a)

$a_4 = 2$; $A_4 = 4$; $2 < \pi < 4$;

$a_8 = \sqrt{a_4 \cdot A_4} = \sqrt{8} = 2\sqrt{2} \approx 2{,}828427$;

$A_8 = \frac{2 \cdot a_8 \cdot A_4}{a_8 + A_4} = \frac{4\sqrt{2} \cdot 4}{2\sqrt{2} + 4} = \frac{8\sqrt{2} \cdot (2 - \sqrt{2})}{(2 + \sqrt{2})(2 - \sqrt{2})} =$

$\quad = 4\sqrt{2}\,(2 - \sqrt{2}) = 8\,(\sqrt{2} - 1) \approx 3{,}313708$; $2{,}82 < \pi < 3{,}32$;

$a_{16} = \sqrt{a_8 \cdot A_8} = \sqrt{16\sqrt{2}\,(\sqrt{2} - 1)} = 4\sqrt{2 - \sqrt{2}} \approx 3{,}061467$;

$A_{16} = \frac{2 \cdot a_{16} \cdot A_8}{a_{16} + A_8} \approx 3{,}182598$; $3{,}06 < \pi < 3{,}19$;

$a_{32} = \sqrt{a_{16} \cdot A_{16}} \approx 3{,}121445$; $A_{32} = \frac{2 \cdot a_{32} \cdot A_{16}}{a_{32} + A_{16}} \approx 3{,}151725$;

$3{,}12 < \pi < 3{,}16$; also gilt $\pi = 3{,}1\ldots$.

b) Algorithmus:

	A	B	C	D	E
1		a_n Flächeninhalt des einbeschriebenen regulären n-Ecks in LE^2	A_n Flächeninhalt des umbeschriebenen regulären n-Ecks in LE^2	a_{2n} Flächeninhalt des einbeschriebenen regulären 2n-Ecks in LE^2	A_{2n} Flächeninhalt des umbeschriebenen regulären 2n-Ecks in LE^2
2	n = 4	2	4	WURZEL(B3*C3)	=(2*D3*C3)/(D3+C3)
3	n = 8	= D3	= E3	WURZEL(B4*C4)	=(2*D4*C4)/(D4+C4)
4	n = 16	= D4	= E4	WURZEL(B5*C5)	=(2*D5*C5)/(D5+C5)
5	n = 32	= D5	= E5	WURZEL(B6*C6)	=(2*D6*C6)/(D6+C6)
6	n = 64	= D6	= E6	WURZEL(B7*C7)	=(2*D7*C7)/(D7+C7)
7	n = 128	= D7	= E7	WURZEL(B8*C8)	=(2*D8*C8)/(D8+C8)
8	n = 256	= D8	= E8	WURZEL(B9*C9)	=(2*D9*C9)/(D9+C9)
9	n = 512	= D9	= E9	WURZEL(B10*C10)	=(2*D10*C10)/ (D10+C10)
10	n = 1024	= D10	= E10	WURZEL(B11*C11)	=(2*D11*C11)/ (D11+C11)

Ergebnisse:

	A	B	C	D	E
1		a_n Flächeninhalt des einbeschriebenen regulären n-Ecks in LE^2	A_n Flächeninhalt des umbeschriebenen regulären n-Ecks in LE^2	a_{2n} Flächeninhalt des einbeschriebenen regulären 2n-Ecks in LE^2	A_{2n} Flächeninhalt des umbeschriebenen regulären 2n-Ecks in LE^2
2	n = 4	2,0000000000	4,0000000000	2,8284271247	3,3137084990
3	n = 8	2,8284271247	3,1317084990	3,0614674589	3,1825978781
4	n = 16	3,0614674589	3,1825978781	3,1214451523	3,1517249074
5	n = 32	3,1214451523	3,1517249074	3,1365484905	3,1441183852
6	n = 64	3,1365484905	3,1441183852	3,1403311570	3,1422236299
7	n = 128	3,1403311570	3,1422236299	3,1412772509	3,1417503692
8	n = 256	3,1412772509	3,1417503692	3,1415138011	3,1416320807
9	n = 512	3,1415138011	3,1416320807	3,1415729404	3,1416025103
10	n = 1024	3,1415729404	3,1416025103	3,1415877253	3,1415951177

Aus den Näherungswerten D11 bzw. E11 für die Maßzahlen der Flächeninhalte a_{2048} und A_{2048} ergibt sich der fünf geltende Ziffern aufweisende Näherungswert $\pi \approx 3,1416$.

14

Die Ermittlung von Näherungswerten für die Kreiszahl π mithilfe des Monte-Carlo-Verfahrens eröffnet die Möglichkeit handlungsorientierten Vorgehens.

1. Das Liniendiagramm stellt die relative Häufigkeit h_n der Zufallspunkte im Inneren (und auf dem Rand) des Viertelkreises ($r = 1$ LE) in Abhängigkeit von der Anzahl n der Zufallspunkte dar; h_n stabilisiert sich für große Werte von n um einen Wert, der etwas größer als $\frac{3}{4}$ ist. Die relative Häufigkeit der Zufallspunkte, die im Inneren (und auf dem Rand) des Vollkreises liegen würden, wären dann für hinreichend große Werte von n etwas größer als $4 \cdot \frac{3}{4}$, also etwas größer als 3.

2. $\pi \approx 4 \cdot \frac{39}{50} = 3{,}12$

3. $A_{\text{Quadrat}} = (40 \text{ cm})^2 = 1600 \text{ cm}^2$;
$A_{4 \text{ Kreise}} = 4 \cdot (10 \text{ cm})^2 \, \pi = 400\pi \text{ cm}^2$; $\frac{A_{4 \text{ Kreise}}}{A_{\text{Quadrat}}} = \frac{\pi}{4}$;
$n_1 = 49$; $n_2 = 49 + 12 = 61$;
$\pi \approx 4 \cdot \frac{49}{61} \approx 3{,}21$

4. Individuelle Lösungen
Es empfiehlt sich, ein Kartonblatt so zuzuschneiden, dass es in den Deckel z. B. eines Schuhkartons passt; dies vereinfacht das Werfen der Reißnägel. Für den Viertelkreis könnte dann eine Radiuslänge von 16 cm, für jeden der vier Kreise eine Radiuslänge von 4 cm gewählt werden. Vor dem Werfen auf das Kartonblatt (mit anschließendem Auszählen) sollten die Schülerinnen und Schüler überlegen, *wie* geworfen werden soll.

15

5. Bei dieser Aufgabe wiederholen die Schüler und Schülerinnen das Arbeiten mit Zufallszahlen und stellen Verbindung zur Monte-Carlo-Methode her. Sie vergleichen die bei dieser Aufgaben angewandte Methode mit der Methode von Aufgabe 2.
a) Der Punkt P $(x \mid y)$ liegt für $x^2 + y^2 \leqq 1$ innerhalb des Viertelkreises ($r = 1$ LE) bzw. auf der Viertelkreislinie, für $x^2 + y^2 > 1$ außerhalb des Viertelkreises.
Im Inneren (oder auf dem Rand) des Viertelkreises liegen 14 der 20 Punkte.
Hieraus folgt: $\frac{\pi}{4} \approx \frac{14}{20}$; $\pi \approx 2{,}8$.
Dieser Näherungswert für π weicht vom Näherungswert π_{TR} des Taschenrechners
um etwa ($\frac{\pi_{TR} - 2{,}8}{\pi_{TR}} \approx$) 11 % ab; Lucas hat also nicht Recht.

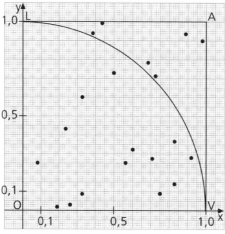

b) Individuelle Lösungen

6. Es empfiehlt sich, das Applet zu nutzen, das unter der angegebenen Adresse zu finden und zu bedienen ist.
a) Individuelle Lösungen
b) Individuelle Lösungen

7.

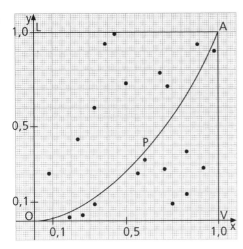

Bei dieser Aufgabe variieren die Schülerinnen und Schüler die neuen Methoden und finden einen Näherungswert für $A = \int_0^1 x^2 dx$. Leistungsstärkere Schüler und Schülerinnen können für das hier „gelöste" Problem neue Variationen finden.

Individuelle Lösungen

Hinweis 1: $\int_0^1 x^2 dx = \frac{1}{3} \approx 0,33$

Hinweis 2: Verwendet man die n = 20 Punkte von Aufgabe 5., so findet man, dass k = 11 dieser 20 Punkte unterhalb des Parabelbogens P liegen.

Dies ergibt: $A \approx \frac{k}{n} = \frac{11}{20} = 0,55$.

17

Neben Standardaufgaben finden sich in diesem Unterkapitel u. a. auch Aufgaben, in denen Algebra, Geometrie – auch Raumgeometrie (Aufgabe 11.) – und Stochastik (Aufgabe 9.) miteinander vernetzt sind.

AH S.3–7

- Die Kreise berühren einander, wenn $\overline{M_1M_2} = R + r$ oder wenn $\overline{M_1M_2} = R - r$ ist.
- Die Kreise schneiden einander, wenn $R - r < \overline{M_1M_2} < R + r$ ist; sie haben keinen gemeinsamen Punkt, wenn $\overline{M_1M_2} > R + r$ oder wenn $\overline{M_1M_2} < R - r$ ist.

L

1. a) $b = \frac{r\pi\alpha}{180°} \approx 1,05$ cm; $A = \frac{r^2\pi\alpha}{360°} \approx 1,57$ cm^2

b) $\alpha = 18°$; $b = 7,85$ mm; $A \approx 98,2$ mm^2;

c) Mittelpunktswinkel: $\alpha \approx 286,5°$;

$b = \frac{r\pi\alpha}{180°}$; $r \approx 1,60$ m;

$A = \frac{r^2\pi\alpha}{360°} \approx 6,40$ m^2

d) $A = \frac{1}{2}br$; $l \cdot \frac{2}{b}$

$r = \frac{2A}{b} = 2 \cdot \frac{25,0 \text{ m}^2}{5,0 \text{ m}} = 10$;

$a = \frac{b \cdot 180°}{r\pi} = \frac{5,0 \text{ m} \cdot 180°}{\pi \cdot 10 \text{ m}} = 28,6°$

e) $A = \frac{r^2\pi\alpha}{360°}$; $r^2 = \frac{A \cdot 360°}{\pi \cdot \alpha} = \frac{2\pi \cdot 360°}{\pi \cdot 60°}$ cm^2 = 12 cm^2;

$r = 2\sqrt{3}$ cm $\approx 3,46$ cm

$A = \frac{1}{2}br$; $l \cdot \frac{2}{r}$

$b = \frac{2A}{r} \approx \frac{2 \cdot 2\pi}{3,46}$ cm $\approx 6,63$ cm

f) $\alpha = 36°$;

$b = \frac{3,75 \cdot \pi \cdot 36°}{180°}$ m $\approx 2,36$ m;

$A = \frac{3,75^2 \cdot \pi \cdot 36°}{360°}$ m^2 $\approx 4,42$ m^2

g) $\mu \approx 57,3°$; $r = 1,0$ cm;

$b = \frac{r\pi\alpha}{360°} \approx \frac{1,0 \cdot \pi \cdot 57,3°}{180°}$ cm $\approx 1,0$ cm

$A = \frac{r^2\pi\alpha}{360°} \approx \frac{1,0 \cdot \pi \cdot 57,3°}{360°}$ cm^2 $\approx 0,50$ cm^2

h) $A = \frac{r^2\pi\alpha}{360°}$; $l \cdot \frac{360°}{\alpha\pi}$

$r^2 = \frac{A \cdot 360°}{\pi \cdot \alpha} = \frac{1,0 \cdot 360°}{\pi \cdot 1,0°}$ cm^2 $\approx 114,59$ cm^2;

$r = 10,7$ cm;

$b = \frac{r\pi\alpha}{180°} \approx \frac{10,7 \cdot \pi \cdot 1,0°}{180°}$ cm $\approx 0,19$ cm

	a)	b)	c)	d)	e)	f)	g)	h)
Radiuslänge	3,0 cm	25 mm	1,60 m	10,0 m	3,46 cm	3,75 m	$1,0 \cdot 10^{-2}$ m	10,7 cm
Mittelpunkts-winkel α	20°	$\frac{\pi}{10}$	5,0	28,6°	60°	$\frac{\pi}{5}$	1,0	1,0°
Bogenlänge b	1,05 cm	7,85 mm	8,0 m	5,0 m	3,63 cm	2,36 m	1,0 cm	0,19 cm
Sektorflächen-inhalt	1,57 cm^2	98,2 mm^2	6,40 m^2	25,0 m^2	2π cm^2	4,42 m^2	0,50 cm^2	1,0 cm^2

2. a) $b = \dfrac{r\pi\alpha}{180°} = \dfrac{4,0 \text{ cm} \cdot \pi \cdot 72°}{180°} = 1,6\pi \text{ cm} \approx 5,03 \text{ cm};$

$(4,0 \cdot 72° = 288° \neq 288 \text{ cm})$

$A = \dfrac{r^2\pi\alpha}{360°} = \dfrac{16 \text{ cm}^2 \cdot \pi \cdot 72°}{360°} = 3,2\pi \text{ cm}^2$

b) $r = 5,0 \text{ cm}; \; b = 12,0 \text{ cm};$

$\varphi = \dfrac{b \cdot 180°}{r\pi} = \dfrac{12,0 \text{ cm} \cdot 180°}{5,0 \text{ cm} \cdot \pi} \approx 137,5°;$

$\left(\dfrac{b}{r} = 2,4 \neq 2,4°\right)$

$A = \dfrac{1}{2}r \cdot b = \dfrac{1}{2} \cdot 5,0 \text{ cm} \cdot 12,0 \text{ cm} = 30 \text{ cm}^2$

3. a) $A_{Sektor} = r^2\pi \cdot \dfrac{\varphi}{360°} = A_{Quadrat};$

$\dfrac{r^2\pi\varphi}{360°} = r^2; \; \varphi = \dfrac{360°}{\pi} \approx 115° \; (\hat{=} \; 2)$

b) $A_{Sektor} = \dfrac{\left(\frac{a}{2}\sqrt{2}\right)^2 \cdot \pi \cdot \varphi}{360°} = A_{Quadrat};$

$\dfrac{\frac{a^2}{2} \cdot \pi \cdot \varphi}{360°} = a^2; \; \varphi = \dfrac{2 \cdot 360°}{\pi} \approx 229° \; (\hat{=} \; 4)$

4. a) $A_{M\ddot{o}ndchen} = \dfrac{1}{2}ab + \dfrac{1}{2}\left(\dfrac{a}{2}\right)^2\pi + \dfrac{1}{2}\left(\dfrac{b}{2}\right)^2\pi - \dfrac{1}{2}\left(\dfrac{c}{2}\right)^2\pi =$

$= \dfrac{1}{2}ab + \dfrac{\pi}{8}(a^2 + b^2) - \dfrac{c^2}{8}\pi =$

$= \dfrac{1}{2}ab + \dfrac{\pi}{8} \cdot c^2 - \dfrac{\pi}{8} \cdot c^2 =$

$= \dfrac{1}{2}ab;$

$A_{M\ddot{o}ndchen} = A_{Dreieck} \; ABC$

b) $A_{M\ddot{o}ndchen} = 4 \cdot \dfrac{1}{2} \cdot \left(\dfrac{a}{2}\right)^2\pi + a^2 - \left(\dfrac{a}{2}\sqrt{2}\right)^2\pi$

$= \dfrac{1}{2}a^2\pi + a^2 - \dfrac{1}{2}a^2\pi = a^2 = A_{Quadrat};$

Für Rechtecke mit den Seitenlängen a und b ergibt sich aus den Radiuslängen $\dfrac{a}{2}$, $\dfrac{b}{2}$ und $\dfrac{1}{2}\sqrt{a^2+b^2}$, dass $A_{M\ddot{o}ndchen} = ab = A_{Rechteck}$ ist.

5. a) $b = \dfrac{r\pi\varphi}{180°}$

(1) $b_1 = 3 \text{ cm} = \dfrac{r\pi \cdot 48°}{180°}; \; | \cdot \dfrac{180°}{48° \cdot \pi}$

$r = \dfrac{3 \text{ cm} \cdot 180°}{\pi \cdot 48°} = \dfrac{11,25}{\pi} \text{ cm} \; (\approx 3,58 \text{ cm})$

(2) $\alpha = \dfrac{b_2 \cdot 180°}{r\pi} = \dfrac{4 \text{ cm} \cdot 180°}{11,25 \text{ cm}} = 64°$

(3) $\beta = \dfrac{b_3 \cdot 180°}{r\pi} = \dfrac{5 \text{ cm} \cdot 180°}{11,25 \text{ cm}} = 80°$

(4) $\gamma = 360° - (48° + \alpha + \beta) = 360° - (48° + 64° + 80°) = 168°$

b) $A = \dfrac{r^2\pi \cdot \varphi}{360°}$

$A_1 = \left(\dfrac{11,25}{\pi}\right)^2 \cdot \dfrac{\pi \cdot 48°}{360°} \text{ cm}^2 \approx 5,37 \text{ cm}^2;$

$A_2 = \dfrac{\left(\frac{11,25}{\pi}\right)^2 \cdot \pi \cdot 64°}{360°} = \dfrac{64}{48} \cdot A_1 = \dfrac{4}{3}A_1 \approx 7,16 \text{ cm}^2$

$A_3 = \dfrac{5}{3} \cdot A_1 \approx 8,95 \text{ cm}^2$

$A_4 = \dfrac{7}{2} \cdot A_1 \approx 18,8 \text{ cm}^2$

18

6. a) $A_a = \left(\frac{1}{4} \cdot a^2\pi - \frac{1}{2} \cdot a^2\right) \cdot 2 = \frac{a^2}{2}(\pi - 2) \approx 0{,}57a^2$; $U_a = 2 \cdot \frac{2a\pi}{4} = \pi \cdot a \approx 3{,}14a$

b) $A_b = \left[\frac{1}{4} \cdot \left(\frac{a}{2}\right)^2 \pi - \frac{1}{2}\left(\frac{a}{2}\right)^2\right] \cdot 8 = \frac{a^2}{2}(\pi - 2) \approx 0{,}57a^2$;

$U_b = 8 \cdot \frac{1}{4} \cdot 2 \cdot \frac{a}{2} \cdot \pi = 2a\pi \approx 6{,}28a$

c) $A_c = \left[\left(\frac{a}{2}\right)^2 - \frac{1}{4}\left(\frac{a}{2}\right)^2\pi + \frac{1}{4}\left(\frac{a}{2}\right)^2\pi\right] \cdot 2 = \frac{a^2}{2} = 0{,}5a^2$;

$U_c = 4 \cdot \frac{1}{4} \cdot 2 \cdot \frac{a}{2} \cdot \pi = a\pi \approx 3{,}14a$

d) $A_d = a^2 - 2 \cdot \left[\frac{1}{4}\left(\frac{a}{3}\right)^2\pi + a \cdot \frac{2a}{3} - \frac{1}{4}\left(\frac{2a}{3}\right)^2\pi\right] =$

$= a^2 - 2 \cdot \left[\frac{2}{3}a^2 - \left(\frac{1}{9} - \frac{1}{36}\right)a^2\pi\right] = a^2 - \left(2 \cdot \frac{2}{3}a^2 - \frac{1}{12}a^2\pi\right) =$

$= \frac{a^2}{6}(\pi - 2) \approx 0{,}19a^2$;

$U_d = 2 \cdot \left(\frac{1}{4} \cdot 2 \cdot \frac{a}{3}\pi + \frac{1}{4} \cdot 2 \cdot \frac{2a}{3}\pi\right) = a\pi \approx 3{,}14a$

7. $A_1 = \frac{r_1^2\pi\varphi}{360°}$; $A_2 = \frac{r_2^2\pi\varphi}{360°} - A_1 = \frac{\pi\varphi}{360°}(r_2^2 - r_1^2)$;

$\frac{A_1}{A_2} = \frac{r_1^2}{r_2^2 - r_1^2}$; $A_1 = A_2 : r_1^2 = r_2^2 - r_1^2$; $r_2^2 = 2r_1^2$; $r_2 = \sqrt{2}\,r_1$; $\frac{r_2}{r_1} = \sqrt{2}$

8. a) Individuelle Lösungen

b) (1) $A_1(R; r) = \frac{1}{2}(R + r)^2\pi - \frac{1}{2}R^2\pi - \frac{1}{2}r^2\pi =$

$= \frac{1}{2}R^2\pi + Rr\pi + \frac{1}{2}r^2\pi - \frac{1}{2}R^2\pi - \frac{1}{2}r^2\pi = Rr\pi$

(2) $A_2(R; r) = \frac{1}{2}R^2\pi + 2 \cdot \frac{1}{2}r^2\pi - \frac{1}{2}(R - r)^2\pi =$

$= \frac{1}{2}R^2\pi + r^2\pi - \frac{1}{2}R^2\pi + Rr\pi - \frac{1}{2}r^2\pi =$

$= \frac{1}{2}r^2\pi + Rr\pi = \frac{r\pi}{2}(r + 2R)$

(3) Seitenlänge des regulären Sechsecks: R;

$A_3(R;r) = A_{Sechseck} - A_{Kreis} = 6 \cdot \frac{R^2}{4}\sqrt{3} - r^2\pi = \frac{3}{2}R^2\sqrt{3} - r^2\pi$

c) Individuelle Lösungen

9. (1) $A_{target} = (4r)^2\pi = 16r^2\pi$

a) $A_{bull's\,eye} = r^2\pi$

$p_a = \frac{r^2\pi}{16r^2\pi} = \frac{1}{16} = 6{,}25\%$

b) $p_b = 1 - p_a = \frac{15}{16} = 93{,}75\%$

(2) $A_{rectangle} = 18 \cdot 11 \cdot (30\text{ m})^2 = 178\,200\text{ m}^2 \approx 18\text{ ha}$

The surface area of the island can be found by counting squares, e. g. row by row starting at the top:

$0 + 2 + 2.5 + 3.5 + 8.5 + 12 + 9 + 9 + 6.5 + 3.5 + 1 = 57.5$;

$57.5 \cdot (30\text{ m})^2 = 51\,750\text{ m}^2 \approx 5{,}2\text{ ha}$

19

10. $A_{Sektor} = \dfrac{r^2\pi\mu}{360°}$; $\left(\cos 45° - \dfrac{\mu}{2}\right) = \dfrac{a}{r} = \dfrac{4\ cm}{r}$;

$r = \dfrac{4\ cm}{\cos\left(45° - \dfrac{\mu}{2}\right)}$ $\qquad\qquad b = \dfrac{r\pi\mu}{180°}$ $\qquad\qquad A = \dfrac{1}{2}\,rb = \dfrac{r^2\pi\mu}{360°}$

μ	15°	30°	45°	60°	75°	90°
r (in cm)	5,04	4,62	4,33	4,14	4,03	4,00
b (in cm)	1,32	2,42	3,40	4,34	5,28	6,28
A_{Sektor} (in cm²)	3,33	5,59	7,36	8,98	10,65	12,57
$p = \dfrac{A_{Sektor}}{A_{Quadrat}}$ (in %)	20,8	34,9	46,0	56,1	66,6	78,6

11. a) Kreissektor:

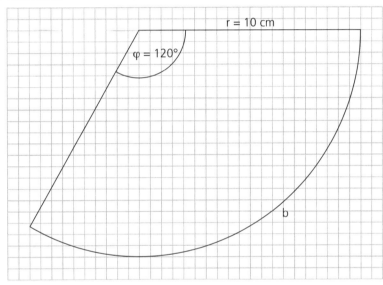

Achsenschnitt:

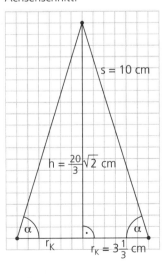

b) $b = \dfrac{r\pi\varphi}{180°} = \dfrac{10\,\text{cm} \cdot \pi \cdot 120°}{180°} = 2r_K\pi;\ |:(2\pi)$

$r_K = \dfrac{10}{3}\,\text{cm} \approx 3,33\,\text{cm};$

$\cos\alpha = \dfrac{r_K}{s} = \dfrac{1}{3} \approx 0,333;\ \alpha \approx 70,5°$

$h = \sqrt{r^2 - r_K^2} \approx \sqrt{10^2 - \left(\dfrac{10}{3}\right)^2}\,\text{cm} = \sqrt{\dfrac{800}{9}}\,\text{cm} = \dfrac{20}{3}\sqrt{2}\,\text{cm} \approx 9,43\,\text{cm};$

$V_K = \dfrac{1}{3}r_K^2\pi h = \dfrac{100}{27}\pi \cdot \dfrac{20}{3}\sqrt{2}\,\text{cm}^3 = \dfrac{2000}{81}\sqrt{2} \cdot \pi\,\text{cm}^3 \approx 110\,\text{cm}^3$

W

W1 $V_Z = r^2\pi h$

W2 $V_K = \dfrac{1}{3}r^2\pi h$

W3 Liegen zwei Körper zwischen zwei parallelen Ebenen und haben sie in diesen Ebenen sowie in allen dazu parallelen Zwischenebenen jeweils flächeninhalts-gleiche Schnittfiguren, so sind ihre Volumina gleich.

$\dfrac{\sin 15°}{\cos 75°} = 1$

$\sqrt{(\sin 11°)^2 + (\cos 11°)^2} = 1$

$\tan\dfrac{\pi}{4} = 1$

Themenseiten – Methodentraining Mind-Map und Visualisierung

Auf den Seiten 20 und 21 werden Mind-Maps und Präsentationsformen vorgestellt. Die Themen sollen die Schüler und Schülerinnen bei der Vorbereitung von Referaten und anderen Präsentationen unterstützen und besonders auch auf die Seminarfächer der Oberstufe vorbereiten.

L

20

1. bis **4.** Individuelle Lösungen

21

1. bis **4.** Individuelle Lösungen

1.

(1) Sechspass

Man zeichnet zunächst um jeden der sechs Eckpunkte eines regelmäßigen Sechsecks ABCDEF der Seitenlänge a einen „Zweidrittelkreis" mit Radiuslänge $\frac{a}{2}$ und dann um den Mittelpunkt M des Sechsecks einen Kreis k_S mit Radiuslänge $\frac{3}{2}$ a.

(2) Dreipass

Man geht vom Umkreis k_S des Sechspasses (1) aus; die Dreiecke A*C*E und B*D*F sind jeweils gleichseitig. Man halbiert z. B. die Dreiecksseiten [B*D*], [D*F*] und [F*B*] (Mittelpunkte M_1, M_2 bzw. M_3) und zeichnet dann die drei Zweidrittelkreise mit Mittelpunkt M_1, M_2 bzw. M_3 und Radiuslänge $\frac{3}{4}$ a.

Die beiden Seiten stellen einige der Elemente des Gotischen Maßwerks vor. Sie geben Hinweise auf die Grundelemente, sollen aber auch den Blick öffnen, sodass die Schüler und Schülerinnen bei der Betrachtung von Bauwerken Elemente des Maßwerks bewusst wahrnehmen. In Zusammenarbeit mit dem Fach Kunst lässt sich zu diesem Thema auch eine Ausstellung gestalten.

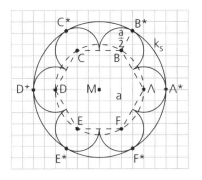

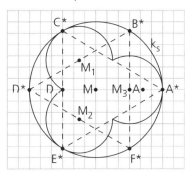

(3) Vierpass

Man geht von dem Quadrat PQRS mit Seitenlänge 2a aus, halbiert jede der vier Quadratseiten (Mittelpunkte M_1, M_2, M_3 bzw. M_4) und zeichnet dann um jeden der vier Seitenmittelpunkte einen Halbkreis mit Radiuslänge a sowie den Kreis k_V um den Quadratmittelpunkt M mit Radiuslänge 2a.

(4) Achtpass

Auf dem Umkreis k_V des Vierpasses (3) liegen die Eckpunkte des regulären Achtecks ABCDEFGH. Der Schnittpunkt M_1 der beiden Achtecksdiagonalen [AE] und [HB] ist Mittelpunkt eines der acht Passkreisbögen, nämlich des Halbkreises durch A (Radiuslänge $2a - a\sqrt{2}$).

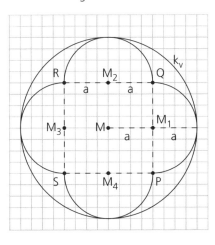

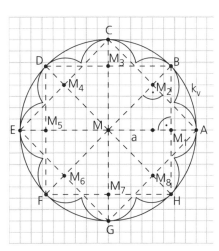

(5) **Fünfpass**

Man geht von einem regulären Zehneck ABCDEFGHIJ und seinem Umkreis k_F (Radiuslänge 2a) aus. Die Zehnecksdiagonale [BG] schneidet die 45°-Linie durch A in S; der Fußpunkt M_1 des Lots von S auf die Diagonale [AF] ist Mittelpunkt eines der fünf Passkreisbögen, nämlich des Halbkreises durch A (Radiuslänge etwa 0,84a).

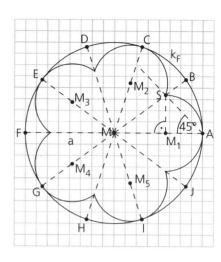

(6) **Dreiblatt**

Man zeichnet um jeden der drei Seitenmittelpunkte M_1, M_2 und M_3 eines gleichseitigen Dreiecks ABC mit Seitenlänge a je zwei Sechstelkreise mit Radiuslänge $\frac{a}{2}$ sowie den Kreis k_3 mit Mittelpunkt M (Schnittpunkt der Mittelsenkrechten des Dreiecks ABC) und Radiuslänge $\overline{AM}$ = $(\frac{a}{3}\sqrt{3})$.

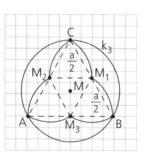

(7) **Vierblatt**

Man zeichnet um jeden der vier Seitenmittelpunkte M_1, M_2, M_3 und M_4 eines Quadrats ABCD mit Seitenlänge a je zwei Sechstelkreise (Radiuslänge $\frac{a}{2}\sqrt{2}$), die die „Spitzen" S_1, S_2, S_3 und S_4 des Vierblatts erzeugen, sowie den Kreis k_4 um den Mittelpunkt M des Quadrats mit Radiuslänge $\overline{MS_1}$ = $\left[\frac{a}{4}(\sqrt{2} + \sqrt{6})\right]$.

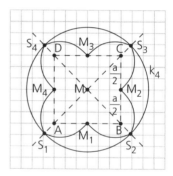

2. Man zeichnet zunächst um jeden der sechs Eckpunkte des regelmäßigen Sechsecks ABCDEF mit Seitenlänge a je zwei Sechstelkreise mit Radiuslänge a und erhält so die „Spitzen" R, S, T, U, V, und W des Sechsblatts. Dann zeichnet man den Kreis um den Mittelpunkt M des Sechsecks mit Radiuslänge $\overline{MR}$ $(= a\sqrt{3})$.

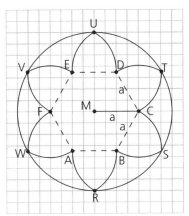

3. Individuelle Lösungen

23

Jedes der zwölf Quadrate bestitzt eine Seitenlänge von 6 cm. Berechnen Sie bei jeder der getönten Figuren sowohl die Umfangslänge wie auch den Flächeninhalt.

Hinweis: Die markierten Punkte sind Kreis(bogen)- und/oder Quadratseitenmittelpunkte.

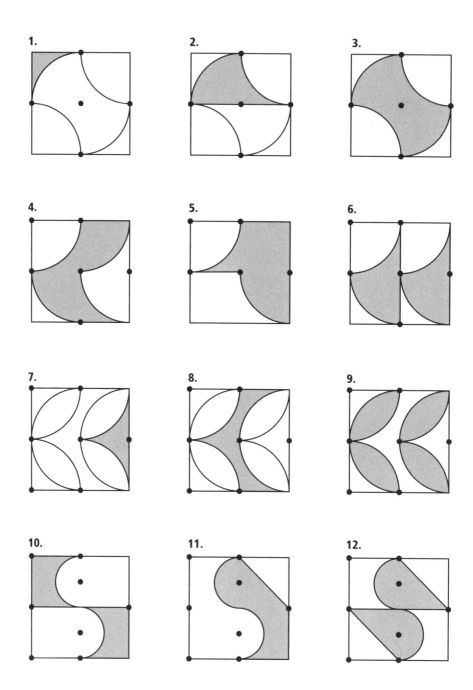

1. $U = 2 \cdot 3 \text{ cm} + \frac{1}{4} \cdot 2 \cdot 3 \text{ cm} \cdot \pi = 6 \text{ cm} + 1,5\pi \text{ cm} \approx 10,7 \text{ cm};$
   $A = (3 \text{ cm})^2 - \frac{1}{4} \cdot (3 \text{ cm})^2 \cdot \pi = 9 \text{ cm}^2 - \frac{9}{4}\pi \text{ cm}^2 \approx 1,9 \text{ cm}^2$

2. $U = 6 \text{ cm} + 2 \cdot \frac{1}{4} \cdot 2 \cdot 3 \text{ cm} \cdot \pi = 6 \text{ cm} + 3\pi \text{ cm} \approx 15,4 \text{ cm};$
   $A = (3 \text{ cm})^2 = 9 \text{ cm}^2$

3. $U = 4 \cdot \frac{1}{4} \cdot 2 \cdot 3 \text{ cm} \cdot \pi = 6\pi \text{ cm} \approx 18,8 \text{ cm};$
   $A = 2 \cdot (3 \text{ cm})^2 = 18 \text{ cm}^2$

4. $U = 2 \cdot 3 \text{ cm} + 2 \cdot 3 \text{ cm} \cdot \pi = 6(1 + \pi) \text{ cm} \approx 24,8 \text{ cm};$
   $A = 2 \cdot (3 \text{ cm})^2 = 18 \text{ cm}^2$

5. $U = 4 \cdot 3 \text{ cm} + 2 \cdot \frac{1}{4} \cdot 2 \cdot 3 \text{ cm} \cdot \pi = 12 \text{ cm} + 3\,\pi \text{ cm} \approx 21,4 \text{ cm};$
   $A = 2 \cdot (3 \text{ cm})^2 = 18 \text{ cm}^2$

6. $U = 12 \text{ cm} + 2 \cdot 3 \text{ cm} \cdot \pi = 6(2 + \pi) \text{ cm} \approx 30,8 \text{ cm};$
   $A = 2 \cdot (3 \text{ cm})^2 = 18 \text{ cm}^2$

7. $U = 6 \text{ cm} + 2 \cdot \frac{1}{4} \cdot 2 \cdot 3 \text{ cm} \cdot \pi$
   $ = 6 \text{ cm} + 3\pi \text{ cm} = 3(2 + \pi) \text{ cm} \approx 15,4 \text{ cm}$
   $A = \left[2 \cdot (3 \text{ cm})^2 - \frac{1}{4} \cdot (3 \text{ cm})^2 \cdot \pi\right]$
   $ = 2 \cdot \left(9 \text{ cm}^2 - \frac{9}{4}\pi \text{ cm}^2\right)$
   $ = 18 \text{ cm}^2 - \frac{9}{2}\pi \text{ cm}^2 \approx 3,9 \text{ cm}^2$

8. $U = 4 \cdot \frac{1}{4} \cdot 2 \cdot 3 \text{ cm} \cdot \pi + 2 \cdot 3 \text{ cm} = 6(1 + \pi) \text{ cm} \approx 24,8 \text{ cm};$
   $A = 4 \cdot \left[(3 \text{ cm})^2 - \frac{1}{4} \cdot (3 \text{ cm})^2 \cdot \pi\right]$
   $ = 9(4 - \pi) \text{ cm}^2 \approx 7,7 \text{ cm}^2$

9. $U = 8 \cdot \frac{1}{4} \cdot 2 \cdot 3 \text{ cm} \cdot \pi = 12\pi \text{ cm} \approx 37,7 \text{ cm};$
   $A = 8 \cdot (A_{\text{Viertelkreis}} - A_{\text{Dreieck}})$
   $ = 8 \cdot \left[\frac{1}{4} \cdot (3 \text{ cm})^2 \pi - \frac{1}{2} \cdot 3 \text{ cm} \cdot 3 \text{ cm}\right]$
   $ = 18\pi \text{ cm}^2 - 36 \text{ cm}^2 = 18(\pi - 2) \text{ cm}^2$
   $ \approx 20,5 \text{ cm}^2$

10. $U = 6 \cdot 3 \text{ cm} + 2 \cdot b_{\text{Halbkreis}} = 18 \text{ cm} + 2 \cdot \frac{1}{2} \cdot 2 \cdot 1,5 \text{ cm} \cdot \pi$
    $ = 18 \text{ cm} + 3\pi \text{ cm} = 3(6 + \pi) \text{ cm} \approx 27,4 \text{ cm};$
    $A = 2 \cdot \left[(3 \text{ cm})^2 - \frac{1}{2} \cdot (1,5 \text{ cm})^2 \cdot \pi\right]$
    $ = 18 \text{ cm}^2 - 2,25\pi \text{ cm}^2 \approx 10,9 \text{ cm}^2$

11. $U = 2 \cdot \frac{1}{2} \cdot 2 \cdot 1,5 \text{ cm} \cdot \pi + 2 \cdot 3 \text{ cm} + 3\sqrt{2} \text{ cm}$
    $ = 3\pi \text{ cm} + 6 \text{ cm} + 3\sqrt{2} \text{ cm}$
    $ = 3\,(\pi + 2 + \sqrt{2}) \text{ cm} \approx 19,7 \text{ cm};$
    $A = (3 \text{ cm})^2 + \frac{1}{2} \cdot 3 \text{ cm} \cdot 3 \text{ cm}$
    $ = 9 \text{ cm}^2 + 4,5 \text{ cm}^2 = 13,5 \text{ cm}^2$

12. $U = 2 \cdot 3 \text{ cm} + 2 \cdot 3\sqrt{2} \text{ cm} + 2 \cdot \frac{1}{2} \cdot 2 \cdot 1,5 \text{ cm} \cdot \pi$
    $ = 6 \text{ cm} + 6\sqrt{2} \text{ cm} + 3\pi \text{ cm}$
    $ = 3 \cdot (2 + 2\sqrt{2} + \pi) \text{ cm} \approx 23,9 \text{ cm};$
    $A = 2 \cdot \frac{1}{2} \cdot 3 \text{ cm} \cdot 3 \text{ cm} + 2 \cdot \frac{1}{2} \cdot (1,5 \text{ cm})^2 \cdot \pi$
    $ = 9 \text{ cm}^2 + 2,25\pi \text{ cm}^2$
    $ \approx 16,1 \text{ cm}^2$

25

Bereits in der Unterstufe und dann vor allem wieder in der 9. Jahrgangsstufe ist das Cavalieri'sche Prinzip vorgestellt worden. Das Vorgehen bei der Ermittlung des Kugelvolumens stützt sich auf dieses Prinzip.

Es wird berichtet, dass Archimedes durch Wägungen gezeigt hat, dass
- drei Kreiskegel (Höhe r; Radiuslänge r) und ein Kreiszylinder (Höhe r; Radiuslänge r)
- ein Kreiskegel (Höhe r; Radiuslänge r) zusammen mit einer Halbkugel (Radiuslänge r) und ein Kreiszylinder (Höhe r; Radiuslänge r)
- zwei Kreiskegel (Höhe r; Radiuslänge r) und eine Halbkugel (Radiuslänge r) aus gleichem Material jeweils die gleiche Masse und somit das gleiche Volumen besitzen. Führt man einen entsprechenden Versuch ggf. in Zusammenarbeit mit dem Fach Physik durch, so trägt dies dazu bei, dass der neue Lerninhalt effektiver behalten wird.

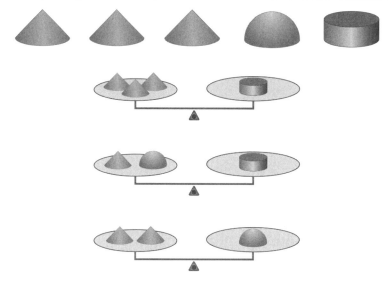

■ $V_1 = \frac{4}{3}r^3\pi;$ $\quad\quad V_2 = \frac{4}{3}(2r)^3\pi = 8V_1;$

$V_3 = \frac{4}{3}\left(\frac{r}{2}\right)^3\pi = \frac{V_1}{8};$ $V_4 = \frac{4}{3}(3r)^3\pi = 27V_1$

Das Volumen ist dann achtmal (bzw. ein Achtel mal bzw. 27-mal) so groß.

■ $V_1 = \frac{4}{3}r^3\pi;$ $\quad\quad V_2 = \frac{4}{3}R^3\pi;$ $\quad\quad V_2 = 2V_1;$

$\frac{4}{3}R^3\pi = 2 \cdot \frac{4}{3}r^3\pi; \; |: \left(\frac{4}{3}\pi\right)$

$R^3 = 2r^3;$

$R = r\sqrt[3]{2}$

Die Radiuslänge muss auf das $\sqrt[3]{2}$- ($\approx$ 1,26-)Fache, also um etwa 26%, vergrößert werden.

■ $V = \frac{4}{3}\left(\frac{d}{2}\right)^3\pi = \frac{4d^3}{3\cdot 8}\pi = \frac{d^3}{6}\pi$

1.

Kugel	a)	b)	c)	d)	e)	f)	g)
Radiuslänge r	4,0 cm	6 cm	9 cm	10 cm	6,31 cm	4,10 dm	9 mm
Durchmesserlänge d	8,0 cm	12 cm	18 cm	20 cm	12,62 cm	8,19 dm	18 mm
Kreisflächeninhalt A	16π cm² ≈ 50,3 cm²	36π cm² ≈ 113 cm²	81π cm² ≈ 254 cm²	100π cm² ≈ 314 cm²	125 cm²	52,7 dm²	81π mm² ≈ 254 mm²
Kreisumfangslänge U	$8,0\pi$ cm ≈ 25,1 cm	12π cm ≈ 37,7 cm	18π cm ≈ 56,5 cm	20π cm ≈ 62,8 cm	39,6 cm	25,7 dm	18π mm ≈ 56,5 mm
Volumen V	$\frac{256}{3}\pi$ cm³ ≈ 268 cm³	288π cm³ ≈ 905 cm³	972π cm³ ≈ 3,05 dm³	$\frac{4000}{3}\pi$ cm³ ≈ 4,19 dm³	1,05 dm³	288 dm³	972π mm³ ≈ 3,05 cm³

2. $V = \frac{4}{3}\left(\frac{d}{2}\right)^3 \pi = \frac{d^3}{6}\pi$; $m = \rho \cdot V = \rho \cdot \frac{d^3}{6}\pi$

a) $m \approx 12\ 147\ g \approx 12{,}1\ kg$

b) $m \approx 769\ g \approx 0{,}77\ kg$

c) $m \approx 1\ 340\ g \approx 1{,}3\ kg$

3. $r_i = 8{,}0\ cm$; $r_a = 8{,}0\ cm + 1{,}5\ cm = 9{,}5\ cm$;

$V = \frac{4}{3}\pi\,(r_a^3 - r_i^3) = \frac{4}{3}\pi\,[(9{,}5\ cm)^3 - (8{,}0\ cm)^3] \approx 1\ 446{,}7\ cm^3$;

$m = \rho \cdot V \approx 7{,}8\ \frac{g}{cm^3} \cdot 1\ 446{,}7\ cm^3 \approx 11{,}3\ kg$

Diese Aufgabe eignet sich besonders dazu, das Argumentieren und Begründen zu trainieren.

4. 1 Kugel: $\quad r_K = \frac{a}{2}$; $V_{K1} = \frac{4}{3}\left(\frac{a}{2}\right)^3 \pi = \frac{4a^3}{3\cdot 8}\pi = \frac{a^3}{6}\pi$;

$\dfrac{V_{K1}}{V_W} = \dfrac{\frac{a^3}{6}\pi}{a^3} = \dfrac{\pi}{6} \approx 52{,}4\%$

8 Kugeln: $\quad r_{K8} = \frac{a}{4}$; $V_{K8} = \frac{4}{3}\left(\frac{a}{4}\right)^3 \pi = \frac{4a^3}{3\cdot 64}\pi = \frac{a^3}{48}\pi$;

$\dfrac{8V_{K8}}{V_W} = \dfrac{\pi}{6} \approx 52{,}4\%$

27 Kugeln: $\quad r_{K27} = \frac{a}{6}$; $V_{K27} = \frac{4}{3}\left(\frac{a}{6}\right)^3 \pi = \frac{4a^3}{3\cdot 216}\pi = \frac{a^3}{162}\pi$;

$27V_{K27} = \dfrac{a^3}{6}\pi$; $\dfrac{27V_{K27}}{V_W} = \dfrac{\pi}{6} \approx 52{,}4\%$

W

W1 $D = 49 - 4 \cdot 4 \cdot (-11) = 225$

W2 z. B.:

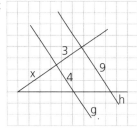

$g \parallel h$

$x = 4$
$x = 34$
$x = 4$

W3 $V = \frac{1}{3} \cdot G \cdot h$

- Wenn die Radiuslänge
  - verdoppelt wird, vervierfacht sich der Oberflächeninhalt.
  - halbiert wird, verkleinert sich der Oberflächeinhalt auf ein Viertel.
  - verdreifacht wird, verneunfacht sich der Oberflächeninhalt.
- Die Radiuslänge muss auf das $\sqrt{2}$- ($\approx$ 1,41-)Fache vergrößert werden.
- $A = 4r^2\pi = 4 \cdot \left(\dfrac{d}{2}\right)^2 \pi = d^2\pi$

In diesem Unterkapitel trainieren die Schüler und Schülerinnen das Berechnen des Oberflächeninhalts und des Volumens einer Kugel sowohl an Standardaufgaben (2., 3. und 11.) wie auch an zahlreichen anwendungsbezogenen Aufgaben.

1. Individuelle Lösungen; Beispiele:
   - Fußball ($V \approx 5$ dm^3; $A \approx 15$ dm^2)
   - Tennisball ($V \approx 150$ cm^3; $A \approx 150$ cm^2)
   - Golfball ($V \approx 30$ cm^3; $A \approx 50$ cm^2)
   - Tischtennisball ($V \approx 30$ cm^3; $A \approx 50$ cm^2)
   - Mozartkugel ($V \approx 15$ cm^3; $A \approx 30$ cm^2)
   - Orange ($V \approx 200$ cm^3; $A \approx 150$ cm^2)
   - Tomate ($V \approx 100$ cm^3; $A \approx 100$ cm^2)
   - Luftballon ($V \approx 15$ dm^3; $A \approx 30$ dm^2)
   - Seifenkugel ($V \approx 30$ cm^3; $A \approx 50$ cm^2)
   - Freiballon ($V \approx 5\,000$ m^3; $A \approx 1\,400$ m^2)

AH S.8–9

2.

Kugel	a)	b)	c)	d)	e)	f)
Radiuslänge r	1,5 cm	3,1 cm	9 cm	12,6 cm	34 mm	4,1 dm
Durchmesserlänge d	3,0 cm	6,2 cm	18 cm	25,3 cm	68 mm	8,2 dm
Oberflächeninhalt A	28,3 cm^2	121 cm^2	324π cm^2	640π cm^2	145 cm^2	211 dm^2
Volumen V	14,1 cm^3	125 cm^3	972π cm^3	8,48 dm^3	165 cm^3	288 dm^3

3. a) $A = 4 \cdot (1,00$ dm$)^2 \cdot \pi \approx 12,6$ dm^2

   b) $r = 0,500$ dm; $V = \dfrac{4}{3} \cdot (0,500$ dm$)^3 \cdot \pi \approx 0,524$ dm^3

   c) $V = 1,00$ m^3; $r \approx 0,620$ m; $A \approx 4,84$ m^2

   d) $A = 1,00$ m^2; $r \approx 0,282$ m; $V \approx 94,0$ dm^3

28

4. $\rho = \frac{m}{V}$; $|\cdot \frac{V}{\rho}$ $V = \frac{m}{\rho}$;

$\frac{4}{3} r^3 \pi = \frac{m}{\rho}$; $|\cdot \frac{3}{4\pi}$ $r^3 = \frac{3 \cdot m}{4\pi\rho}$; $r = \sqrt[3]{\frac{3 \cdot m}{4\pi\rho}}$; $d = 2 \cdot \sqrt[3]{\frac{3 \cdot m}{4\pi\rho}}$

a) $d \approx 2 \cdot \sqrt[3]{\frac{3 \cdot 12\,g}{4\pi \cdot 19,3\,g}}$ cm $\approx$ 1,1 cm

b) $d \approx 2 \cdot \sqrt[3]{\frac{3 \cdot 12\,g}{4\pi \cdot 2,5\,g}}$ cm $\approx$ 2,1 cm

c) $d \approx 2 \cdot \sqrt[3]{\frac{3 \cdot 85\,g}{4\pi \cdot 1,1\,g}}$ cm $\approx$ 5,3 cm

d) $d \approx 2 \cdot \sqrt[3]{\frac{3 \cdot 150\,g}{4\pi \cdot 1,2\,g}}$ cm $\approx$ 6,2 cm

5. $r = 15$ m

a) $V = \frac{4}{3} \cdot (15\,m)^3 \cdot \pi \approx 14\,137\,m^3 \approx 14\,000\,m^3$

b) $A = 4r^2\pi = 4 \cdot (15\,m)^2 \cdot \pi \approx 2\,800\,m^2$

6. $V = \frac{4}{3} r^3 \pi \approx 4\,000\,m^3$; $r^3 = 954,929...\,m^3$; $r = 9,847...\,m$;

$A = 4r^2\pi \approx 1\,200\,m^2$

7. $r_2 = 1,2 \cdot r_1$

a) $A_1 = 4r_1^2\pi$; $A_2 = 4 \cdot (1,2r_1)^2 \cdot \pi$;

$A_2 - A_1 = 4r_1^2\pi \cdot (1,44 - 1) = 4r_1^2\pi \cdot 0,44$;

$\frac{A_2 - A_1}{A_1} = \frac{4r_1^2\pi \cdot 0,44}{4r_1^2\pi} = 0,44 = 44\%$

b) $V_1 = \frac{4}{3} r_1^3\pi$; $V_2 = \frac{4}{3} \cdot (1,2r_1)^3 \cdot \pi$;

$V_2 - V_1 = \frac{4}{3}r_1^3\pi \cdot (1,728 - 1) = \frac{4}{3} r_1^3\pi \cdot 0,728$;

$\frac{V_2 - V_1}{V_1} = \frac{\frac{4}{3} r_1^3\pi \cdot 0,728}{\frac{4}{3}r_1^3\pi} = 0,728 \approx 73\%$

8. $V_1 = \frac{4}{3} \cdot (6\,cm)^3 \cdot \pi = 288\pi\,cm^3$;

$V_2 = \frac{4}{3} \cdot (12\,cm)^3 \cdot \pi = 2\,304\pi\,cm^3 = 8 \cdot V_1$

Wenn Laura den Ballon mit gleichbleibender „Stärke" aufblasen kann, braucht sie dann noch weitere (7 · 4 s =) 28 s.

9. $V_T = \frac{4}{3} \cdot (2\,mm)^3\pi$; $V_S = \frac{4}{3} \cdot (3\,cm)^3 \cdot \pi$;

Innenradiuslänge der Seifenblase: x

$V_{Schicht} = \frac{4}{3} \cdot (3\,cm)^3 \cdot \pi - \frac{4}{3} x^3\pi = \frac{4}{3} \cdot (2\,mm)^3 \cdot \pi$; $|\cdot \frac{3}{4\pi}$

$27\,cm^3 - x^3 = 8\,mm^3$; $x^3 = 27\,000\,mm^3 - 8\,mm^3 = 26\,992\,mm^3$;

$x \approx 29,997$ mm;

$s \approx 30,000$ mm $- 29\,997$ mm $= 0,003$ mm $= 3\mu$m

10. Das Volumen der (etwa zylinderischen) Ölschicht ist gleich dem Tröpfchenvolumen:

$2\,m^2 \cdot h = \frac{4}{3} \cdot (0,5\,cm)^3 \cdot \pi$; $|: (2\,m^2)$

$h = \frac{4\pi \cdot 0,125\,cm^3}{3 \cdot 20\,000\,cm^2} \approx 0,00003$ cm $= 0,0003$ mm $= 0,3$ µm

11. $r_{Zylinder} = r_{Kugel} = r$: $A_{Zylinder} = 2r\pi h + 2r^2\pi$; $A_{Kugel} = 4r^2\pi$;

$2r\pi h + 2r^2\pi = 4r^2\pi$; $|:(2r\pi)$

$h + r = 2r$; $|-r$

$h = r$;

$V_{Kugel} = \dfrac{4}{3}r^3\pi$; $V_{Zylinder} = r^2\pi h = r^3\pi$;

$V_{Kugel} = \dfrac{4}{3} \cdot V_{Zylinder}$

12. $V = \dfrac{4}{3}r^3\pi = \dfrac{4}{3} \cdot (3{,}5 \text{ cm})^3 \cdot \pi \approx 180 \text{ cm}^3$;

$V_{Schnitz} = \dfrac{1}{8}V \approx 22 \text{ cm}^3$;

$A_{Schnitz} = \dfrac{1}{8}A_{Kugel} + 2 \cdot \dfrac{1}{2}A_{Kreis} =$

$= \dfrac{1}{8} \cdot 4 \cdot (3{,}5 \text{ cm})^2 \cdot \pi + (3{,}5 \text{ cm})^2 \cdot \pi =$

$= (3{,}5 \text{ cm})^2 \cdot \pi \cdot 1{,}5 \approx 58 \text{ cm}^2$

13. a) Entfernung N–S: $\dfrac{2 \cdot 6\,370 \text{ km} \cdot \pi \cdot (104° - 37°)}{360°} \approx 7\,450 \text{ km}$

Es könnte sich um die Städte Nairobi und Singapur handeln.

b) Entfernung Kapstadt–Stockholm:

$\dfrac{6\,370 \text{ km} \cdot \pi \cdot (34° + 59°)}{180°} = \dfrac{6\,370 \text{ km} \cdot \pi \cdot 93°}{180°} \approx 10\,300 \text{ km}$

Flugdauer: $\dfrac{10\,300 \text{ km}}{900 \frac{km}{h}} \approx 11\dfrac{1}{2}\text{ h}$

W

W1 $d\pi = 1{,}8 \text{ km}$; $|:\pi$

$d = 0{,}5729... \text{ km} \approx 570 \text{ m}$

W2 $3x^2 + 5x - 8 = 0$;

$x_{1,2} = \dfrac{-5 \pm \sqrt{25 + 96}}{6} = \dfrac{-5 \pm 11}{6}$;

$x_1 = 1 \in D_f$; $x_2 = -\dfrac{16}{6} = -\dfrac{8}{3} \in D_f$

Nullstellen: $x_1 = 1$; $x_2 = -\dfrac{8}{3}$

W3 $2x^2 = 2x + 4$; $|-2x - 4$

$2x^2 - 2x - 4 = 0$; $|:2$

$x^2 - x - 2 = 0$;

$(x - 2)(x + 1) = 0$;

$x_1 = 2$; $x_2 = -1$;

$y_1 = 8$; $y_2 = 2$;

$S_1(2 \mid 8)$; $S_2(-1 \mid 2)$

$x = 625$
$y = 5$
$z = 27$

29

Die Beispiele auf dieser Seite zeigen fünf Bauwerke, bei denen jeweils eine Kugel oder ein Kugelteil als architektonisches Element auftritt. Das Bildmaterial und allgemein die Beschäftigung mit dem Thema *Kugeln in der Architektur* könnte auch Anlass zu Internetrecherchen sein, um weitere interessante Bauwerke ausfindig zu machen.

Pantheon:

Die Innenhöhe des Kreiszylinders ist ebenso groß wie die Radiuslänge der Innenkuppel und deshalb der gesamte Innenraum ebenso breit wie hoch.

Oriental Pearl Tower:

$$A_F \approx \frac{15\ m \cdot 2 \cdot 25\ m \cdot \pi}{4 \cdot (25\ m)^2 \cdot \pi} = \frac{30}{100} = 30\%:$$

Das etwa 15 m hohe Fensterband der unteren Kugel (Radiuslänge: 25 m) nimmt rund 30% ihrer gesamten Oberfläche ein.

World of Science:

$$A_{KS} \approx 2r\pi \cdot 1{,}5r = 3r^2\pi = 3 \cdot \left(\frac{215\ m}{2}\right)^2 \pi = 108\ 915{,}09...\ m^2;$$

Kosten: 108 915 · 3,20 $ = 348 528 $:

Der Oberflächeninhalt des verglasten Kugelsegments beträgt etwa 110 000 m²; die Kosten der Beschichtung beliefen sich deshalb auf rund 350 000 $.

L

1.

Winkelgröße im Gradmaß	... im Bogenmaß als Viel-faches von π	... im Bogenmaß auf 3 Dezimalen gerundet
$0°$	$0 \cdot \pi$	$0{,}000$
$15°$	$\frac{1}{12}\pi$	$0{,}262$
$72°$	$\frac{2}{5}\pi$	$1{,}257$
$75°$	$\frac{5}{12}\pi$	$1{,}309$
$135°$	$\frac{3}{4}\pi$	$2{,}356$
$270°$	$\frac{3}{2}\pi$	$4{,}712$
$330°$	$\frac{11}{6}\pi$	$5{,}760$

Neben reinen Standard-aufgabenstellungen wird auch der Begriff *proportional* wiederholt.

2. a) Wahr: Wegen $b = \frac{r\pi\alpha}{180°}$ ist $\frac{b}{r} = \frac{\pi\alpha}{180°} = \frac{\pi \cdot 18°}{180°} = \frac{\pi}{10}$ für jeden Wert von $r \neq 0$.

b) Falsch: Wenn das Bogenmaß eines Winkels größer als π ist, dann ist dieser Winkel entweder stumpf oder ein Vollwinkel oder größer als 360°.

c) Falsch: Ein Gegenbeispiel mit drei Winkeln, deren Bogenmaß jeweils größer als $\frac{\pi}{2}$ ist, ist ein Drachenviereck mit den Winkelgrößen 100°, 100°, 100° bzw. 60°.

d) Falsch: Aus $b = 12$ cm und $A = 72$ cm^2 ergibt sich wegen $A = \frac{1}{2}rb$ als Radiuslänge $r = 12$ cm und damit wegen $b = \frac{r\pi\alpha}{180°}$ als Zentriwinkelgröße $\frac{180°}{\pi} \approx 57{,}3°$.

e) Falsch: Aus $b = 12$ cm und $r = 8$ cm ergibt sich $\alpha = \frac{b}{r\pi} \cdot 180° = \frac{270°}{\pi} \approx 85{,}9° < 90°$.

f) Wahr: $\frac{b}{\alpha} = \frac{r\pi}{180°}$ für jeden Wert von $\alpha \neq 0$

g) Wahr: $\frac{A}{b} = \frac{1}{2}r$ für jeden Wert von $b \neq 0$

h) Falsch: Für festes α sind nicht A und r, sondern A und r^2 (wegen $\frac{A}{r^2} = \frac{\pi\alpha}{360°}$) für jeden Wert von $r \neq 0$ zueinander direkt proportional.

i) Wahr: Wenn die Sehne die Länge s besitzt und der Kreismittelpunkt von ihr den Abstand h hat, gilt $\sin\frac{\alpha}{2} = \frac{s}{2r}$ und $\cos\frac{\alpha}{2} = \frac{h}{r}$, also $A_{\text{Dreieck}} = \frac{1}{2}sh = r^2 \cdot \sin\frac{\alpha}{2} \cdot \cos\frac{\alpha}{2}$ und somit $A_{\text{Segment}} = \frac{r^2\pi\alpha}{360°} - r^2 \cdot \sin\frac{\alpha}{2} \cdot \cos\frac{\alpha}{2}$.

3. a) $\frac{\pi}{2}$ **b)** 6π **c)** $\frac{\pi}{4}$ **d)** 4π

4. $A_{\text{Dartsscheibe}} = (30 \text{ cm})^2 \cdot \pi = 900\pi \text{ cm}^2$

a) Fläche aller roten Felder: $(10 \text{ cm})^2 \cdot \pi = 100\pi \text{ cm}^2$

Wahrscheinlichkeit: $p_1 = \frac{100\pi \text{ cm}^2}{900\pi \text{ cm}^2} = \frac{1}{9} \approx 11{,}1\%$

b) Fläche aller grünen Felder:
$(30 \text{ cm})^2 \cdot \pi - (20 \text{ cm})^2 \cdot \pi = 500\pi \text{ cm}^2$

Wahrscheinlichkeit: $p_2 = \frac{\frac{500\pi}{8} \text{ cm}^2}{900 \cdot \pi \text{ cm}^2} = \frac{5}{72} \approx 6{,}9\%$

c) Fläche aller blauen Felder:
$(20 \text{ cm})^2 \cdot \pi - (10 \text{ cm})^2 \cdot \pi = 300\pi \text{ cm}^2$

Wahrscheinlichkeit: $p_3 = \frac{\frac{500\pi}{8} \text{ cm}^2}{900\pi \text{ cm}^2} + \frac{\frac{300\pi}{8} \text{ cm}^2}{900\pi \text{ cm}^2} + \frac{\frac{100\pi}{8} \text{ cm}^2}{900\pi \text{ cm}^2} =$

$= \frac{1}{8 \cdot 900} \cdot (500 + 300 + 100) = \frac{1}{8} = 12{,}5\%$

oder (besser) durch Überlegen:
$p_3 = \frac{1}{8} = 12{,}5\%$

Die Aufgaben 4. und 8. stellen den Bezug zur Stochastik her.

d) $p_4 = \dfrac{100\pi \text{ cm}^2 + 500\pi \text{ cm}^2}{900\pi \text{ cm}^2} = \dfrac{2}{3} \approx 66{,}7\%$

Die Aufgaben 5. und 6. eignen sich gut zum Argumentieren und Begründen, bei 6. wird z. B. der Satz von Pythagoras wiederholt.

5. a) $A_a = A_{\text{Quadrat}} - 4 \cdot A_{\text{Viertelmünze}} = (2{,}6 \text{ cm})^2 - (1{,}3 \text{ cm})^2 \cdot \pi \approx 1{,}45 \text{ cm}^2$

b) $A_b = A_{\text{gleichs. Dreieck}} - 3 \cdot A_{\text{Sechstelmünze}} = \dfrac{(2{,}6 \text{ cm})^2}{4} \cdot \sqrt{3} - 3 \cdot \dfrac{1}{6} \cdot (1{,}3 \text{ cm})^2 \cdot \pi \approx 0{,}27 \text{ cm}^2$

6.

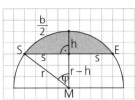

Radiuslänge: $r^2 = s^2 + (r - h)^2$;
$r^2 = s^2 + r^2 - 2rh + h^2$; $|- r^2 + 2rh$
$2rh = s^2 + h^2$; $|: (2h)$
$r = \dfrac{s^2 + h^2}{2h} = \dfrac{(4 \text{ cm})^2 + (3 \text{ cm})^2}{2 \cdot 3 \text{ cm}} - \dfrac{25 \text{ cm}^2}{6 \text{ cm}} = \dfrac{25}{6} \text{ cm}$

Bogenlänge: $\sin \varphi = \dfrac{s}{r} = \dfrac{4 \text{ cm}}{\frac{25}{6} \text{ cm}} = \dfrac{24}{25}$; $\varphi \approx 73{,}74°$;

$b = \dfrac{r\pi \cdot 2\varphi}{180°} \approx 10{,}7 \text{ cm}$

Segmentflächeninhalt: $A_{\text{Segment}} = A_{\text{Sektor}} - A_{\text{Dreieck}} =$

$= \dfrac{r^2\pi \cdot 2\varphi}{360°} - \dfrac{1}{2} \cdot 2s \cdot (r - h) \approx$

$\approx \dfrac{\left(\frac{25}{6} \text{ cm}\right)^2 \cdot \pi \cdot 2 \cdot 73{,}74°}{360° - 4 \text{ cm} \cdot \left(\frac{25}{6} \text{ cm} - 3 \text{ cm}\right)} \approx$

$\approx 22{,}34 \text{ cm}^2 - 4{,}67 \text{ cm}^2 \approx 17{,}7 \text{ cm}^2$

7. a) $A = \dfrac{a^2\pi}{6} + 2 \cdot \left(\dfrac{a^2\pi}{6} - \dfrac{a^2}{4} \cdot \sqrt{3}\right) =$

$= \dfrac{a^2\pi}{6} + \dfrac{a^2\pi}{3} - \dfrac{a^2}{2} \cdot \sqrt{3} =$

$= \dfrac{a^2\pi}{2} - \dfrac{a^2}{2} \cdot \sqrt{3} = \dfrac{a^2}{2}\left(\pi - \sqrt{3}\right) \approx 0{,}70a^2$

b)

$A = 8 \cdot \dfrac{a^2\pi}{4} + 2a \cdot a =$
$= 2a^2\pi + 2a^2 =$
$= 2a^2(\pi + 1) \approx 8{,}28a^2$

c)

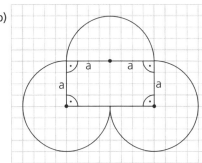

$A = \dfrac{1}{2} a^2\pi + \dfrac{1}{8} \cdot (2a)^2 \cdot \pi + \left[\dfrac{1}{8} \cdot (2a)^2 \cdot \pi - \dfrac{1}{2} \cdot 2a \cdot a\right] +$

$+ \dfrac{1}{4} \cdot \left(2a - a\sqrt{2}\right)^2 \cdot \pi =$

$= \dfrac{1}{2} a^2\pi + \dfrac{1}{2} a^2\pi + \dfrac{1}{2} a^2\pi - a^2 + \dfrac{1}{4} \cdot \left(4a^2 - 4\sqrt{2}a^2 + 2a^2\right) \cdot \pi =$

$= \dfrac{3}{2} a^2\pi - a^2 + \dfrac{6}{4} a^2\pi - a^2\sqrt{2}\pi = a^2(3\pi - \pi\sqrt{2} - 1) \approx 3{,}98a^2$

31

8. a)

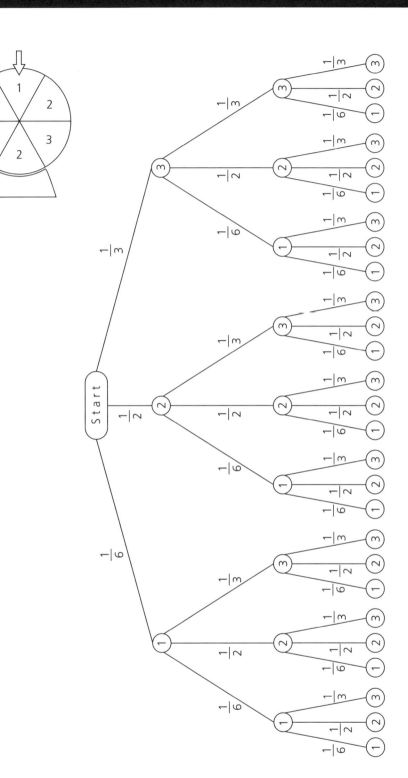

b) (1) P(„dreimal die gleiche Ziffer") =

$$= \left(\frac{1}{6}\right)^3 + \left(\frac{1}{2}\right)^3 + \left(\frac{1}{3}\right)^3 = \frac{1}{6} \approx 16{,}7\%$$

(2) P(„lauter verschiedene Ziffern") =

$$= \left(\frac{1}{6} \cdot \frac{1}{2} \cdot \frac{1}{3}\right) \cdot 6 = \frac{1}{6} \approx 16{,}7\%$$

(3) $P(\overline{1}\,\overline{1}\,1) = \frac{5}{6} \cdot \frac{5}{6} \cdot \frac{1}{6} = \frac{25}{216} \approx 11{,}6\%$

(4) P(„genau einmal die Ziffer 2") = P($2\overline{2}\overline{2}$ oder $\overline{2}2\overline{2}$ oder $\overline{2}\,\overline{2}\,2$) =

$$= \left(\frac{1}{2} \cdot \frac{1}{2} \cdot \frac{1}{2}\right) \cdot 3 = \frac{3}{8} = 37{,}5\%$$

(5) P(„mindestens einmal die Ziffer 1") =

$$= 1 - \left(\frac{5}{6}\right)^3 = \frac{91}{216} \approx 42{,}1\%$$

(6) P(„höchstens einmal die Ziffer 2") =

$$= \left(\frac{1}{2}\right)^3 + \left(\frac{1}{2}\right)^3 \cdot 3 = \frac{4}{8} = \frac{1}{2} = 50\%$$

(7) P(„mindestens einmal eine ungerade Ziffer") =

$$= 1 - \left(\frac{1}{2}\right)^3 = \frac{7}{8} = 87{,}5\%$$

Die Aufgaben 9. bis 16. stellen Anwendungsbezüge her. Bei den Aufgaben 9., 10., 11., 14., 15. und 16. sollte vor der Rechnung eine Schätzung vorgenommen werden.

9. Einzelvolumen: $V_T = \frac{4}{3} \cdot (1{,}5 \text{ mm})^3 \cdot \pi$

Anzahl der Tropfen: $\frac{3\,600}{5} = 720$ pro Stunde

$720 \cdot 24 \cdot 365$ pro Jahr
Gesamtvolumen: $V = (729 \cdot 24 \cdot 365) \cdot \frac{4}{3} \cdot (1{,}5 \text{ mm})^3 \cdot \pi \approx 89 \cdot 10^6 \text{ mm}^3 = 89 \text{ l}$

10. a) Individuelle Lösungen

b) $V_{\text{Stahlkugel}} = \frac{4}{3} \cdot (0{,}5 \text{ mm})^3 \cdot \pi$;

$V_{\text{gesamt}} = 500 \cdot 10^6 \cdot \frac{4}{3} \cdot (0{,}5 \text{ mm})^3 \cdot \pi = 261{,}799\ldots \cdot 10^6 \text{ mm}^3 \approx 262 \text{ dm}^3$;

$\frac{4}{3} R^3 \pi \approx 262 \text{ dm}^3$; $| \cdot \frac{3}{4\pi}$

$R^3 \approx 62{,}5 \text{ dm}^3$;

$R \approx 3{,}96 \text{ dm}$;

$2R \approx 7{,}92 \text{ dm} \approx 8 \text{ dm}$

11. Schätzung: Individuelle Lösungen

Kugelvolumen: $\frac{4}{3} \cdot (2{,}5 \text{ cm})^3 \cdot \pi = 65{,}4498\ldots \text{ cm}^3$

Anzahl der Kugeln: $1\,000 \text{ cm}^3 : (65{,}44\ldots \text{ cm}^3) \approx 15$

12. $\frac{4}{3} r^3 \pi = 3 \cdot \frac{4}{3} \cdot (1{,}0 \text{ mm})^3 \cdot \pi$; $| : \left(\frac{4}{3}\pi\right)$

$r^3 = 3{,}0 \text{ mm}^3$;

$r = \sqrt[3]{3{,}0} \text{ mm} \approx 1{,}4 \text{ mm}$

13. Schätzung: Individuelle Lösungen

$V_{Erde} \approx \frac{4}{3} \cdot (6\,370 \text{ km})^3 \cdot \pi = \frac{4}{3} \cdot (6{,}370 \cdot 10^3)^3 \text{ km}^3 \cdot \pi;$

$V_{Kruste} \approx \frac{4}{3} \cdot [(6\,370 \text{ km})^3 - (6\,345 \text{ km})^3] \cdot \pi;$

Prozentsatz: $\dfrac{\frac{4}{3} \cdot [(6{,}370 \cdot 10^3)^3 \text{ km}^3 - (6{,}345 \cdot 10^3)^3 \text{ km}^3] \cdot \pi}{\frac{4}{3} \cdot (6{,}370 \cdot 10^3)^3 \text{ km}^3 \cdot \pi} = \dfrac{6{,}370^3 - 6{,}345^3}{6{,}370^3} \approx 1{,}2\,\%$

Die Erdkruste besitzt zwar etwa 1,2 % des Volumens der Erde, aber nur etwa 0,47 % der Erdmasse; die mittlere Dichte der Kruste ist also geringer als die mittlere Dichte der Erde.

14. $\rho = \frac{m}{V};$ $m = \rho \cdot V = 0{,}040 \, \frac{\text{kg}}{\text{dm}^3} \cdot \frac{4}{3} \cdot (5{,}0 \text{ dm})^3 \cdot \pi \approx 21 \text{ kg}$

Es ist möglich, diese Kugel zu tragen.

15. Radiuslängen: $2r_1\pi = 68 \text{ cm};$ $r_1 \approx 10{,}82 \text{ cm};$
 $2r_2\pi = 70 \text{ cm};$ $r_2 \approx 11{,}14 \text{ cm}$

Materialverbrauch:
$A_1 = 1\,000 \cdot 4 \cdot r_1^2 \cdot \pi \approx 1\,000 \cdot 4 \cdot (10{,}82 \text{ cm})^2 \cdot \pi \approx 147{,}2 \text{ m}^2;$
$A_2 = 1\,000 \cdot 4 \cdot r_2^2 \cdot \pi \approx 156{,}0 \text{ m}^2;$
$A_2 - A_1 \approx 9 \text{ m}^2$

16. $A_{\text{aller Lungenbläschen}} \approx \frac{1}{2} \cdot 10^9 \cdot 4 \cdot \left(\frac{1}{8} \text{ mm}\right)^2 \cdot \pi \approx 98 \cdot 10^6 \text{ mm}^2 = 98 \text{ m}^2;$
$4R^2\pi \approx 98 \cdot 10^6 \text{ mm}^2; \mid : (4\pi)$
$R^2 \approx 7{,}8 \cdot 10^6 \text{ mm}^2 = 7{,}8 \text{ m}^2;$
$R \approx 2{,}8 \cdot 10^3 \text{ mm} = 2{,}8 \text{ m};$
$2R \approx 6 \text{ m}$

17. $r_{\text{Breitenkreis}} = R_{Erde} \cdot \cos\beta;$

$U_{\text{Breitenkreis}} = 2\pi r_{\text{Breitenkreis}} = 2\pi R_{Erde} \cdot \cos\beta = U_{\text{Äquator}} \cdot \cos\beta \approx 40\,000 \text{ km} \cdot \cos\beta$

a) $U_M \approx 40\,000 \text{ km} \cdot \cos 48°10' \approx 26\,700 \text{ km}$

b) $U_R \approx 40\,000 \text{ km} \cdot \cos 41°50' \approx 29\,800 \text{ km}$

c) $U_D \approx 40\,000 \text{ km} \cdot \cos 14°40' \approx 38\,700 \text{ km}$

32

18. (1) $r_{\text{Breitenkreis}} = R_{Erde} \cdot \cos\beta = \frac{1}{2} R_{Erde}; \mid : R_{Erde}$
$\cos\beta = \frac{1}{2};$ $\beta = 60°$

Die Breitenkreise mit 60° nördlicher Breite bzw. mit 60° südlicher Breite sind halb so lang wie der Äquator; sie verlaufen nicht durch Afrika, Australien, Südamerika und die Antarktis (60° nördl. Breite) bzw. durch keinen der sieben Kontinente (60° südl. Breite).

(2) $U_{\text{Breitenkreis}} = U_{\text{Äquator}} \cdot \cos\beta;$
$U_{\text{Wendekreis}} \approx 40\,000 \text{ km} \cdot \cos 23°27' \approx 36\,700 \text{ km}$

Der Wendekreis des Krebses (23°17' nördl. Breite) verläuft nicht durch Europa, Südamerika, Australien und die Antarktis, der Wendekreis des Steinbocks (23°17' südl. Breite) nicht durch Europa, Nordamerika, Asien und die Antarktis.

19. a) $\lambda_1 \approx 30°$ ö. L. $\approx \lambda_2; \beta_1 \approx 60°$ n. Br.; $\beta_2 \approx 31°$ n. Br.;

$\beta = \dfrac{2 \cdot R_{Erde} \cdot \pi \cdot (\beta_1 - \beta_2)}{360°} \approx 3\,200 \text{ km}$

b) $\beta_A \approx 40°$ n. Br. $\approx \beta_M;$ $\lambda_A \approx 33$ ö. L.; $\lambda_M \approx 4°$ w. L.;

$r_{\text{Breitenkreis}} \approx R_{Erde} \cdot \cos 40°;$ $b \approx \dfrac{2 \cdot (R_{Erde} \cdot \cos 40°) \cdot \pi \cdot (33° + 4°)}{360°} \approx 1\,000 \text{ km}$

Die *Weiteren Aufgaben* sind abwechslungsreich und stellen Bezüge zu verschiedenen Anwendungsgebieten her; sie regen zum „Reden über Mathematik" an, bieten geschichtliche Bezüge und stellen Verknüpfungen zur Leitlinie *Funktionaler Zusammenhang* her.

20. $V = \frac{4}{3} r^3 \pi = x$ cm^3; $A = 4r^2\pi = x$ cm^2;

$\frac{V}{A} = \frac{r}{3} = 1$ cm; $| \cdot 3 \quad r = 3$ cm;

$V = \frac{4}{3} \cdot (3$ cm$)^3 \cdot \pi = 36\pi$ cm$^3 \approx 113$ cm^3

$A = 4 \cdot (3$ cm $)^2 \cdot \pi = 36\pi$ cm$^2 \approx 113$ cm^2

21. Kugel mit Radiuslänge a:

$A = 4a^2\pi; \quad V = \frac{4}{3} a^3\pi$

Kugel mit Radiuslänge $\frac{a}{n}$:

$A^* = 4 \cdot \left(\frac{a}{n}\right)^2 \cdot \pi = \frac{4a^2 \cdot \pi}{n^2}; \quad V^* = \frac{4}{3} \cdot \left(\frac{a}{n}\right)^3 \cdot \pi = \frac{4a^3 \cdot \pi}{3n^3}$

a) $x \cdot \frac{4a^2 \cdot \pi}{n^2} = 4a^2\,\pi; \; | : \frac{4a^2\pi}{n^2}$

$x = n^2;$

$V_x = n^2 \cdot \frac{4}{3} \cdot \left(\frac{a}{n}\right)^3 \cdot \pi = \frac{4}{3} \cdot \frac{a^3}{n} \cdot \pi; \; V > V_x:$

$V - V_x = \frac{4}{3} a^3\pi - \frac{4}{3} \cdot \frac{a^3}{n} \cdot \pi = \frac{4}{3} a^2\,\pi \cdot \left(1 - \frac{1}{n}\right);$

$\frac{V - V_x}{V_x} = \frac{\frac{4}{3} a^3\pi \cdot \left(1 - \frac{1}{n}\right)}{\frac{4}{3} \cdot \frac{a^3\pi}{n}} = n - 1 = 100 \cdot (n - 1)\%$

Das Volumen V der großen Kugel ist um $100 \cdot (n - 1)\%$ (*Beispiel*: für n = 5 um 400%) größer als das Gesamtvolumen V_x aller kleinen Kugeln.

b) $y \cdot \frac{4}{3} \cdot \left(\frac{a}{n}\right)^3 \cdot \pi = \frac{4}{3} a^3\pi; \; | : \frac{4a^3\pi}{3n^3}$

$y = n^3$

$A_y = n^3 \cdot 4 \cdot \left(\frac{a}{n}\right)^2 \cdot \pi = 4a^2\,\pi \cdot n; \; A < A_y:$

$A_y - A = 4a^2\,\pi \cdot n - 4a^2\pi = 4a^2\pi\,(n - 1);$

$\frac{A_y - A}{A_y} = \frac{4a^2\pi \cdot (n - 1)}{4a^2\pi \cdot n} = 1 - \frac{1}{n} = 100\% - \frac{100\%}{n}$

Der Oberflächeninhalt A der großen Kugel ist um $100 \cdot \left(1 - \frac{1}{n}\right)\%$

(*Beispiel*: für n = 5 um 80%) kleiner als der gesamte Oberlächeninhalt A_g aller kleinen Kugeln.

22. $s = \sqrt{r^2 + h^2} = \sqrt{5^2 + 15^2}$ cm $= \sqrt{250}$ cm $= 5\sqrt{10}$ cm;

$A = \frac{1}{2} \cdot 4r^2\pi + r\pi s = \frac{1}{2} \cdot 4 \cdot (5$ cm$)^2 \cdot \pi + 5$ cm $\cdot \pi \cdot 5\sqrt{10}$ cm $=$

50π cm$^2 + 25\sqrt{10} \cdot \pi$ cm$^2 = 25(2 + \sqrt{10})\pi$ cm$^2 \approx 405$ cm^2

$V = \frac{1}{2} \cdot \frac{4\pi}{3} r^3 + \frac{1}{3} r^2\pi h = \frac{1}{2} \cdot \frac{4\pi}{3} \cdot 125$ cm$^3 + \frac{1}{3} \cdot 25$ cm$^2 \cdot \pi \cdot 15$ cm $=$

$= \frac{250}{3} \pi$ cm$^3 + \frac{375}{3} \pi$ cm$^3 = \frac{625}{3} \pi$ cm$^3 \approx 654$ cm^3

23. $V = 2 \cdot \frac{1}{2} \cdot \frac{4}{3} r^3\pi + r^2\pi(l - 2r) = \frac{4}{3} \cdot (2$ ft$)^3 \cdot \pi + (2$ ft$)^2 \cdot \pi \cdot (10$ ft $- 4$ ft$) =$

$= \frac{4}{3} \cdot 8\,\pi$ ft$^3 + 24\pi$ ft$^3 = \frac{104}{3} \pi$ ft$^3 \approx 109$ ft^3

$A = 2 \cdot \frac{1}{2} \cdot 4\,r^2\pi + 2r\pi(l - 2r) = 4 \cdot (2$ ft$)^2 \cdot \pi + 2 \cdot 2$ ft $\cdot \pi \cdot 6$ ft $=$

$= 16\pi$ ft$^2 + 24\pi$ ft$^2 = 40\pi$ ft$^2 \approx 126$ ft^2

24. $1\,000 \cdot \frac{4}{3} \cdot r^{*3}\,\pi = (2{,}0$ cm$)^2 \cdot \pi \cdot 10{,}2$ cm; $| : \frac{1\,000 \cdot 4 \cdot \pi}{3}$

$r^{*3} = \frac{4{,}0\text{ cm}^2 \cdot \pi \cdot 10{,}2\text{ cm} \cdot 3}{1\,000 \cdot 4 \cdot \pi} \approx 0{,}0306$ cm^3;

$r^* \approx 0{,}313$ cm;

$d^* = 2r^* \approx 6{,}3$ mm

25. $\overline{SM_2}^2 = (4\text{ cm})^2 + (3\text{ cm})^2 = 25\text{ cm}^2$;

$\overline{SM_2} = 5\text{ cm}$;

$\dfrac{\overline{M_1M_2}}{\overline{SM_2}} = \dfrac{6\text{ cm}}{3\text{ cm}}$; $\overline{M_1M_2} = 2 \cdot \overline{SM_2} = 10\text{ cm}$;

$t_{12} = \dfrac{\overline{M_1M_2}}{0,5\,\frac{cm}{s}} = \dfrac{10\text{ cm}}{0,5\,\frac{cm}{s}} = 20\text{ s}$

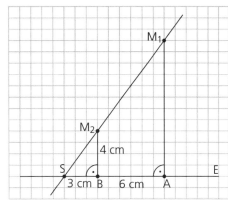

26. $V_{Kegel} = \dfrac{1}{3} \cdot r^2\pi \cdot r = \dfrac{1}{3} \cdot r^3\pi$;

$V_{Halbkugel} = \dfrac{2}{3} \cdot r^3\pi$;

$V_{Zylinder} = r^2\pi \cdot r = r^3\pi = \dfrac{3}{3} \cdot r^3\pi$;

$V_{Kegel} : V_{Halbkugel} : V_{Zylinder} = \left(\dfrac{1}{3} \cdot r^3\pi\right) : \left(\dfrac{2}{3} \cdot r^3\pi\right) : \left(\dfrac{3}{3} \cdot r^3\pi\right) = 1 : 2 : 3$

Archimedes hat sich mit dem Oberflächeninhalt und dem Volumen von „runden"
Körpern beschäftigt und seine Erkenntnisse in dem Werk *Über Kugel und Zylinder*
dargestellt.

Es wird berichtet, dass er mithilfe einer Halbkugel, eines Zylinders und dreier Kegel
(jeweils mit gleicher Radiuslänge r und gleicher Höhe h = r) aus gleichem Material
gezeigt hat, dass für diese Körper gilt:

(1) $3 \cdot V_{Kegel} = V_{Zylinder}$ (2) $V_{Kegel} + V_{Halbkugel} = V_{Zylinder}$ (3) $2 \cdot V_{Kegel} = V_{Halbkugel}$
(vgl. auch 1.3)

27. a) Schneemann von Gregor und Sophie:

$V_{GS} = \dfrac{4}{3} \cdot (35\text{ cm})^3 \cdot \pi \cdot 2 + \dfrac{4}{3} \cdot (17,5\text{ cm})^3 \cdot \pi = \dfrac{4}{3}\,\pi \cdot (85\,750 + 5\,359,375)\text{ cm}^3$

$\approx 381\,638\text{ cm}^3 \approx 382\text{ dm}^3$

Schneemann von Laura und Lucas:

$V_{LL} = \dfrac{4}{3}\,\pi \cdot (40\text{ cm})^3 + \dfrac{4}{3}\,\pi \cdot (32,5\text{ cm})^3 + \dfrac{4}{3}\,\pi \cdot (15\text{ cm})^3 \approx$

$\approx \dfrac{4}{3}\,\pi \cdot (64\,000 + 34\,328 + 3\,375)\text{ cm}^3 \approx 426\,013\text{ cm}^3 \approx 426\text{ dm}^3$

Beide Schneemänner sind gleich hoch:

$h_{GS} = 70\text{ cm} + 70\text{ cm} + 35\text{ cm} = 175\text{ cm}$;

$h_{LL} = 80\text{ cm} + 65\text{ cm} + 30\text{ cm} = 175\text{ cm}$.

Das Volumen des Schneemanns von Laura und Lucas ist jedoch etwas größer als das
des Schneemanns von Gregor und Sophie.

b) $A_{GS} = 4 \cdot (35\text{ cm})^2 \cdot \pi \cdot 2 + 4 \cdot (17,5\text{ cm})^2 \cdot \pi = 4\pi \cdot 2\,756,25\text{ cm}^2 = 11\,025\,\pi\text{ cm}^2$;

$A_{LL} = 4 \cdot (40\text{ cm})^2 \cdot \pi + 4 \cdot (32,5\text{ cm})^2 \cdot \pi + 4 \cdot (15\text{ cm})^2 \cdot \pi = 4\pi \cdot 2\,881,25\text{ cm}^2 =$

$= 11\,525\,\pi\text{ cm}^2 > A_{GS}$

Der Schneemann von Laura und Lucas schmilzt etwas schneller ab als der von
Gregor und Sophie.

28. a) Der Punkt M hat als Entfernung von jedem der sechs Eckpunkte des Oktaeders
die halbe Raumdiagonalenlänge $\dfrac{a}{2}\sqrt{2}$ (a ist die Kantenlänge des Oktaeders).

b) $V_{Oktaeder} = 2 \cdot \dfrac{1}{3} \cdot a^2 \cdot \dfrac{a}{2}\sqrt{2} = \dfrac{a^3}{3}\sqrt{2}$;

$V_{Kugel} = \dfrac{4}{3} \cdot \left(\dfrac{a}{2}\sqrt{2}\right)^3 \cdot \pi = \dfrac{4}{3} \cdot \dfrac{a^3 \cdot 2\sqrt{2}}{8} \cdot \pi = \dfrac{a^3\sqrt{2}}{3} \cdot \pi$;

$\dfrac{V_{Oktaeder}}{V_{Kugel}} = \dfrac{\frac{a^3}{3}\sqrt{2}}{\frac{a^3}{3}\sqrt{2}\,\pi} = \dfrac{1}{\pi} \approx 31,8\%$

c) $A_{Oktaeder} = 8 \cdot \dfrac{1}{2} \cdot a \cdot \dfrac{a}{2}\sqrt{3} = 2a^2\sqrt{3} \approx 3,46\,a^2$;

$A_{Kugel} = 4 \cdot \left(\dfrac{a}{2}\sqrt{2}\right)^2 \cdot \pi = 4 \cdot \dfrac{a^2}{2} \cdot \pi = 2a^2\pi \approx 6,28\,a^2$;

$A_{Kugel} \approx 1,81 \cdot A_{Oktaeder}$

29. a) Anzahl der Orangen: $1 + 3 + 6 + 10 + 15 + 21 + 28 = 84$

Volumen: $V = 84 \cdot \frac{4}{3} \cdot (3{,}5 \text{ cm})^3 \cdot \pi \approx 15\,086 \text{ cm}^3 \approx 15 \text{ dm}^3$

Masse: $m \approx 15 \text{ kg}$

Kosten: Tagespreis

b) $84 + 36 + 45 + 55 = 220$: Man kann höchstens 10 Schichten aufeinander stapeln; es bleiben 30 Orangen übrig.

30. Flächeninhalt: $A = 4 \cdot (1{,}5 \cdot 10^{11} \text{ m})^2 \cdot \pi =$
$$= 4 \cdot 2{,}25 \cdot 10^{22} \cdot \pi \text{ m}^2 = 9{,}0 \cdot 10^{22} \cdot \pi \text{ m}^2$$
Leistung pro Quadratmeter („Solarkonstante"):

$$\frac{3{,}8 \cdot 10^{26} \text{ W}}{9{,}0 \cdot \pi \cdot 10^{22} \text{ m}^2} \approx 0{,}134 \cdot 10^4 \, \frac{W}{m^2} = 1{,}34 \, \frac{kW}{m^2}$$

31. „Magdeburger Halbkugeln": zwei gleich große Halbkugeln, die sich luftdicht zu einer Hohlkugel zuammenfügen lassen. Pumpt man den Raum zwischen ihnen (weitgehend) luftleer, dann werden sie vom äußeren Luftdruck so stark zusammengepresst, dass sie nur durch eine große Kraft wieder voneinander getrennt werden können.

Der Erfinder der Luftpumpe, der Magdeburger Bürgermeister Otto von Guericke, führte im Jahr 1654 diese Wirkung des Luftdrucks vor. Dazu spannte er an die zusammengefügten und (weitgehend) evakuierten Halbkugeln (Radiuslänge 25 cm) recht und links je acht Pferde, die die Halbkugeln nicht voneinander trennen konnten.

32. Individuelle Ergebnisse

33. a) Funktion V: $V(x) = \pi \left(ax^2 - \frac{1}{3} x^3 \right) \text{ cm}^3$; $D_v = [0; 2a]$; $a \in \mathbb{R}^+$

b)

x	0	0,5 a	a	1,5 a	2 a
V(x)	0	0,65 a³ cm³	2,09 a³ cm³	3,53 a³ cm³	4,19 a³ cm³

c)

Der Graph G_{V^*} der Funktion V* steigt streng monoton vom Ursprung O (0 I 0) („Tank leer") bis zum Punkt P $(2 \,\text{I}\, \frac{4\pi}{3} \approx 4{,}19)$ cm („Tank voll"). Er besitzt in seinen beiden Randpunkten O und P jeweils eine waagrechte (Halb-)Tangente und im Punkt W $(1 \,\text{I}\, \frac{2\pi}{3} \approx 2{,}09)$ („Tank halb voll") seine größte Tangentensteigung (und sein Symmetriezentrum).

34

34.

	Rotationskörper	Volumen V	Oberflächeninhalt A
a)	Halbkugel	$\frac{1}{2} \cdot \frac{4}{3} \cdot (3\ cm)^3 \cdot \pi =$ $18\pi\ cm^3 \approx 56,5\ cm^3$	$\frac{1}{2} \cdot 4 \cdot (3\ cm)^2 \cdot \pi +$ $+ (3\ cm)^2 \cdot \pi =$ $= 27\pi\ cm^2 \approx 84,8\ cm^2$
b)	Kugel	$\frac{4}{3} \cdot (4\ cm)^3 \cdot \pi \approx 268\ cm^3$	$4 \cdot (4\ cm)^2 \cdot \pi =$ $= 64\pi\ cm^2 \approx 201\ cm^2$
c)	Halbkugel mit angesetztem geradem Kreiskegel	$\frac{1}{2} \cdot \frac{4}{3} \cdot (3\ cm)^3 \cdot \pi +$ $+ \frac{1}{3} \cdot (3\ cm)^2 \cdot \pi \cdot 4\ cm =$ $= 30\pi\ cm^3 \approx 94,2\ cm^3$	$\frac{1}{2} \cdot 4 \cdot (3\ cm)^2 \cdot \pi +$ $+ 3\ cm \cdot \pi \cdot 5\ cm =$ $= 33\pi\ cm^3 \approx 104\ cm^2$
d)	gerader Kreiszylinder, aus dem eine Halbkugel ausgeschnitten ist	$(4\ cm)^2 \cdot \pi \cdot 8\ cm$ $- \frac{1}{2} \cdot \frac{4}{3} \cdot (4\ cm)^3 \cdot \pi =$ $= 85\frac{1}{3}\pi\ cm^3 \approx 268\ cm^3$	$(4\ cm)^2 \cdot \pi +$ $+ 2 \cdot 4\ cm \cdot \pi \cdot 8\ cm +$ $+ \frac{1}{2} \cdot 4 \cdot (4\ cm)^2 \cdot \pi =$ $= 112\pi\ cm^2 \approx 352\ cm^2$
e)	Kugel, aus der zwei gerade Kreiskegel herausgeschnitten sind	$\frac{4}{3} \cdot (4\ cm)^3 \cdot \pi$ $- 2 \cdot \frac{1}{3} \cdot (4\ cm)^2 \cdot \pi \cdot 4\ cm =$ $= \frac{256}{3}\pi\ cm^3 - \frac{128}{3}\pi\ cm^3$ $- \frac{128}{3}\pi\ cm^3 = \frac{128}{3}\pi\ cm^3 \approx$ $\approx 134\ cm^3$	$4 \cdot (4\ cm)^2 \cdot \pi +$ $+ 2 \cdot 4\ cm \cdot \pi \cdot 4\sqrt{2}\ cm =$ $= 32\ (2 + \sqrt{2}) \cdot \pi\ cm^2 \approx$ $\approx 343\ cm^2$

Volumina: $56,5\ cm^3 < 94,2\ cm^3 < 134\ cm^3 < 268\ cm^3$
Oberflächeninhalte: $352\ cm^2 > 343\ cm^2 > 201\ cm^2 > 104\ cm^2 > 84,8\ cm^2$

W

W1 Die beiden Geraden stehen senkrecht aufeinander.

W2 $240\ m : 8 = 30\ m$:

A = $(3 \cdot 30\ m) \cdot 30\ m = 2\ 700\ m^2$

W3 $2 = 1 + \sqrt[3]{1}$; $68 = 64 + \sqrt[3]{64}$; $222 = 216 + \sqrt[3]{216}$;
$1\ 010 = 1\ 000 + \sqrt[3]{1\ 000}$
Die beiden Zahlen 20 und 150 lassen sich nicht in der Form $x + \sqrt[3]{x}$ mit $x \in \mathbb{N}$
darstellen.

$MM = 2\ 000$
$CMXLIII = 943$
$MDCCI = 1\ 701$

35

Die Aufgaben bieten vielfältige Möglichkeiten, kreative Lösungen zu finden, und eignen sich gut zum Problemlösen im Team und zur Präsentation der Ergebnisse.

I. *Beispiele*:

a) Gerader Kreiszylinder mit angesetzter Halbkugel

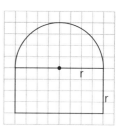

b) Gerader Kreiskegel mit angesetzter Halbkugel

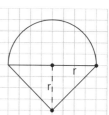

c) Gerader Kreiszylinder mit angesetzter Halbkugel und angesetztem geradem Kreiskegel

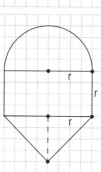

II. *Beispiele*:

a)

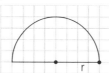

Halbkugel

b)

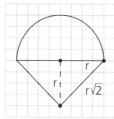

Gerader Kreiskegel mit angesetzter Halbkugel

c) 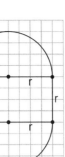 Gerader Kreiszylinder mit zwei angesetzten Halbkugeln.

III.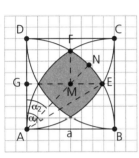

$\overline{AE} = \overline{ED} = \overline{DA} = a$: $\alpha_1 = 60°$; $\overline{GE} = \frac{a}{2}\sqrt{3}$

$\overline{MG} = \overline{GA} = \frac{a}{2}$; $\sphericalangle\,AGM = 90°$: $\alpha_2 = 45°$

$\overline{EM} = \overline{GE} - \overline{GM} = \frac{a}{2}(\sqrt{3} - 1)$; $\sphericalangle\,EAM = \alpha_1 - \alpha_2 = 60° - 45° = 15° = \frac{360°}{24}$

a) $A_{\text{getönt}} = 8 \cdot (A_{\text{Sektor AEN}} - A_{\text{Dreieck EMA}}) = 8 \cdot \left(\frac{a^2\pi}{24} - A_{\text{EMA}}\right) = \frac{a^2\pi}{3} - 8 \cdot \frac{1}{2}\,\overline{EM} \cdot \overline{GA} =$

$= \frac{a^2\pi}{3} - 4 \cdot \frac{a}{2}\,(\sqrt{3} - 1) \cdot \frac{a}{2} = a^2\left(\frac{\pi}{3} - \sqrt{3} + 1\right) \approx 31{,}5 \text{ cm}^2$;

$A_{\text{getönt}} : a^2 \approx 31{,}5\% \approx \frac{1}{3}$

b) $U_{\text{getönt}} = 8 \cdot \frac{2a\pi}{24} = \frac{2\pi}{3} \cdot a \approx 20{,}9 \text{ cm}$

IV. $\overset{\frown}{AB} + \overset{\frown}{DE} = \overset{\frown}{BD}$: $\mu = 45°$; $d = r \cdot \cos\mu = \frac{r}{2}\sqrt{2} \approx 0{,}71\,r$.

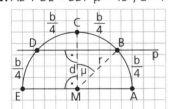

V. a) Sophie hat verwendet:

$y = 2 + \sqrt{1{,}5^2 - x^2}$;

$y = \frac{3}{x}$;

$y = 4 - x$.

Funktionsgleichungen für den im II. Quadranten gelegenen Teil des Logos:

$y = 2 + \sqrt{1{,}5^2 - x^2}$;

$y = -\frac{3}{x}$;

$y = 4 + x$.

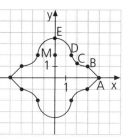

b) (1) Koordinatensystem (1 LE = 1 cm) zeichnen

(2) (Viertelkreis-)Bogen $\widehat{DE}$ [D (1,5 I 2); E (0 I 3,5)] mit Mittelpunkt M (0 I 2) und Radiuslänge 1,5 cm zeichnen

(3) Strecke [AB] mit A (4 I 0) und B (3 I 1) zeichnen

(4) (Hyperbel-)Bogen $\widehat{BD}$ durch C (2 I 1,5) zeichnen

(5) Den im I. Quadranten gelegenen Teil des Logos an der y-Achse, am Ursprung und an der x-Achse spiegeln.

VI. (1) $r_3\sqrt{3} + 2r_3 = 12$ cm;

$r_3(2 + \sqrt{3}) = 12$ cm; I : $(2 + \sqrt{3})$

$r_3 = \dfrac{12(2 - \sqrt{3})}{(2 + \sqrt{3})(2 - \sqrt{3})}$ cm $= \dfrac{12(2 - \sqrt{3})}{4 - 3}$ cm $= 12(2 - \sqrt{3})$ cm $\approx 3{,}22$ cm

(2) $2r_6\sqrt{3} + 2r_6 = 12$ cm;

$r_6(2\sqrt{3} + 2) = 12$ cm; I : $(2\sqrt{3} + 2)$

$r_6 = \dfrac{12}{2(\sqrt{3} + 1)}$ cm $= \dfrac{6(\sqrt{3} - 1)}{(\sqrt{3} + 1)(\sqrt{3} - 1)}$ cm $=$

$= \dfrac{6(\sqrt{3} - 1)}{2}$ cm $= 3(\sqrt{3} - 1)$ cm $\approx 2{,}20$ cm

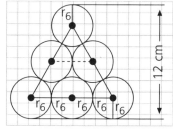

(3) $3r_{10}\sqrt{3} + 2r_{10} = 12$ cm; $r_{10}(3\sqrt{3} + 2) = 12$ cm; I : $(3\sqrt{3} + 2)$

$r_{10} = \dfrac{12(3\sqrt{3} - 2)}{(3\sqrt{3} + 2)(3\sqrt{3} - 2)}$ cm $= \dfrac{12}{23}(3\sqrt{3} - 2)$ cm $\approx 1{,}67$ cm

VII. **a)** $V = r^2\pi h$;

$(2r)^2 + h^2 = (2R)^2$;

$4r^2 + h^2 = 4R^2$; I $- h^2$

$4r^2 = 4R^2 - h^2$; I : 4

$r^2 = R^2 - 0{,}25h^2$

$V = \pi \cdot (R^2 - 0{,}25h^2) \cdot h = \pi(R^2h - 0{,}25h^3)$

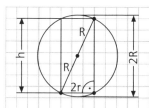

b)

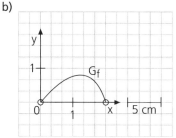

Für x $\approx$ 1,2 ist f(x) am größten.

c) R = 1 LE; $V(h) = \pi(1 \text{ FE} \cdot h - 0{,}25h^3)$

Für $h_{opt} \approx 1{,}2$ LE = 1,2R ist das Volumen des Zylinders am größten:

$V_{max} \approx \pi(1{,}2 - 0{,}25 \cdot 1{,}2^3)$ VE $\approx 2{,}4$ VE $= 2{,}4R^3$;

$r^2 = R^2 - 0{,}25 \, h^2$;

mit R = 1 LE und $h_{opt} \approx 1{,}2$ LE ergibt sich $r_{opt}^2 \approx (1 - 0{,}25 \cdot 1{,}2^2)$ FE $\approx 0{,}64$ FE;

$r_{opt} \approx 0{,}8$ LE = 0,8 R.

VIII. r = 5 cm: Die Kugel berührt die Würfelflächen (6 Berührungspunkte).

r = $5\sqrt{2}$ cm $\approx 7{,}1$ cm: Die Kugel berührt die Würfelkanten (12 Berührungspunkte).

5 cm $< r \leq 5\sqrt{2}$ cm: Die Kugel und die Würfeloberfläche haben miteinander sechs Kreise (mit Radiuslänge $\sqrt{r^2 - 25 \text{ cm}^2}$) gemeinsam.

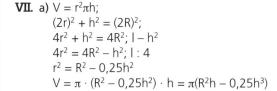

1.

	a)			b)		
Gradmaß	60°	210°	108°	22,5°	360°	≈ 51,6°
Bogenmaß	$\frac{\pi}{3} \approx 1{,}05$	$\frac{7}{6}\pi \approx 3{,}67$	$\frac{3}{5}\pi \approx 1{,}88$	$\frac{\pi}{8} \approx 0{,}39$	$2\pi \approx 6{,}28$	$0{,}9 \approx 0{,}29\pi$

2. Vier Halbkreise mit Radiuslänge 1,5 cm: $\quad 6\pi$ cm
Sechs Halbkreise mit Radiuslänge 1 cm: $\quad 6\pi$ cm
Sechs Halbkreise mit Radiuslänge 0,5 cm: $\quad 3\pi$ cm
———————————————————————
Gesamtlänge der Welle: $\quad 15\pi$ cm $\approx 47{,}1$ cm

3. a) Das Dreieck MAD ist gleichseitig mit der Seitenlänge 4a.

$U = \frac{5}{6} \cdot 2 \cdot 2a \cdot \pi + 2 \cdot \frac{1}{6} \cdot 2 \cdot 2a \cdot \pi = \frac{14}{3}a\pi \approx 14{,}7a$

$A = \frac{5}{6} \cdot (2a)^2 \cdot \pi + \frac{1}{2} \cdot 4a \cdot 2a\sqrt{3} - 2 \cdot \frac{(2a)^2\pi}{6} = 2a^2\pi + 4a^2\sqrt{3} \approx 13{,}2a^2$

b) Das Dreieck MBC ist eine Hälfte eines gleichseitigen Dreiecks; es hat die Seitenlängen 2a und 4a und $2\sqrt{3}a$, und es ist $\sphericalangle$ BMC = 60°.

$U = \frac{2}{3} \cdot 2 \cdot 2a \cdot \pi + 2 \cdot 2\sqrt{3}a = \frac{4}{3}a(2\pi + 3\sqrt{3}) \approx 15{,}3a$

$A = \frac{2}{3} \cdot (2a)^2 \cdot \pi + \frac{1}{2} \cdot 4a \cdot 2a\sqrt{3} = \frac{8}{3}a^2\pi + 4a^2\sqrt{3} \approx 15{,}3a^2$

4. $r_{min} = \dfrac{\sqrt{(8\text{ cm})^2 + (15\text{ cm})^2}}{2} = 8{,}5$ cm; $A = (8{,}5\text{ cm})^2 \cdot \pi \approx 227$ cm² $\approx 2{,}3$ dm²

5. Raumdiagonalenlänge $d = \sqrt{(4\text{ cm})^2 + (6\text{ cm})^2 + (12\text{ cm})^2} = 14$ cm $(= 2r_{min})$
$V = \frac{4}{3} \cdot (7\text{ cm})^3 \cdot \pi \approx 1\,437$ cm³ $\approx 1{,}4$ dm³

6. a) $V = \frac{4}{3} \cdot (8\text{ m})^3 \cdot \pi \approx 2\,145$ m³; $A = 4 \cdot (8\text{ m})^2 \cdot \pi \approx 804$ m²

b) $V_1 = 8V$; $\frac{4}{3} \cdot r_1^3 \cdot \pi = 8 \cdot \frac{4}{3} \cdot (8\text{ m})^3 \cdot \pi$; $| : (\frac{4}{3}\pi)$
$r_1^3 = 8 \cdot (8\text{ m})^3$; $r_1 = 2 \cdot 8$ m $= 16$ m; $A_1 = 4r_1^2\pi = 4 \cdot (16\text{ m})^2 \cdot \pi = 1\,024\pi$ m² $\approx$
$\approx 3\,217$ m²

c) $A_2 = 8A$; $4r_2^2\pi = 8 \cdot 4 \cdot (8\text{ m})^2 \cdot \pi$; $| : (4\pi)$
$r_2^2 = 512$ m²; $r_2 = 16\sqrt{2}$ m; $V_2 = \frac{4}{3} \cdot (16\sqrt{2}\text{ m})^3 \cdot \pi = \frac{32\,768}{3}\sqrt{2} \cdot \pi$ m³ $\approx 48\,528$ m³

7. $A_K = 4r^2\pi$; $r^* = 0{,}8r$; $A^* = 4 \cdot (0{,}8r)^2\pi$; $A_K - A^* = 0{,}36 \cdot 4r^2\pi$
Der Oberflächeninhalt verringert sich um 36%.
$V_K = \frac{4}{3}r^3 \cdot \pi$; $r^* = 0{,}8r$; $V^* = \frac{4}{3} \cdot (0{,}8r)^3 \cdot \pi$; $V_K - V^* = 0{,}488 \cdot \frac{4}{3}r^3 \cdot \pi$
Das Volumen verringert sich um 48,8%.

8. a) $A_{Kugel} = 4r^2\pi$; $A_{Zylinder} = 2r^2\pi + 4r^2\pi = 6r^2\pi$; $A_{Zylinder} = 1{,}5 \cdot A_{Kugel}$

b) $r_{Dach} = r_{Boden} = r$; $A_{Boden} = r^2\pi$; $A_{Dach} = \frac{1}{2} \cdot 4r^2\pi = 2r^2\pi = 2 \cdot A_{Boden}$

9. a) $V_{Hagelkorn} = \frac{4}{3} \cdot (2{,}0\text{ cm})^3 \cdot \pi \approx 33{,}5$ cm³; $m_{Hagelkorn} = \rho_{Eis} \cdot V_{Hagelkorn} \approx 30$ g

b)

d (in mm)	5	10	15	20	25	30	35	40	45
v(d) (in $\frac{m}{s}$)	9,6	13,6	16,7	19,2	21,5	23,6	25,4	27,2	28,9

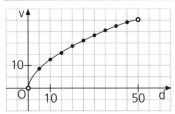

**Jean-Baptiste Joseph
Baron de Fourier**
geb. 1768 in Auxerre
gest. 1830 in Paris

Jean-Baptiste Joseph Fourier, geboren am 21. 3. 1768 in Auxerre, stammt aus einer unbegü-
terten Familie; er war das neunte von zwölf Kindern eines Schneiders. Seine Mutter starb,
als Joseph acht Jahre alt war, sein Vater ein Jahr später.
Er besuchte ab 1780 die École Royale Militaire in seinem Geburtsort Auxerre und ab 1787
die Schule der Benediktiner in St.-Benoît-sur-Loire, um Priester zu werden. Während seiner
Schulzeit entdeckte er jedoch sein großes Interesse für Mathematik und brach dann die
Priesterausbildung zugunsten der Mathematik ab.
1789 ging er nach Paris, konnte aber dort in den Wirren der französischen Revolution
keine Studien- und Arbeitsmöglichkeit finden. So kehrte er 1789 nach Auxerre zurück und
unterrichtete dort Mathematik und Physik, aber auch Rhetorik, Geschichte und Philosophie.
Anlässlich seines 21. Geburtstags schrieb er: „Gestern wurde ich 21; Newton und Pascal
hatten sich in diesem Alter bereits auf vielfältige Weise ihren Anspruch auf Unsterblich-
keit erworben." Ab 1790 unterrichtete er für einige Zeit an der École Normale, später
an der École Polytechnique und arbeitete mit den Mathematikern Lagrange und Monge
zusammen.
Während der Revolutionsjahre war er zeitweilig in Haft, kam aber nach dem Tod
Robespierres wieder frei. 1798 erschien Fouriers erste Veröffentlichung, in der er ein Problem der Theoretischen Mechanik behandelte. Auf Vorschlag Monges nahm er von 1798
bis 1801 am Feldzug Napoleons nach Ägypten teil, wurde Sekretär des Institut d'Egypte
und hatte verschiedene diplomatische Ämter inne; daneben betrieb er weiter mathematische Forschung. In dieser Zeit entstanden Arbeiten zur Auflösung algebraischer Gleichungen, aber auch zu physikalischen Themen.
Nach seiner Rückkehr nach Paris im Jahr 1801 wollte er seine Tätigkeit an der École
Polytechnique wieder aufnehmen, wurde jedoch von Napoleon zum Präfekten des
Départements Isère (mit Regierungssitz in Grenoble) ernannt. Er ließ die Straßenverbindung
von Grenoble nach Turin bauen und große Sumpfgebiete in der Nähe von Lyon trocken-
legen. 1809 wurde er für den erfolgreichen Abschluss seiner Arbeiten von Napoleon in
den Adelsstand versetzt. Auch in dieser Zeit fand er Möglichkeiten, sich seinen mathematischen und physikalischen Forschungen zu widmen: Von 1804 bis 1807 entwickelte
er eine Differentialgleichung, die die Wärmeleitung in festen Körpern beschreibt, und
1807 eine Methode zur Lösung dieser Gleichung, nämlich die Fourierreihen; eine seiner
Arbeiten wurde von der Pariser Akademie preisgekrönt. 1817 wurde Fourier Mitglied
der Akademie der Wissenschaften und 1822 Sekretär der Mathematischen Klasse. Auch
in seinen letzten Lebensjahren betrieb er mathematische Forschungen; sein wichtigstes
Werk ist die *Analytische Theorie der Wärme*, in dem er auch den Begriff *effet de serre*
(„*Treibhauseffekt*") prägte.
Heute wird die *Fourieranalyse* in vielen Zweigen der Naturwissenschaften verwendet. Als
Anerkennung seiner besonderen Leistungen wurde Fouriers Name am Eiffelturm ange-
bracht. Jean-Baptiste Joseph Fourier starb am 16. 5. 1830 in Paris.

Kapitel 2

39

- ■ (1) Für $\varphi = 45°$ erhält man den größten Wert $\sqrt{2}$; für $\varphi = 0°$ und auch für $\varphi = 90°$ erhält man den kleinsten Wert 1.
  (2) Für $\varphi = 180°$ und auch für $\varphi = 270°$ erhält man den größten Wert -1;
  für $\varphi = 225°$ erhält man den kleinsten Wert $-\sqrt{2}$.
- ■ (1) Der größte Wert von sin (2x) ist 1.
  (2) Der größte Wert von 2 sin x ist 2.
- ■ Ja; beide Äquivalenzen gelten auch für $k \in \mathbb{Z}$.

L

40

Die Schülerinnen und Schüler sollen erkennen, dass der Taschenrechner nicht alle Lösungen für trigonometrische Gleichungen liefert und daher die Betrachtungen am Einheitskreis unerlässlich sind.

AH S.10–11

1. a) $\varphi = 90°$

   b) $x_1 = \dfrac{\pi}{3}$; $x_2 = 2\pi - x_1 = \dfrac{5}{3}\pi$; $x_3 = x_2 - 2\pi = -\dfrac{\pi}{3}$

   c) $\varphi_1 = 60°$; $\varphi_2 = 180° - \varphi_1 = 120°$

   d) $\varphi_1 = 45°$; $\varphi_2 = 360° - \varphi_1 = 315°$; $\varphi_3 = \varphi_1 + 360° = 405°$

   e) Substitution: $\alpha = 2\varphi$; zu lösen ist dann sin $\alpha = 0$ für $0° \leq \alpha \leq 720°$:
   $\alpha_1 = 0°$; $\alpha_2 = 180°$; $\alpha_3 = 360°$; $\alpha_4 = 540°$; $\alpha_5 = 720°$, also wegen $\varphi = \dfrac{1}{2}\alpha$:
   $\varphi_1 = 0°$; $\varphi_2 = 90°$; $\varphi_3 = 180°$; $\varphi_4 = 270°$; $\varphi_5 = 360°$

   f) Substitution: $y := -x$; zu lösen ist dann cos $y = 1$ für $-2\pi \leq y \leq 2\pi$:
   $y_1 = -2\pi$; $y_2 = 0$; $y_3 = 2\pi$, also wegen $x = -y$:
   $x_1 = 2\pi$; $x_2 = 0$; $x_3 = -2\pi$

   g) Substitution: $\alpha = 3\varphi$; zu lösen ist dann sin $\alpha = 0{,}5$ für $0° \leq \alpha \leq 540°$:
   $\alpha_1 = 30°$; $\alpha_2 = 180° - \alpha_1 = 150°$; $\alpha_3 = \alpha_1 + 360° = 390°$; $\alpha_4 = \alpha_2 + 360° = 510°$,
   also wegen $\varphi = \dfrac{\alpha}{3}$:
   $\varphi_1 = 10°$; $\varphi_2 = 50°$; $\varphi_3 = 130°$; $\varphi_4 = 170°$

   h) Substitution: $y = x + \dfrac{\pi}{2}$; zu lösen ist dann cos $y = 1$ für $-\dfrac{3}{2}\pi \leq y \leq \dfrac{5}{2}\pi$:
   $y_1 = 0$; $y_2 = 2\pi$, also wegen $x = y - \dfrac{\pi}{2}$:
   $x_1 = -\dfrac{\pi}{2}$; $x_2 = \dfrac{3}{2}\pi$

   i) Substitution: $y = \dfrac{x}{2}$; zu lösen ist dann sin $y = 0$ für $-2\pi \leq y \leq 2\pi$:
   $y_1 = 0$; $y_2 = \pi$; $y_3 = 2\pi$; $y_4 = -\pi$; $y_5 = -2\pi$, also wegen $x = 2y$:
   $x_1 = 0$; $x_2 = 2\pi$; $x_3 = 4\pi$; $x_4 = -2\pi$; $x_5 = -4\pi$

   j) Substitution: $y = x - \dfrac{\pi}{3}$; zu lösen ist dann cos $y = \dfrac{1}{2}\sqrt{3}$ für $-1\dfrac{1}{3}\pi \leq y \leq \dfrac{2}{3}\pi$:
   $y_1 = \dfrac{\pi}{6}$; $y_2 = -y_1 = -\dfrac{\pi}{6}$, also wegen $x = y + \dfrac{\pi}{3}$:
   $x_1 = \dfrac{\pi}{2}$; $x_2 = \dfrac{\pi}{6}$

2. a) Taschenrechnerlösung: $\alpha_1 \approx 7{,}80°$; $\alpha_2 = 180° - \alpha_1 \approx 172{,}20°$

   b) Taschenrechnerlösung: $\beta_1 \approx 45{,}00°$

   c) Für jeden Wert von $x \in \mathbb{R}$ gilt $-1 \leq \sin x \leq 1$. Daher gibt es keine Lösung.

   d) Substitution: $y = 2x$; zu lösen ist dann cos $y = 0{,}9897$ für $-4\pi \leq y \leq 4\pi$:
   Taschenrechnerlösung: $y_1 \approx 0{,}1437$; $y_2 = -y_1 \approx -0{,}1437$; $y_3 = y_1 + 2\pi \approx 6{,}4268$;
   $y_4 = y_1 - 2\pi \approx -6{,}1395$; $y_5 = y_1 - 4\pi \approx -12{,}4227$; $y_6 = y_2 + 2\pi \approx 6{,}1395$;
   $y_7 = y_2 + 4\pi \approx 12{,}4227$; $y_8 = y_2 - 2\pi \approx -6{,}4268$, also wegen $x = \dfrac{1}{2}y$:
   $x_1 \approx 0{,}0718$; $x_2 \approx -0{,}0718$; $x_3 \approx 3{,}2134$; $x_4 \approx -3{,}0698$; $x_5 \approx -6{,}2114$; $x_6 \approx 3{,}0698$;
   $x_7 \approx 6{,}2114$; $x_8 \approx -3{,}2135$

   e) Substitution: $\alpha = \varepsilon + 30°$; zu lösen ist dann sin $\alpha = 0{,}7557$ für $-150° \leq \alpha \leq 210°$
   Taschenrechnerlösung: $\alpha_1 \approx 49{,}09°$; $\alpha_2 \approx 180° - \alpha_1 \approx 130{,}91°$, also wegen
   $\varepsilon = \alpha - 30°$:
   $\varepsilon_1 \approx 19{,}09°$; $\varepsilon_2 \approx 100{,}91°$

   f) Substitution: $y = \dfrac{x}{2}$; zu lösen ist dann cos $y = -0{,}5555$ für $-\pi \leq y \leq \pi$:
   Taschenrechnerlösung: $y_1 \approx 2{,}1598$; $y_2 = -y_1 \approx -2{,}1598$, also wegen $x = 2y$:
   $y_1 \approx 4{,}3195$; $y_2 \approx -4{,}3195$

3. a) Vermessungswesen (Winkel zwischen Visierlinien), Computer (Winkel zwischen Blickrichtung zum Keyboard, zur Mouse und zum Bildschirm)

b) Tresor („Drehen Sie den Griff um 270° nach links"), Schreibtischleuchte („Der Lampenkopf ist bis zu einem Winkel von 210° schwenkbar")

c) Analoguhr (der Minutenzeiger überstreicht in 2 Stunden einen Winkel des Betrags 720°), Pirouette (eine Balletttänzerin dreht sich z. B. zweieinhalb Mal, also um 900°)

4.

a) α	45°	135°	405°	−225°	−315°
$\tan\alpha$	1	−1	1	−1	1
b) α	150°	210°	−150°	−210°	510°
$\tan\alpha$	$-\frac{1}{3}\sqrt{3}$	$\frac{1}{3}\sqrt{3}$	$\frac{1}{3}\sqrt{3}$	$-\frac{1}{3}\sqrt{3}$	$-\frac{1}{3}\sqrt{3}$
c) $\sin x = -1$	$x_0 = \frac{3\pi}{2}$	$x_{-1} = -\frac{\pi}{2}$	$x_1 = \frac{7}{2}\pi$	$x_{-2} = -\frac{5}{2}\pi$	$x_2 = \frac{11}{2}\pi$
	Allgemein: $x_k = \frac{3\pi}{2} + k \cdot 2\pi$; $k \in \mathbb{Z}$				
d) $\cos x = 1$	$x_1 = 2\pi$	$x_0 = 0$	$x_{-1} = -2\pi$	$x_2 = 4\pi$	$x_{-2} = -4\pi$
	Allgemein: $x_k = k \cdot 2\pi$; $k \in \mathbb{Z}$				

5. a) Für $\alpha = 45°$ sind der Kosinuswert und der Sinuswert gleich ($\frac{1}{2}\sqrt{2}$).

Für $\alpha^* = 180° - 45° = 135°$ ist der Sinuswert ebenso groß wie für $\alpha = 45°$ ($\frac{1}{2}\sqrt{2}$);

der Kosinuswert ist für $\alpha^* = 135°$ gleich der Gegenzahl des Kosinuswerts für $\alpha = 45°$

($\frac{1}{2}\sqrt{2}$):

Die einzige Lösung ist damit $\alpha^* = 135°$.

b) $\sin\beta + 2\sin\beta = 1,5$;

$3\sin\beta = 1,5$; $|:3$

$\sin\beta = 0,5$

Der Winkel $\beta = 30°$ liegt nicht im angegebenen Bereich; die einzige Lösung ist

$\beta_1 = \beta + 360° = 390°$.

c) $\sin\gamma + \cos\gamma = -1$;

$(\sin\gamma + \cos\gamma)^2 = (-1)^2$;

$\underline{(\sin\gamma)^2 + (\cos\gamma)^2} + 2\sin\gamma\cos\gamma = 1$;

$\qquad\quad 1$

$1 + 2\sin\gamma\cos\gamma = 1$; $|-1$

$2\sin\gamma\cos\gamma = 0$: Ein Produkt ist null, wenn mindestens einer der Faktoren null ist;

$\sin\gamma \neq 0$ im angegeben Bereich (die Ränder sind nicht enthalten!);

$\cos\gamma = 0$ im angegebenen Bereich nur für $\gamma = 270°$.

Da quadriert wurde, muss die Probe gemacht werden:

$\sin 270° + \cos 270° = -1 + 0 = -1$ einzige Lösung ist $\gamma = 270°$.

d) $\sin\delta = \cos\delta$; $|: \cos\delta (\neq 0)$ $\frac{\sin\delta}{\cos\delta} = 1$; $\tan\delta = 1$:

Der Winkel $\delta = 45°$ liegt nicht im angegebenen Bereich; einzige Lösung ist

$\delta_1 = \delta + 180° = 225°$.

6. Alle Angaben werden auf den Sinuswert vom spitzen Winkel zurückgeführt.

a)	$\sin 18°$	■
b)	$\cos 342° = \cos (360° - 342°) = \cos 18° = \sin (90° - 18°) = \sin 72°$	
c)	$\cos 72° = \sin (90° - 72°) = \sin 18°$	■
d)	$\sin \left(\frac{11}{10}\,\pi\right) = \sin \left(\frac{11}{10} \cdot 180°\right) = \sin 198° = -\sin (198° - 180°) = -\sin 18°$	▲
e)	$\sin (-36°) = -\sin 36°$	
f)	$\cos \left(\frac{3}{10}\,\pi\right) = \cos \left(\frac{3}{10} \cdot 180°\right) = \cos 54° = \sin (90° - 54°) = \sin 36°$	●
g)	$\sin 396° = \sin (396° - 360°) = \sin 36°$	●
h)	$\sin 504° = \sin (504° - 360°) = \sin 144° = \sin (180° - 144°) = \sin 36°$	●
i)	$\cos 252° = -\cos (252° - 180°) = -\cos 72° = -\sin (90° - 72°) = -\sin 18°$	▲
j)	$\cos 792° = \cos (792° - 2 \cdot 360°) = \cos 72° = \sin (90° - 72°) = \sin 18°$	■
k)	$\cos (-72°) = \cos 72° = \sin (90° - 72°) = \sin 18°$	■
l)	$\cos \left(\frac{7}{5}\,\pi\right) = \cos \left(\frac{7}{5} \cdot 180°\right) = \cos 252° = \cos (360° - 252°)= \cos 108° = -\sin 18°$	▲

Wertgleiche Terme sind daher a, c, j, k und d, i, l und f, g, h; b und e haben keine wertgleichen Termpartner.

7. **a)** $(\sin \varphi)^2 + (\cos \varphi)^2 = (-0{,}6)^2 + (0{,}8)^2 = 0{,}36 + 0{,}64 = 1$ ✓
Die Lösung φ „liegt im IV. Quadranten", weil $\sin \varphi < 0$ und $\cos \varphi > 0$ ist.
Aus $\sin \varphi = -0{,}6$ folgt mit dem Taschenrechner $\varphi \approx -36{,}87° \notin [0°; 360°]$;
die Lösung ist $\varphi_1 = 360° + \varphi \approx 323{,}13°$, und $\tan \varphi = \frac{\sin \varphi}{\cos \varphi} = \frac{-0{,}6}{0{,}8} = -0{,}75$.

b) $(\sin \varphi)^2 + (\cos \varphi)^2 = \left(-\frac{1}{2}\sqrt{2}\right)^2 + \left(-\frac{1}{2}\sqrt{2}\right)^2 = \frac{1}{4} \cdot 2 + \frac{1}{4} \cdot 2 = \frac{1}{2} + \frac{1}{2} = 1$ ✓
Die Lösung φ „liegt im III. Quadranten", weil $\sin \varphi < 0$ und $\cos \varphi > 0$ ist.
Aus $\sin \varphi = -\frac{1}{2}\sqrt{2}$ und $\cos \varphi = -\frac{1}{2}\sqrt{2}$ folgt $\varphi_1 = 180° + 45° = 225°$ und
$\tan \varphi = \frac{\sin \varphi}{\cos \varphi} = \frac{-\frac{1}{2}\sqrt{2}}{-\frac{1}{2}\sqrt{2}} = 1$.

c) $(\sin \varphi)^2 + (\cos \varphi)^2 = (0{,}2)^2 + (-0{,}4\sqrt{6})^2 = 0{,}04 + 0{,}16 \cdot 6 = 0{,}04 + 0{,}96 = 1$ ✓
Die Lösung φ „liegt im II. Quadranten", weil $\sin \varphi > 0$ und $\cos \varphi < 0$ ist.
Aus $\cos \varphi = -0{,}4\sqrt{6}$ folgt mit dem Taschenrechner die Lösung $\varphi_1 \approx 168{,}46°$, und
$\tan \varphi = \frac{\sin \varphi}{\cos \varphi} = \frac{0{,}2}{-0{,}4\sqrt{6}} = -\frac{1}{2\sqrt{6}} = -\frac{1 \cdot \sqrt{6}}{2\sqrt{6}\sqrt{6}} = -\frac{1}{2 \cdot 6}\sqrt{6} = -\frac{1}{12}\sqrt{6}$.

d) $\left(\frac{1}{2}\sqrt{2 - \sqrt{3}}\right)^2 + \left(\frac{1}{2}\sqrt{2 + \sqrt{3}}\right)^2 = \frac{1}{4}(2 - \sqrt{3}) + \frac{1}{4}(2 + \sqrt{3}) =$
$\frac{1}{2} - \frac{1}{4}\sqrt{3} + \frac{1}{2} + \frac{1}{4}\sqrt{3} = 1$ ✓
Die Lösung φ „liegt im I. Quadranten", weil $\sin \varphi > 0$ und $\cos \varphi > 0$ ist.
Aus $\sin \varphi = \frac{1}{2}\sqrt{2 - \sqrt{3}}$ folgt mit dem Taschenrechner die Lösung $\dot\varphi = 15°$, und
$\tan \varphi = \frac{\sin \varphi}{\cos \varphi} = \frac{\frac{1}{2}\sqrt{2 - \sqrt{3}}}{\frac{1}{2}\sqrt{2 + \sqrt{3}}} = \sqrt{\frac{2 - \sqrt{3}}{2 + \sqrt{3}}} = \sqrt{\frac{(2 - \sqrt{3}) \cdot (2 - \sqrt{3})}{(2 + \sqrt{3}) \cdot (2 - \sqrt{3})}} = \frac{2 - \sqrt{3}}{\sqrt{4 - 3}} =$
$2 - \sqrt{3}$.

8. **a)**

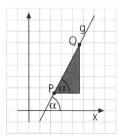

$m = \frac{y_Q - y_P}{x_Q - x_P} = \tan \alpha$

b) Ist die Steigung m > 0, so ist der Winkel α spitz; für m < 0 ist er stumpf.
  (1) $2x + y = 5; \mid -2x \quad y = -2x + 5; \quad m = -2; \quad \tan \alpha = -2; \quad \alpha_1 \approx -63{,}43°$:
    Der Winkel zwischen positiver x-Achse und g ist $\alpha = 180° + \alpha_1 \approx 116{,}57°$.
  (2) $y = -0{,}5x + 1; \quad m = -0{,}5; \quad \tan \alpha = -0{,}5; \quad \alpha_1 \approx -26{,}57°$:
    Der Winkel zwischen positiver x-Achse und g ist $\alpha = 180° + \alpha_1 \approx 153{,}43°$.
  (3) $y = 0{,}4x - 2; \quad m = 0{,}4; \quad \tan \alpha = 0{,}4; \quad \alpha \approx 21{,}80°$
  (4) $x - 2y = 4; \quad y = \frac{1}{2}x - 2; \quad m = \frac{1}{2}; \quad \tan \alpha = \frac{1}{2}; \quad \alpha \approx 26{,}57°$

9. a) $x + y = 5; \mid -x \quad y = 5 - x; \quad m = -1; \quad \tan \alpha = -1; \quad \alpha = 135°$

b) $x\sqrt{3} + y = \sqrt{3}; \mid -x\sqrt{3} \quad y = -\sqrt{3}x + \sqrt{3}; \quad m = -\sqrt{3}; \quad \tan \alpha = -\sqrt{3}; \quad \alpha = 120°$

c) $3x - y\sqrt{3} = 6; \mid -3x \quad -\sqrt{3}y = 6 - 3x; \mid : (-\sqrt{3}) \quad y = -2\sqrt{3} + \sqrt{3}x; \quad m = \sqrt{3};$
$\tan \alpha = \sqrt{3}; \quad \alpha = 60°$

10. a) (1) $\sin 30° + \sin 60° + \sin 90° + \sin 120° = \frac{1}{2} + \frac{1}{2}\sqrt{3} + 1 + \frac{1}{2}\sqrt{3} = 1{,}5 + \sqrt{3}$

(2) $\sin 45° + \sin 90° + \sin 135° + \sin 180° = \frac{1}{2}\sqrt{2} + 1 + \frac{1}{2}\sqrt{2} + 0 = 1 + \sqrt{2}$

(3) $\sin 60° + \sin 120° + \sin 180° + \sin 240° = \frac{1}{2}\sqrt{3} + \frac{1}{2}\sqrt{3} + 0 - \frac{1}{2}\sqrt{3} = \frac{1}{2}\sqrt{3}$

(4) $\sin 90° + \sin 180° + \sin 270° + \sin 360° = 1 + 0 - 1 + 0 = 0$

b) (1) $\cos 30° + \cos 60° + \cos 90° + \cos 120° = \frac{1}{2}\sqrt{3} + \frac{1}{2} + 0 - \frac{1}{2} = \frac{1}{2}\sqrt{3}$

(2) $\cos 45° + \cos 90° + \cos 135° + \cos 180° = \frac{1}{2}\sqrt{2} + 0 - \frac{1}{2}\sqrt{2} - 1 = -1$

(3) $\cos 60° + \cos 120° + \cos 180° + \cos 240° = \frac{1}{2} - \frac{1}{2} - 1 - \frac{1}{2} = -1{,}5$

(4) $\cos 90° + \cos 180° + \cos 270° + \cos 360° = 0 - 1 + 0 + 1 = 0$

11. a) Schwarzer Winkelbogen: $\sin \alpha = \sin 65° \approx 0{,}96; \quad \cos \alpha = \cos 65° \approx 0{,}423;$
roter Winkelbogen: $\alpha_{rot} = 360° - \alpha;$
$\sin (360° - \alpha) = \sin (-\alpha) = -\sin \alpha \approx -0{,}906;$
$\cos (360° - \alpha) = \cos (-\alpha) = \cos \alpha \approx 0{,}423;$
grüner Winkelbogen: $\alpha_{grün} = -360° + \alpha;$
$\sin (-360° + \alpha) = \sin \alpha \approx 0{,}906;$
$\cos (-360° + \alpha) = \cos \alpha \approx 0{,}423;$

b) Schwarzer Winkelbogen: $\sin \alpha = \sin 140° \approx 0{,}643; \quad \cos \alpha = \cos 140° \approx -0{,}766;$
roter Winkelbogen: $\alpha_{rot} = -180° + \alpha;$
$\sin (-180° + \alpha) = -\sin \alpha \approx -0{,}643;$
$\cos (-180° + \alpha) = -\cos \alpha \approx 0{,}766;$
grüner Winkelbogen: $\alpha_{grün} = \alpha - 360°;$
$\sin (\alpha - 360°) = \sin \alpha \approx 0{,}643;$
$\cos (\alpha - 360°) = \cos \alpha \approx -0{,}766$

c) Schwarzer Winkelbogen: $\sin \alpha = \sin (-160°) \approx -0{,}342; \cos \alpha = \cos (-160°) \approx -0{,}940;$
roter Winkelbogen: $\alpha_{rot} = -\alpha - 90°;$
$\sin (-\alpha - 90°) = \sin [-(\alpha + 90°)] = -\sin (\alpha + 90°) = -\cos \alpha \approx 0{,}940;$
$\cos (-\alpha - 90°) = \cos [-(\alpha + 90°)] = \cos (\alpha + 90°) = -\sin \alpha \approx 0{,}342;$
grüner Winkelbogen: $\alpha_{grün} = -360° + \alpha_{rot} = -360° + (-\alpha - 90°);$
$\sin [-360° + (-\alpha - 90°)] = \sin (-\alpha - 90°) = -\cos \alpha \approx 0{,}940;$
$\cos [-360° + (-\alpha - 90°)] = \cos (-\alpha - 90°) = -\sin \alpha \approx 0{,}342$

d) Schwarzer Winkelbogen: $\sin \alpha = \sin 90° = 1{,}000; \quad \cos \alpha = \cos 90° = 0{,}000;$
roter Winkelbogen: $\alpha_{rot} = -\alpha;$
$\sin (-\alpha) = -\sin \alpha = 1{,}000; \cos (-\alpha) = \cos \alpha = 0{,}000;$
grüner Winkelbogen: $\alpha_{grün} = 2 \cdot \alpha;$
$\sin (2\alpha) = 0{,}000; \cos (2\alpha) = -1{,}000;$
blauer Winkelbogen: $\alpha_{blau} = -360° + \alpha;$
$\sin (-360° + \alpha) = \sin \alpha = 1{,}000; \cos (-360° + \alpha) = \cos \alpha = 0{,}000;$

41

e) Schwarzer Winkelbogen: $\sin \alpha = \sin 70° \approx 0{,}940$; $\cos \alpha = \cos 70° \approx 0{,}342$;
roter Winkelbogen: $\alpha_{rot} = 360° - \alpha$;
$\sin (360° - \alpha) = \sin (-\alpha) = -\sin \alpha \approx -0{,}940$; $\cos (360° - \alpha) = \cos (-\alpha) = \cos \alpha = 0{,}342$;
grüner Winkelbogen: $\alpha_{grün} = -360° - \alpha$;
$\sin (-360° + \alpha) = \sin \alpha \approx 0{,}940$; $\cos (-360° + \alpha) = \cos \alpha \approx 0{,}342$;
blauer Winkelbogen: $\alpha_{blau} = -\alpha$;
$\sin (-\alpha) = -\sin \alpha \approx -0{,}940$; $\cos (-\alpha) = \cos \alpha = 0{,}342$

f) Schwarzer Winkelbogen: $\sin \alpha = \sin (-35°) \approx -0{,}574$; $\cos \alpha = \cos (-35°) \approx 0{,}819$;
roter Winkelbogen: $\alpha_{rot} = 90° - \alpha$;
$\sin (90° - \alpha) = \cos \alpha \approx 0{,}819$; $\cos (90° - \alpha) = \sin \alpha \approx -0{,}574$;
grüner Winkelbogen: $\alpha_{grün} = -360° - \alpha$;
$\sin (-360° - \alpha) = \sin (-\alpha) \approx -\sin \alpha \approx 0{,}574$; $\cos (-360° - \alpha) = \cos (-\alpha) = \cos \alpha \approx 0{,}819$;
blauer Winkelbogen: $\alpha_{blau} = 360° - 90° + \alpha$;
$\sin (360° - 90° + \alpha) = \sin (-90° + \alpha) = -\cos \alpha \approx -0{,}819$;
$\cos (360° - 90° + \alpha) = \cos (-90° + \alpha) = \sin \alpha \approx -0{,}574$

12.

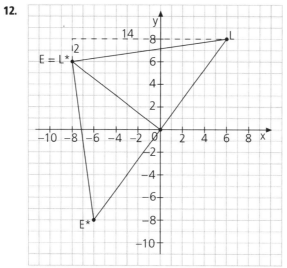

a) Satz von Pythagoras: $\overline{OL} = \sqrt{6^2 + 8^2} = \sqrt{100} = 10$;
$\overline{EO} = \sqrt{(-8)^2 + 6^2} = \sqrt{100} = 10$:
Da $\overline{OL} = \overline{EO}$ ist, ist das Dreieck OLE gleichschenklig.
Satz von Pythagoras: $\overline{LE} = \sqrt{2^2 + 14^2} = \sqrt{200} = 10\sqrt{2}$:
Da $\overline{OL}^2 + \overline{EO}^2 = \overline{LE}^2$ ist, folgt aus dem Kehrsatz des Satzes von Pythagoras, dass das Dreieck OLE rechtwinklig ist.
Flächeninhalt: $A_{OLE} = \frac{1}{2} \overline{OL} \cdot \overline{EO} = \frac{1}{2} \cdot 10^2$ FE $= 50$ FE
Umfangslänge: $U_{OLE} = \overline{OL} + \overline{LE} + \overline{EO} = (10 + 10\sqrt{2} + 10)$ LE $=$
$= 10 (2 + \sqrt{2})$ LE $\approx 34{,}14$ LE

b) O (0 | 0); L*(−8 | 6); E*(−6 | −8)

Bei der Bearbeitung dieser Aufgabe lernen die Schülerinnen und Schüler eine Anwendung von Sinus und Kosinus für Winkel über 90° kennen, bei der sich eine Vernetzung mit der Physik anbietet.

13. Das Koordinatensystem wird so gewählt, dass sein Ursprung mit dem Mittelpunkt des Riesenrades zusammenfällt und die positive x-Achse waagrecht nach rechts weist.

a) Die Lage der Punkte A und B wird zunächst durch ihre Polarkoordinaten und dann durch ihre kartesischen Koordinaten beschrieben:
Der Punkt A liegt bei der 11. Gondel von 36: $\alpha = \frac{11}{36} \cdot 360° = 110°$; sein Entfernung vom Ursprung beträgt r = 61 m.
Koordinaten von A: $x_A = r \cdot \cos \alpha \approx -20{,}9$ m; $y_A = r \cdot \sin \alpha \approx 57{,}3$ m
Der Punkt B liegt bei Gondel 31: $\beta = \frac{31}{36} \cdot 360° = 310°$.
Koordinaten von B: $x_B = r \cdot \cos \beta \approx 39{,}2$ m; $y_B = r \cdot \sin \beta \approx -46{,}7$ m

b) $\omega = \frac{\varphi}{t} = \frac{2\pi}{30 \text{ min}} = \frac{2\pi}{30 \cdot 60 \text{ s}} \approx 0{,}0035 \, \frac{1}{s} = 0{,}0035 \text{ Hz}$

c) h = 160 m (Stern von Nanchang); h* = 65 m (Riesenrad Prater, aus dem Internet);

$\frac{h - h^*}{h^*} = \frac{95 \text{ m}}{65 \text{ m}} \approx 1{,}46;$

Der Stern von Nanchang ist um 146% höher als das Riesenrad im Wiener Prater.

W

W1 $y = -0{,}2x^2 - 0{,}8x - 2{,}8 = -0{,}2(x^2 + 4x + 14) = -0{,}2(x^2 + 4x + 4 - 4 + 14) =$
$-0{,}2 \, [(x + 2)^2 + 10] = -0{,}2(x + 2)^2 - 2; \quad S\,(-2\,|-2)$

W2 Die Nullstellen der Funktion f sind die Nullstellen des Zählerterms:
$10 - 5x^2 = 0; \, |+5x^2 \quad 10 = 5x^2; \, |:5 \quad 2 = x^2; \quad x_{1,2} = \pm\sqrt{2} \in D_f$

W3 $V = r^2\pi \cdot h = 1 \text{ dm}^3 = 1\,000 \text{ cm}^3; \, | : (h\pi)$

$r^2 = \frac{1\,000 \text{ cm}^3}{h\pi} = \frac{1\,000 \text{ cm}^3}{15 \text{ cm} \cdot \pi} \approx 21{,}22 \text{ cm}^2; \, r > 0: r \approx 4{,}61 \text{ cm};$

$d = 2r \approx 9{,}2 \text{ cm}$

■ = 4
100 010 001
◆ = 9

42

Der Sinus- und der Kosinussatz stellen eine sehr gute Möglichkeit dar zu zeigen, dass auch allgemeine Sätze über nicht-rechtwinklige Dreiecke existieren. Es sollte den Schülerinnen und Schülern bewusst werden, dass der Sinussatz einfacher ist als die von ihnen zu erbringende Transferleistung, wenn der Sinussatz im Unterricht nicht behandelt wird.

1. a) Schätzungen: Individuelle Lösungen (etwa 400 m bis 500 m)
Der Weltrekord im 400-m-Freistilschwimmen der Frauen liegt bei ungefähr 4 min. Eine gute Schwimmerin sollte die Strecke [BR] also in einer Viertelstunde schaffen können.

b) $\sphericalangle\,FRB = 180° - 40° - 29° = 111°$

Sinussatz: $\dfrac{\overline{BR}}{\overline{FB}} = \dfrac{\sin 40°}{\sin 111°}; \mid \cdot \overline{FB} \quad \overline{BR} = \dfrac{\sin 40°}{\sin 111°} \cdot \overline{FB} = \dfrac{\sin 40°}{\sin 111°} \cdot 660\ m \approx 454\ m$

2. $\sphericalangle\,ELO = 180° - 3\alpha; \quad \sphericalangle\,OEL = 180° - \alpha - (180° - 3\alpha) = 2\alpha;$

$\dfrac{\overline{OE}}{\overline{OL}} = \dfrac{\sin(180° - 3\alpha)}{\sin(2\alpha)}; \mid \cdot \overline{OL} \quad \overline{OE} = \dfrac{\sin(3\alpha)}{\sin(2\alpha)} \cdot \overline{OL};$

$\dfrac{\overline{SE}}{\overline{OE}} = \dfrac{\sin \alpha}{\sin(3\alpha)}; \mid \cdot \overline{OE} \quad \overline{SE} = \dfrac{\sin \alpha}{\sin(3\alpha)} \cdot \dfrac{\sin(3\alpha)}{\sin(2\alpha)} \cdot \overline{OL} = \dfrac{\sin \alpha}{\sin(2\alpha)} \cdot \overline{OL}$

a) $\overline{OE} = \dfrac{\sin 30°}{\sin 20°} \cdot 8\ cm \approx 11{,}70\ cm;$ **b)** $\overline{OE} = \dfrac{\sin 45°}{\sin 30°} \cdot 8\ cm \approx 11{,}31\ cm;$

$\quad\ \overline{SE} = \dfrac{\sin 10°}{\sin 20°} \cdot 8\ cm \approx 4{,}06\ cm$ $\qquad \overline{SE} = \dfrac{\sin 15°}{\sin 30°} \cdot 8\ cm \approx 4{,}14\ cm$

c) $\overline{OE} = \dfrac{\sin 75°}{\sin 50°} \cdot 8\ cm \approx 10{,}09\ cm;$ **d)** $\overline{OE} = \dfrac{\sin 90°}{\sin 60°} \cdot 8\ cm \approx 9{,}24\ cm;$

$\quad\ \overline{SE} = \dfrac{\sin 25°}{\sin 50°} \cdot 8\ cm \approx 4{,}41\ cm$ $\qquad \overline{SE} = \dfrac{\sin 30°}{\sin 60°} \cdot 8\ cm \approx 4{,}62\ cm$

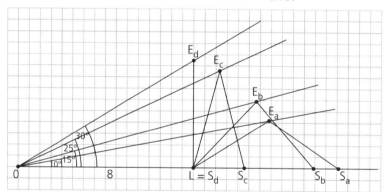

3. Triangle DEF: $h = 8 \cdot \sin 35°; \quad A = \frac{1}{2}\,gh = \frac{1}{2} \cdot 15 \cdot 8 \sin 35° \approx 34{,}41;$

Triangle HIG: Drop the perpendicular h* from G to the line HI; it lies outside the triangle HIG, and it intersects HI at F.
$\sphericalangle\,GHF = 180° - \sphericalangle\,IHG = 180° - 130° = 50°;$
$h^* = 4 \cdot \sin 50°; \quad \overline{FH} = 4 \cdot \cos 50°;$
$A^* = \frac{1}{2}\,g^*h^* = \frac{1}{2} \cdot (6 + 4 \cos 50°) \cdot 4 \sin 50° = (12 + 8 \cdot \cos 50°) \cdot \sin 50° \approx 13{,}13;$
$\dfrac{A - A^*}{A} \approx 0{,}62:$ the area of HIG is less than the area of DEF by about 62 %.

4. a) Mit dem Winkelsummensatz lässt sich der dritte Winkel berechnen. In dem Dreieck ist nun eine Seite, der ihr gegenüberliegende Winkel und jeder der beiden übrigen Winkel bekannt, sodass mit dem Sinussatz jede fehlende Seite bestimmt werden kann.

b) Der Sinussatz ist nicht anwendbar, da kein einer bekannten Seite gegenüberliegender Winkel gegeben ist oder mit dem Winkelsummensatz berechnet werden kann.

c) Der der größeren Seiten gegenüberliegende Winkel und eine der diesem Winkel anliegenden Seiten sind bekannt. Mit dem Sinussatz kann daher der dieser anliegenden Seite gegenüberliegende Winkel berechnet werden. Der dritte Winkel ergibt sich aus dem Winkelsummensatz und die letzte Seite wiederum mit dem Sinussatz.

d) Da kein Winkel gegeben ist, kann der Sinussatz nicht angewendet werden.

43

1. $\sphericalangle$ DBC = 180° – 120° – 15° = 45°

Die Länge der Strecke [DC] lässt sich mit dem Sinussatz berechnen:

$\frac{\sin 45°}{\sin 15°} = \frac{\overline{DC}}{690\,\text{m}}; \text{I} \cdot 690\,\text{m} \quad \overline{DC} = \frac{\sin 45°}{\sin 15°} \cdot 690\,\text{m} \approx 1\,885\,\text{m}$

Die Länge der Strecke [DA] kann man mit dem Kosinussatz berechnen:

$\overline{DA}^2 = \overline{DC}^2 + \overline{CA}^2 - 2 \cdot \overline{DC} \cdot \overline{CA} \cdot \cos(\sphericalangle \text{ACD});$

$\overline{DA} \approx \sqrt{(1\,885\,\text{m})^2 + (1\,000\,\text{m})^2 - 2 \cdot 1\,885\,\text{m} \cdot 1\,000\,\text{m} \cdot \cos 45°} \approx 1\,374\,\text{m};$

$\frac{\overline{DC} + \overline{CA} - \overline{DA}}{\overline{DC} + \overline{CA}} \approx \frac{1\,511\,\text{m}}{2\,885\,\text{m}} \approx 0{,}524\,\text{m}; \overline{DA}$ ist um etwa 52,4% kleiner als $\overline{DC} + \overline{CA}$.

2. Anwendung des Kosinussatzes:

$\overline{WL}^2 = \overline{WB}^2 + \overline{BL}^2 - 2 \cdot \overline{WB} \cdot \overline{BL} \cdot \cos(\sphericalangle \text{WBL});$

$\overline{WL} = \sqrt{(2{,}9\,\text{km})^2 + (5{,}3\,\text{km})^2 - 2 \cdot 2{,}9\,\text{km} \cdot 5{,}3\,\text{km} \cdot \cos 53°} \approx 4{,}2\,\text{km}$

Dauer der Fahrt: $t = \frac{s}{v} = \frac{4{,}2\,\text{km}}{26\,\frac{\text{km}}{\text{h}}} \approx 0{,}16\,\text{h} \approx 10\,\text{min}$

3. Erklärung des Vorgehens:

Zunächst werden die Flächendiagonalenlängen d, e und f mit dem Satz von Pythagoras berechnet. Durch Anwendung des Kosinussatzes wird hierauf ein beliebiger Winkel im Dreieck ACH bestimmt. Einen zweiten Winkel dieses Dreiecks erhält man dann entweder durch erneute Anwendung des Kosinussatzes oder mit dem Sinussatz. Der dritte Winkel ergibt sich aus dem Winkelsummensatz.

$d = \sqrt{a^2 + b^2} = 15\,\text{cm}; \quad e = \sqrt{c^2 + b^2} = \sqrt{106}\,\text{cm}; \quad f = \sqrt{c^2 + a^2} = 13\,\text{cm}$

Kosinussatz:

$e^2 = f^2 + d^2 - 2 \cdot f \cdot d \cdot \cos \varepsilon; \text{I} -f^2 - d^2 \quad e^2 - f^2 - d^2 = -2 \cdot f \cdot d \cdot \cos \varepsilon; \text{I} : (-2 \cdot f \cdot d)$

$\frac{e^2 - f^2 - d^2}{-2fd} = \cos \varepsilon; \quad \cos \varepsilon = \frac{-288\,\text{cm}}{-2 \cdot 195\,\text{cm}} \approx 0{,}7385; \quad \varepsilon \approx 42{,}40°$

Sinussatz:

$\frac{\sin \delta}{\sin \varepsilon} = \frac{d}{e}; \text{I} \cdot \sin \varepsilon \quad \sin \delta = \frac{d}{e} \cdot \sin \varepsilon \approx 0{,}9824; \quad \delta < 90°: \delta \approx 79{,}24°$

Winkelsummensatz:

$\varphi = 180° - \varepsilon - \delta \approx 58{,}36°$

Z

Die Besprechung des **Sinussatzes** und des **Kosinussatzes** ist nicht mehr zwingend vorgeschrieben. Die Selbsterarbeitung dieser beiden häufig günstig anwendbaren Sätze mithilfe des **Expertenpuzzles** auf den nächsten Seiten ist vielfach erprobt und als (45-Minuten-)Unterrichtseinheit – einschließlich zusammenfassender Ergebnisdarstellung durch vier Schüler/Schülerinnen – möglich.

Expertenpuzzle
Gruppe 1

1.

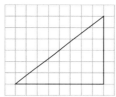

Das Dreieck ABC ist rechtwinklig mit $\sphericalangle$ CBA = β = 90°.
Bezeichnen Sie seine Eckpunkte mit A, B bzw. C, seine Seitenlängen mit a, b bzw. c und
seine Winkelgrößen mit α, β bzw. γ.

Geben Sie an: $\sin \alpha = \text{———}$ und $\sin \gamma = \text{———}$

> Folgern Sie hieraus $\dfrac{a}{\sin \alpha} = \text{———}$.

2.

Das Dreieck ABC ist spitzwinklig. Bezeichnen Sie seine Eckpunkte mit A, B bzw. C, seine
Seitenlängen mit a, b bzw. c und seine Winkelgrößen mit α, β bzw. γ.
Tragen Sie (z. B.) die Höhen h_c (Höhenfußpunkt F) und h_b (Höhenfußpunkt E) ein.

a) Dreieck AFC: $\sin \alpha = \text{———}$.   Dreieck FBC: $\sin \beta = \text{———}$.

   Folgern Sie hieraus a $\sin \beta = \text{———}$ und folgern Sie weiter $\dfrac{a}{\sin \alpha} = \text{———}$.

b) Dreieck ABE: $\sin \alpha = \text{———}$.   Dreieck BCE: $\sin \gamma = \text{———}$.

   Folgern Sie hieraus a $\sin \gamma = \text{———}$ und folgern Sie weiter $\dfrac{a}{\sin \alpha} = \text{———}$.

Fassen Sie die Ergebnisse von a) und b) zusammen:

> $\dfrac{a}{\sin \alpha} = \text{———} = \text{———}$ **Sinussatz**

Expertenpuzzle
Gruppe 1

1.

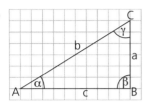

Das Dreieck ABC ist rechtwinklig mit $\sphericalangle$ CBA = β = 90°.
Bezeichnen Sie seine Eckpunkte mit A, B bzw. C, seine Seitenlängen mit a, b bzw. c und seine Winkelgrößen mit α, β bzw. γ.

Geben Sie an: $\sin \alpha = \dfrac{a}{b}$ und $\sin \gamma = \dfrac{c}{b}$

> Folgern Sie hieraus $\dfrac{a}{\sin \alpha} = \dfrac{c}{\sin \gamma}$.

2.

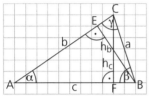

Das Dreieck ABC ist spitzwinklig. Bezeichnen Sie seine Eckpunkte mit A, B bzw. C, seine Seitenlängen mit a, b bzw. c und seine Winkelgrößen mit α, β bzw. γ.
Tragen Sie (z. B.) die Höhen h_c (Höhenfußpunkt F) und h_b (Höhenfußpunkt E) ein.

a) Dreieck AFC: $\sin \alpha = \dfrac{h_c}{b}$.   Dreieck FBC: $\sin \beta = \dfrac{h_c}{a}$.

Folgern Sie hieraus a $\sin \beta = h_c$ und folgern Sie weiter $\dfrac{a}{\sin \alpha} = \dfrac{b}{\sin \beta}$.

b) Dreieck ABE: $\sin \alpha = \dfrac{h_b}{c}$.   Dreieck BCE: $\sin \gamma = \dfrac{h_b}{a}$.

Folgern Sie hieraus a $\sin \gamma = h_b$ und folgern Sie weiter $\dfrac{a}{\sin \alpha} = \dfrac{c}{\sin \gamma}$.

Fassen Sie die Ergebnisse von a) und b) zusammen:

> $\dfrac{a}{\sin \alpha} = \dfrac{b}{\sin \beta} = \dfrac{c}{\sin \gamma}$ **Sinussatz**

Expertenpuzzle
Gruppe 2

1.

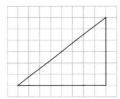

Das Dreieck ABC ist rechtwinklig mit ∢ CBA = β > 90°.
Bezeichnen Sie seine Eckpunkte mit A, B bzw. C, seine Seitenlängen mit a, b bzw. c und
seine Winkelgrößen mit α, β bzw. γ.

Geben Sie an: sin α = —————   und sin γ = —————

Folgern Sie hieraus $\dfrac{a}{\sin \alpha}$ = ————— .

2.

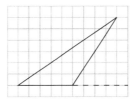

Das Dreieck ABC ist stumpfwinklig mit ∢ CBA = β = 90°. Bezeichnen Sie seine Eckpunkte mit A, B bzw. C, seine Seitenlängen mit a, b bzw. c und seine Winkelgrößen mit
α, β bzw. γ.
Tragen Sie (z. B.) die Höhen h_c (Höhenfußpunkt F) und h_b (Höhenfußpunkt E) ein.

a) Dreieck AFC: sin α = —————.   Dreieck BFC: sin β = —————.
                                             [*Hinweis*: sin (180° – β) = sin β]

Folgern Sie hieraus a sin β = —————   und folgern Sie weiter $\dfrac{a}{\sin \alpha}$ = —————.

b) Dreieck ABE: sin α = —————.   Dreieck EBC: sin γ = —————.

Folgern Sie hieraus a sin γ = —————   und folgern Sie weiter $\dfrac{a}{\sin \alpha}$ = —————.

Fassen Sie die Ergebnisse von a) und b) zusammen:

$\dfrac{a}{\sin \alpha}$ = ————— = —————   **Sinussatz**

Expertenpuzzle
Gruppe 2

1.

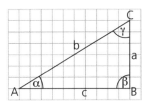

Das Dreieck ABC ist rechtwinklig mit $\sphericalangle\, CBA = \beta = 90°$.
Bezeichnen Sie seine Eckpunkte mit A, B bzw. C, seine Seitenlängen mit a, b bzw. c und
seine Winkelgrößen mit α, β bzw. γ.

Geben Sie an: $\sin \alpha = \dfrac{a}{b}$ und $\sin \gamma = \dfrac{c}{b}$

> Folgern Sie hieraus $\dfrac{a}{\sin \alpha} = \dfrac{c}{\sin \gamma}$.

2.

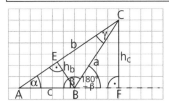

Das Dreieck ABC ist stumpfwinklig mit $\sphericalangle\, CBA = \beta > 90°$. Bezeichnen Sie seine Eckpunkte mit A, B bzw. C, seine Seitenlängen mit a, b bzw. c und seine Winkelgrößen mit
α, β bzw. γ.
Tragen Sie (z. B.) die Höhen h_c (Höhenfußpunkt F) und h_b (Höhenfußpunkt E) ein.

a) Dreieck AFC: $\sin \alpha = \dfrac{h_c}{b}$.   Dreieck BFC: $\sin \beta = \dfrac{h_c}{a}$.
[*Hinweis*: $\sin (180° - \beta) = \sin \beta$]

Folgern Sie hieraus $a \sin \beta = h_c$ und folgern Sie weiter $\dfrac{a}{\sin \alpha} = \dfrac{b}{\sin \beta}$.

b) Dreieck ABE: $\sin \alpha = \dfrac{h_b}{c}$.   Dreieck EBC: $\sin \gamma = \dfrac{h_b}{a}$.

Folgern Sie hieraus $a \sin \gamma = h_b$ und folgern Sie weiter $\dfrac{a}{\sin \alpha} = \dfrac{c}{\sin \gamma}$.

Fassen Sie die Ergebnisse von a) und b) zusammen:

> $\dfrac{a}{\sin \alpha} = \dfrac{b}{\sin \beta} = \dfrac{c}{\sin \gamma}$ **Sinussatz**

Expertenpuzzle
Gruppe 3

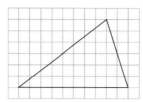

Das Dreieck ABC ist spitzwinklig. Bezeichnen Sie seine Eckpunkte mit A, B bzw. C, seine Seitenlängen mit a, b bzw. c und seine Winkelgrößen mit α, β bzw. γ.
Tragen Sie (z. B.) die Höhe h_c (Höhenfußpunkt F) ein.

a) Dreieck AFC: $\sin \alpha =$ ———; daraus folgt: $h_c = \overline{FC} =$ _____

$\cos \alpha =$ ———; daraus folgt: $\overline{AF} =$ _____

b) Dreieck FBC: $\overline{FB} = \overline{AB} - \overline{AF} =$ _____

Das Dreieck FBC ist rechtwinklig. Wenn Sie auf dieses Dreieck den Satz von Pythagoras anwenden, folgt:

_____

_____

_____

_____

_____

[*Hinweis*: $(\sin \alpha)^2 + (\cos \alpha)^2 = 1$]

Nach (möglichst weitgehender) Vereinfachung folgt:

$a^2 =$ **Kosinussatz**

Was ergibt sich hieraus für $\alpha = 90°$?

_____

_____

_____

Expertenpuzzle
Gruppe 3

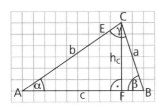

Das Dreieck ABC ist spitzwinklig. Bezeichnen Sie seine Eckpunkte mit A, B bzw. C, seine Seitenlängen mit a, b bzw. c und seine Winkelgrößen mit α, β bzw. γ.
Tragen Sie (z. B.) die Höhe h_c (Höhenfußpunkt F) ein.

a) Dreieck AFC: $\sin \alpha = \dfrac{h_c}{b}$;   daraus folgt: $h_c = \overline{FC} = b \cdot \sin \alpha$.

   $\cos \alpha = \dfrac{\overline{AF}}{b}$;   daraus folgt: $\overline{AF} = b \cdot \cos \alpha$.

b) Dreieck FBC: $\overline{FB} = \overline{AB} - \overline{AF} = c - b \cos \alpha$.
   Das Dreieck FBC ist rechtwinklig. Wenn Sie auf dieses Dreieck den Satz von Pythagoras anwenden, folgt:
   $\overline{BC}^2 = \overline{CF}^2 + \overline{FB}^2$;
   $a^2 = (b \sin \alpha)^2 + (c - b \cos \alpha)^2 =$
     $= b^2(\sin \alpha)^2 + c^2 - 2bc \cos \alpha + b^2(\cos \alpha)^2 =$
     $= b^2[(\sin \alpha)^2 + (\cos \alpha)^2] + c^2 - 2bc \cos \alpha =$
     $= b^2 + c^2 - 2bc \cos \alpha$

[*Hinweis*: $(\sin \alpha)^2 + (\cos \alpha)^2 = 1$]

Nach (möglichst weitgehender) Vereinfachung folgt:

$a^2 = b^2 + c^2 - 2bc \cos \alpha$	**Kosinussatz**

Was ergibt sich hieraus für $\alpha = 90°$?
Da $\cos 90° = 0$ ist, folgt $a^2 = b^2 + c^2$ (also der Satz von Pythagoras für ein rechtwinkliges Dreieck mit Katheten der Länge b bzw. c und mit einer Hypotenuse der Länge a).

Expertenpuzzle
Gruppe 4

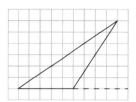

Das Dreieck ABC ist stumpfwinklig mit ∢ CBA = β > 90°. Bezeichnen Sie seine Eckpunkte mit A, B bzw. C, seine Seitenlängen mit a, b bzw. c und seine Winkelgrößen mit α, β bzw. γ.
Tragen Sie die Höhe h_c (Höhenfußpunkt F) ein.

a) Dreieck AFC: sin α = ———;   daraus folgt: $h_c = \overline{FC}$ = _____

   cos α = ———;   daraus folgt: $\overline{AF}$ = _____

b) Dreieck FBC: $\overline{BF} = \overline{AF} - \overline{AB}$ = _____

Das Dreieck BFC ist rechtwinklig. Wenn Sie auf dieses Dreieck den Satz von Pythagoras anwenden, folgt:

_____

_____

_____

_____

_____

[*Hinweis*: $(\sin α)^2 + (\cos α)^2 = 1$]

Nach (möglichst weitgehender) Vereinfachung folgt:

a^2 =   **Kosinussatz**

Was ergibt sich hieraus für α = 90°?

_____

_____

_____

Expertenpuzzle
Gruppe 4

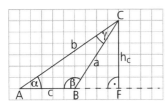

Das Dreieck ABC ist stumpfwinklig mit $\sphericalangle$ CBA = β > 90°. Bezeichnen Sie seine Eckpunkte mit A, B bzw. C, seine Seitenlängen mit a, b bzw. c und seine Winkelgrößen mit α, β bzw. γ.
Tragen Sie die Höhe h_c (Höhenfußpunkt F) ein.

a) Dreieck AFC: $\sin \alpha = \dfrac{h_c}{b}$;   daraus folgt: $h_c = \overline{FC} = b \cdot \sin \alpha$.

$\cos \alpha = \dfrac{\overline{AF}}{b}$;   daraus folgt: $\overline{AF} = b \cdot \cos \alpha$.

b) Dreieck BFC: $\overline{BF} = \overline{AF} - \overline{AB} = b \cdot \cos \alpha - c$.
Das Dreieck BFC ist rechtwinklig. Wenn Sie auf dieses Dreieck den Satz von Pythagoras anwenden, folgt:
$\overline{CB}^2 = \overline{BF}^2 + \overline{FC}^2$;
$$a^2 = (b \cos \alpha - c)^2 + (b \sin \alpha)^2$$
$$= b^2(\cos \alpha)^2 - 2bc \cos \alpha + c^2 + b^2(\sin \alpha)^2 =$$
$$= b^2[(\cos \alpha)^2 + (\sin \alpha)^2] + c^2 - 2bc \cos \alpha =$$
$$= b^2 + c^2 - 2bc \cos \alpha$$

[*Hinweis*: $(\sin \alpha)^2 + (\cos \alpha)^2 = 1$]

Nach (möglichst weitgehender) Vereinfachung folgt:

$a^2 = b^2 + c^2 - 2bc \cos \alpha$ **Kosinussatz**

Was ergibt sich hieraus für α = 90°?
Da cos 90° = 0 ist, folgt $a^2 = b^2 + c^2$ (also der Satz von Pythagoras für ein rechtwinkliges Dreieck mit Katheten der Länge b bzw. c und mit einer Hypotenuse der Länge a).

45

46

■ Indem die Sinuskurve in Richtung der x-Achse um $\frac{\pi}{2}$ nach links verschoben wird.
■ Die Wertemenge ist $W_f =]0; 2]$.
■ Deutung als Symmetrieeigenschaft:
Die Sinuskurve ist punktsymmetrisch zum Ursprung, und die Kosinuskurve ist achsensymmetrisch zur y-Achse.

1. a) $p = 3\pi$ b) $p = 5$

2.

Winkelgröße (in °)	0	30	45	60	90	120	135	150	180
Winkelgröße (im Bogenmaß)	0	$\frac{\pi}{6}$	$\frac{\pi}{4}$	$\frac{\pi}{3}$	$\frac{\pi}{2}$	$\frac{2\pi}{3}$	$\frac{3\pi}{4}$	$\frac{5\pi}{6}$	π
Sinuswert	0	$\frac{1}{2}$	$\frac{1}{2}\sqrt{2}$	$\frac{1}{2}\sqrt{3}$	1	$\frac{1}{2}\sqrt{3}$	$\frac{1}{2}\sqrt{2}$	$\frac{1}{2}$	0
Kosinuswert	1	$\frac{1}{2}\sqrt{3}$	$\frac{1}{2}\sqrt{2}$	$\frac{1}{2}$	0	$-\frac{1}{2}$	$-\frac{1}{2}\sqrt{2}$	$-\frac{1}{2}\sqrt{3}$	-1
Tangenswert	0	$\frac{1}{3}\sqrt{3}$	1	$\sqrt{3}$	–	$-\sqrt{3}$	-1	$-\frac{1}{3}\sqrt{3}$	0

3. a) Lauras neun Näherungspunkte $P_1(0\,|\,0)$, $P_2(0,5\,|\,0,5)$, $P_3(1,5\,|\,1)$, $P_4(2,5\,|\,0,5)$, $P_5(3\,|\,0)$, $P_6(3,5\,|\,-0,5)$, $P_7(4,5\,|\,-1)$, $P_8(5,5\,|\,0,5)$, $P_9(6\,|\,0)$ und die Punktsymmetrie zum Ursprung sind beim Skizzieren der Sinuskurve hilfreich.

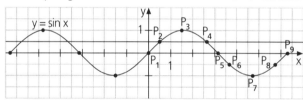

b) Nach dem Eintragen der Geraden mit der Gleichung $y = 0,5$ kann man die gesuchten Lösungsmengen ablesen:

(1) $L = \{\frac{\pi}{6}; \frac{5}{6}\pi\} \subset G$ (2) $L = [0; \frac{\pi}{6}[\cup]\frac{5}{6}\pi; 2\pi] \subset G$

4. Da die Kosinuskurve aus der Sinuskurve durch Verschieben in Richtung der x-Achse um $\frac{\pi}{2}$ nach links hervorgeht, kann man die neuen Näherungspunkte aus Näherungspunkten von Aufgabe 3. durch Verschieben um $-\frac{\pi}{2}$ in x-Richtung ermitteln:

$P_1(0\,|\,1)$, $P_2(1\,|\,0,5)$, $P_3(1,5\,|\,0)$, $P_4(2\,|\,-0,5)$, $P_5(3\,|\,-1)$, $P_6(4\,|\,-0,5)$, $P_7(4,5\,|\,0)$, $P_8(5\,|\,0,5)$, $P_9(6\,|\,1)$.

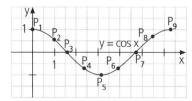

5.

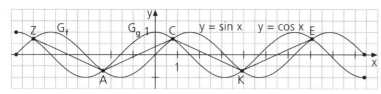

$Z\left(-\frac{7}{4}\pi \mid \frac{1}{2}\sqrt{2}\right)$; $A\left(-\frac{3}{4}\pi \mid -\frac{1}{2}\sqrt{2}\right)$; $C\left(\frac{\pi}{4} \mid \frac{1}{2}\sqrt{2}\right)$; $K\left(\frac{5}{4}\pi \mid -\frac{1}{2}\sqrt{2}\right)$; $E\left(\frac{9}{4}\pi \mid \frac{1}{2}\sqrt{2}\right)$

Zur Ermittlung der Länge l des Streckenzugs genügt es aus Symmetriegründen, die Länge $\overline{ZA}$ der Strecke [ZA] zu berechnen und dann mit 4 zu multiplizieren:

$$\overline{ZA} = \sqrt{\left(-\frac{7}{4}\pi + \frac{3}{4}\pi\right)^2 + \left(\frac{1}{2}\sqrt{2} + \frac{1}{2}\sqrt{2}\right)^2} = \sqrt{(-\pi)^2 + (\sqrt{2})^2} =$$

$$= \sqrt{\pi^2 + 2}; \; l = 4 \cdot \overline{ZA} = 4\sqrt{\pi^2 + 2} \;\; \text{LE} \approx 13,78 \text{ LE};$$

Seitenlänge des Quadrats: $\frac{l}{4} = \sqrt{\pi^2 + 2}$ LE $\approx 3,45$ LE

Flächeninhalt des Quadrats: $A = \left(\frac{l}{4}\right)^2 = (\pi^2 + 2)$ FE $\approx 11,87$ FE

W1 Die Parabeln haben miteinander den Scheitel S (0 | 0) und die Symmetrieachse x = 0 gemeinsam. Für a > 0 öffnen sie sich nach oben, für a < 0 nach unten; für |a| > 1 sind sie enger als die Normalparabel und für 0 < |a| < 1 weiter.

W2 Die Parabeln sind alle nach oben geöffnet und kongruent zur Normalparabel; sie haben die y-Achse als gemeinsame Symmetrieachse. Sie unterscheiden sich voneinander in der Lage ihres Scheitels S (0 | b).

W3 Die Parabeln sind alle nach oben geöffnet und kongruent zur Normalparabel. Sie unterscheiden sich voneinander durch die Lage ihrer Symmetrieachsen x = −c und ihres Scheitels S (−c | 0), in dem sie die x-Achse berühren.

$x = \pm 10^4 \in G$

$x = \pm \frac{1}{5} \in G$

$x = \frac{1}{2} \in G$

47

Diese Themenseite eignet sich besonders gut, um Schülerinnen und Schülern einen weiteren interessanten Zugang zur Mathematik zu zeigen. Sportinteressierte könnten gut ein Referat über Weitenmessung halten. Allerdings sollten dann der Sinus- und der Kosinussatz von S. 42/43 behandelt worden sein.

1. Die Länge der Strecke [ZM] lässt sich mit dem Kosinussatz berechnen:
$\overline{ZM}^2 = \overline{TM}^2 + \overline{TZ}^2 - 2 \cdot \overline{TM} \cdot \overline{TZ} \cdot \cos \gamma$.

a) $\overline{ZM} = \sqrt{(15,384 \text{ m})^2 + (75,123 \text{ m})^2 - 2 \cdot 15,384 \text{ m} \cdot 75,123 \text{ m} \cdot \cos 85,0°} \approx 75,357 \text{ m}$;
$w = \overline{ZM} - r \approx 74,107 \text{ m}$

b) $\overline{ZM} = \sqrt{(15,384 \text{ m})^2 + (73,528 \text{ m})^2 - 2 \cdot 15,384 \text{ m} \cdot 73,528 \text{ m} \cdot \cos 79,5°} \approx 72,324 \text{ m}$;
$w = \overline{ZM} - r \approx 71,074 \text{ m}$

Wurfweitenunterschied in Prozent: $\dfrac{74,107 \text{ m} - 71,074 \text{ m}}{74,107 \text{ m}} \approx 4\% \approx \dfrac{74,107 \text{ m} - 71,074 \text{ m}}{71,074 \text{ m}}$

Weltrekorde:

Disziplin	Männer	Frauen
Weitsprung	8,95 m Mike Powell	7,52 m Galina Tschistjakowa
Kugelstoßen	23,12 m Randy Barnes	22,63 m Natalja Lissowskaja
Diskuswurf	74,08 m Jürgen Schult	76,80 m Gabriele Reinsch
Hammerwurf	86,74 m Jurij Sedych	77,80 m Tatjana Lysenko
Speerwurf	98,48 m Jan Železný	72,28 m Barbora Špotáková

Möglich wären also Speerwurfweiten oder Hammerwurfweiten.

2.

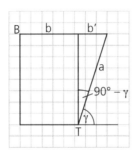

Das Tachymeter steht bei T; bei B ist der Absprungpunkt.
$w = b + b' = b + a \cdot \sin(90° - \gamma) = b + a \cdot \cos \gamma =$
$= 5,72 \text{ m} + 6,01 \text{ m} \cdot \cos 80,5° \approx 6,71 \text{ m}$

Weitsprung	a) 7,52 m Galina Tschistjakowa	b) 8,95 m Mike Powell
Unterschied	$\dfrac{7,52 \text{ m} - 6,71 \text{ m}}{7,52 \text{ m}} \approx 11\%$	$\dfrac{8,95 \text{ m} - 6,71 \text{ m}}{8,95 \text{ m}} \approx 25\%$

3. Messungen beim Hochsprung (Internationale Wettkampfregeln):
„5. Alle Messungen sind senkrecht vom Boden bis zum niedrigsten Punkt der Oberseite der Sprunglatte vorzunehmen und in ganzen Zentimetern anzugeben.
6. Bevor die Wettkämpfer ihre Versuche ausführen, muss jede neue Sprunghöhe ausgemessen werden. In allen Fällen von Rekorden überprüfen die Kampfrichter die Sprunghöhe, auf die die Sprunglatte gelegt wird. Dies tun sie auch bei jedem weiteren Rekordversuch, wenn die Sprunglatte seit der letzten Messung berührt worden ist."

aus: http://www.deutscher-leichtathletik-verband.de

■ Physik: Pendelschwingung, Federschwingung, Atomschwingungen
Astronomie: Umlauf der Planeten um die Sonne, Erddrehung, Kometenbewegung , Leuchtkraft von Cepheiden.
Alltag: Gehen, U-Bahn-Takt von 5 min, Ampelschaltungen, Trampolinspringen
Nicht periodische Vorgänge: Fahrzeiten eines Busses von Haltestelle zu Haltestelle, Niederschlagsmengen pro Tag, Monatslängen im Jahr (von 28 bis 31 d)
■ Der Funktionsgraph startet im Punkt T (0 | 1) und steigt dann für zunehmende Werte von x immer steiler an. Er erreicht dabei beliebig große Höhe über der x-Achse und kommt seiner senkrechten Asymptote mit der Gleichung $x = \frac{\pi}{2}$ beliebig nahe, erreicht sie aber nicht.

L

1. a) Nullstellen von sin x: $x \in \{-2\pi;\ -\pi;\ 0;\ \pi;\ 2\pi\} \subset D_f$

Nullstellen von sin (2x): $x \in \{-2\pi;\ -\frac{3}{2}\pi;\ -\pi;\ -\frac{\pi}{2};\ 0;\ \frac{\pi}{2};\ \pi;\ \frac{3}{2}\pi;\ 2\pi\} \subset D_g$

Gemeinsame Nullstellen: $x \in \{-2\pi;\ -\pi;\ 0;\ \pi;\ 2\pi\} \subset D_f = D_g$

b) Nullstellen von sin (0,5 x): $x \in \{-2\pi;\ 0;\ 2\pi\} \subset D_f$

Nullstellen von sin (2x): $x \in \{-2\pi;\ -\frac{3}{2}\pi;\ -\pi;\ -\frac{\pi}{2};\ 0;\ \frac{\pi}{2};\ \pi;\ \frac{3}{2}\pi;\ 2\pi\} \subset D_g$

Gemeinsame Nullstellen: $x \in \{-2\pi;\ 0;\ 2\pi\} \subset D_f = D_g$

AH S.12

AH S.39–40

2.

a)
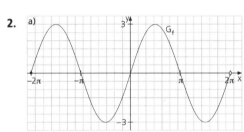
$W_f [-3;\ 3];\ p = 2\pi$

b)
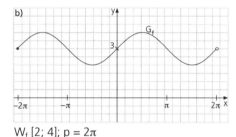
$W_f [2;\ 4];\ p = 2\pi$

c)

$W_f [-1;\ 1];\ p = \frac{2}{3}\pi$

d)
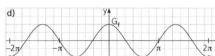
$W_f [-1;\ 1];\ p = \frac{4}{3}\pi$

e)
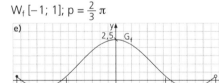
$W_f [-0,5;\ 2,5];\ p = 3\pi$

f)
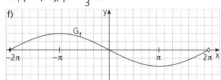
$W_f [-1;\ 1];\ p = 4\pi$

3. Für alle sechs Funktionsgleichungen werden die Wertemenge und die Periode angegeben:
(1) $W = [-1;\ 3];\ p = 2\pi$ (2) $W = [-2;\ 2];\ p = 2\pi$ (3) $W = [-1;\ 3];\ p = \pi$
(4) $W = [0;\ 4];\ p = \pi$ (5) $W = [0;\ 4],\ p = 8\pi$ (6) $W = [-2;\ 2],\ p = 2\pi$
Anhand der angegebenen Nullstellen können die Funktionsgleichungen den Steckbriefen eindeutig zugeordnet werden:
(1) gehört zu Steckbrief III   (2) gehört zu Steckbrief IV   (3) gehört zu keinem Steckbrief
(4) gehört zu Steckbrief II   (5) gehört zu Steckbrief I   (6) gehört zu keinem Steckbrief

4. Funktionsterme mit identischen Funktionsgraphen haben die gleiche Umrahmung.

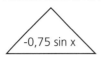

$-0,75 \sin x$

$(\sin x)^2 + (\cos x)^2$

$\dfrac{\sqrt{x^4 + 8x^2 + 16}}{x^2 + 4}$

$\sqrt{(\sin x)^2}$

$\left|\cos\left(\dfrac{\pi}{2} - x\right)\right|$

$\dfrac{3}{4} \sin (x + \pi)$

$\cos (-x)$

$\left|\cos\left(\dfrac{5\pi}{2} + x\right)\right|$

$|\sin (x + 2\pi)|$

$\sin (-x)$

$\sin (x - 5\pi)$

$\sin\left(x + \dfrac{\pi}{2}\right)$

51

5. a) Rote Kurve: $p = \dfrac{\pi}{3}$; $W = [-4,5; 4,5]$; $f(x) = 4,5 \sin (6x)$

blaue Kurve: $p = 2\pi$; $W = [3; 6]$; $f(x) = 1,5 \cos x + 4,5$

b) Rote Kurve: $p = 8\pi$; $W = [-2; 0]$; $f(x) = \sin\left(\dfrac{x}{4}\right) - 1$

blaue Kurve: $p = \pi$; $W = [0; 2]$; $f(x) = |2 \sin x|$

c) Rote Kurve: $p = 2 \cdot \left(\dfrac{28\pi}{9} - \dfrac{7\pi}{9}\right) = \dfrac{14}{3}\pi$; $W = [-4,5; 4,5]$;

$f(x) = -4,5 \cdot \sin\left(\dfrac{3}{7}x - \dfrac{\pi}{3}\right)$

blaue Kurve: Für diese Kurve kann es keine Darstellung durch eine Sinus- oder eine Kosinusfunktion geben, da ihre „Amplitude" nicht konstant ist $\left[f(4\pi) \neq f\left(\dfrac{5\pi}{3}\right)\right]$.

Die Aufgabe 6. kann gut variiert werden, indem die Schülerinnen und Schüler selbst Funktionen „erfinden" und ihre Mitschüler und Mitschülerinnen den Verlauf der Graphen schrittweise erarbeiten lassen.

6. a) Die Sinuskurve $y = \sin x$ wird in x-Richtung mit dem Faktor $\dfrac{1}{2}$ gestaucht: $y = \sin (2x)$, die Kurve $y = \sin (2x)$ wird in y-Richtung mit dem Faktor 3 gestreckt: $y = 3 \sin (2x)$, und die Kurve $y = 3 \sin (2x)$ wird in y-Richtung um 1 nach unten verschoben: $y = f(x) = 3 \sin (2x) - 1$.

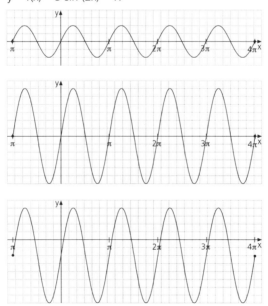

b) Die Kosinuskurve $y = \cos x$ wird in x-Richtung um $\frac{\pi}{3}$ nach rechts verschoben:

$y = \cos\left(x - \frac{\pi}{3}\right)$,

die Kurve $y = \cos\left(x - \frac{\pi}{3}\right)$ wird an der x-Achse gespiegelt: $y = -\cos\left(x - \frac{\pi}{3}\right)$, und

die Kurve $y = -\cos\left(x - \frac{\pi}{3}\right)$ wird in y-Richtung um 1 nach oben verschoben:

$y = g(x) = -\cos\left(x - \frac{\pi}{3}\right) + 1$.

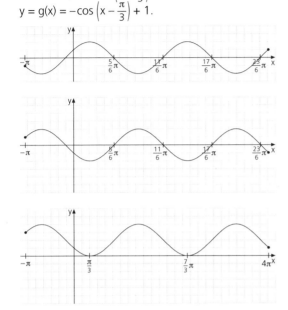

7. Man rollt ein Blatt Papier um eine Gurke und schneidet dann schräg durch die Gurke und das Papier. Anschließend wickelt man das Papierblatt von der Gurke; es hat nun als Randteile je eine Sinuskurve.
Variationsmöglichkeit: Das Papierblatt mehrmals um die Gurke wickeln.

W1 Es fällt auf, dass man als Folgenglieder stets natürliche Zahlen erhält, obwohl in der rekursiven Definition eine Wurzel vorkommt: Der Radikand ist für n < 11 stets eine Quadratzahl.

a_2	a_3	a_4	a_5	a_6	a_7	a_8	a_9	a_{10}
2	7	26	97	362	1 351	5 042	18 817	70 226

W2 $K_5 = 1{,}04^5 \cdot K_1 \approx 1\,216{,}65\ €$
Aufgabenstellung: Ein Guthaben von 1 000 € wird zu einem Zinssatz von 4% pro Jahr angelegt. Wie viel Geld befindet sich nach 5 Jahren auf dem Konto?

W3 g: $y = 2x$; h: $y = 4x$; k: $y = 0{,}25x$
Die Gerade h besitzt die größte Steigung, nämlich 4, und verläuft deshalb am steilsten. Steigungswinkel: $\tan \alpha_h = m_h = 4$; $\alpha_h \approx 76°$

$2^{-x} = 2^8$; $x = -8$

$(4^5)^{\frac{1}{x}} = 4$; $x = 5$

$(5^4)^{\frac{1}{x}} = 5^{\frac{1}{2}}$; $x = 8$

52

Durch die Auseinandersetzung mit diesem Themenkomplex erfahren die Schülerinnen und Schüler, dass bisherige Sätze wie z.B. der Winkelsummensatz hier nicht gelten. In Lerninhalten wie in Aufgaben verknüpfen sie Vorwissen mit neuen Einsichten.

1. $A_{Zweieck} = 2 \cdot (1,0 \text{ m})^2 \cdot \frac{30°}{180°} \cdot \pi = \frac{1}{3} \pi \text{ m}^2 \approx 1,0 \text{ m}^2;$

2. Breitenkreisradius: $r = R_{Erde} \cdot \cos \beta \approx 6\ 368 \text{ km} \cdot \cos 53,6° \approx 3\ 779 \text{ km}$
Umfangslänge: $U = 2 \cdot r \cdot \pi \approx 23\ 740 \text{ km}$
Die Geschwindigkeit berechnet man aus „Weg durch Zeit". Der Umfang des Breitenkreises wird in 24 Stunden einmal durchlaufen: $v = \frac{U}{24 \text{ h}} = \frac{23\ 740 \text{ km}}{24 \text{ h}} \approx 989 \frac{\text{km}}{\text{h}}.$

3. Gesucht ist zunächst der Zentriwinkel α sowie die Länge s der Kreissehne [HT] zum Kreisbogen b. Zentriwinkel: $\alpha = \frac{b}{2\pi} \cdot 360° \approx 17,0°$

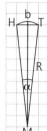

Das Dreieck MTH ist gleichschenklig mit der Schenkellänge R; die Basishöhe [MN] halbiert daher den Zentriwinkel α. Die Sehnenlänge $\overline{HT} = 2 \cdot \overline{NT} = 2 \cdot R \cdot \sin\left(\frac{\alpha}{2}\right) \approx 1\ 883 \text{ km}$ ist um etwa 7 km kürzer als die Länge des Kreisbogens; das sind $\frac{7 \text{ km}}{1\ 890 \text{ km}} \approx 0,4\%$.
Die Länge von [MN] ist $\overline{MN} = R \cdot \cos\left(\frac{\alpha}{2}\right) \approx 6\ 298 \text{ km}$.
Die tiefste Stelle befindet sich daher etwa 6 368 km – 6 298 km = 70 km unter der Erdoberfläche.

4. Umfangslänge: $U = 2 \cdot R \cdot \pi \approx 40\ 000 \text{ km}$
Flächeninhalt: $A = 2R^2\alpha \approx 2 \cdot (6\ 368 \text{ km})^2 \cdot \frac{(87,5° + 12,5°)}{180°} \cdot \pi \approx 1,41 \cdot 10^8 \text{ km}^2$
(α im Bogenmaß);
Veranschaulichung: Individuelle Lösungen

5. Erläuterungen: Individuelle Lösungen

53

6. Analoges Vorgehen wie bei der Herleitung zu 5.:
Die acht Kugeldreikante bilden zusammen das Volumen der Kugel:
$V_I + V_{II} + V_{III} + V_{IV} + V_V + V_{VI} + V_{VII} + V_{VIII} = \frac{4}{3} R^3\pi.$
Die bezüglich des Kugelmittelpunkts punktsymmetrischen Kugeldreikante besitzen gleiches Volumen: $V_I = V_V$; $V_{II} = V_{VI}$; $V_{III} = V_{VII}$; $V_{IV} = V_{VIII}$;
daher ist $V_I + V_{II} + V_{III} + V_{IV} = \frac{2}{3} R^3\pi.$
Da je zwei dieser Kugeldreiecke, die eine Seite gemeinsam haben, einander zu einem Kugelzweieck ergänzen, ist
$(V_I + V_{II}) + (V_I + V_{III}) + (V_I + V_{IV}) - V_I - V_I = \frac{2}{3} R^3\pi$, also
$\left(\alpha \cdot \frac{2}{3} R^3\right) + \left(\beta \cdot \frac{2}{3} R^3\right) + \left(\gamma \cdot \frac{2}{3} R^3\right) - 2V_I = \frac{2}{3} R^3\pi;I + 2V_I - \frac{2}{3} R^3\pi$, d. h.
$\frac{2}{3} R^3 (\alpha + \beta + \gamma - \pi) = 2V_I;$ I : 2 und somit $\frac{1}{3} R^3 (\alpha + \beta + \gamma - \pi) = V_I.$

7. (1) Das ebene Dreieck MDB ist rechtwinklig; daher gilt die Sinusbeziehung mit dem Winkel a. Im ebenen rechtwinkligen Dreieck MEB gilt die Sinusbeziehung mit dem Winkel c. Setzt man $\frac{\sin a}{\sin c}$ an, so kürzt sich $\overline{BM}$ weg und man erhält $\frac{\sin a}{\sin c} = \sin \alpha.$
(2) Die Kosinusbeziehung gilt für a im ebenen rechtwinkligen Dreieck MDB, für b im ebenen rechtwinkligen Dreieck MED und für c im ebenen rechtwinkligen Dreieck MEB. Setzt man $\cos a \cdot \cos b$ an, so kürzt sich $\overline{MD}$ weg und man erhält $\cos a \cdot \cos b = \cos c.$
(3) Die Tangensbeziehung gilt für b im ebenen rechtwinkligen Dreieck MED und für c im ebenen rechtwinkligen Dreieck MEB; die Kosinusbeziehung für α ergibt sich aus dem ebenen rechtwinkligen Dreieck EDB.
Setzt man $\frac{\tan b}{\tan c}$ an, so kürzt sich $\overline{ME}$ weg und man erhält $\frac{\tan b}{\tan c} = \cos \alpha.$

8. Die „Höhe" h_c zerlegt das sphärische schiefwinklige Dreieck ABC in zwei sphärische rechtwinklige Dreiecke; in ihnen gilt

$\sin \alpha = \dfrac{\sin h_c}{\sin b}$; $\sin \beta = \dfrac{\sin h_c}{\sin a}$; somit ist $\dfrac{\sin \alpha}{\sin \beta} = \dfrac{\sin a}{\sin b}$.

9. $\cos c \cdot \cos p = \cos b \cdot \cos q$;

$q = a - p$ eingesetzt liefert $\cos c \cdot \cos p = \cos b \cdot \cos (a - p)$

Additionstheorem: $\cos c \cdot \cos p = \cos b \cdot (\cos a \cdot \cos p + \sin a \cdot \sin p)$;

$\cos c \cdot \cos p = \cos b \cdot \cos a \cdot \cos p + \cos b \cdot \sin a \cdot \sin p$; $| : \cos p$

$\cos c = \cos b \cdot \cos a + \cos b \cdot \sin a \cdot \dfrac{\sin p}{\cos p} = \cos b \cdot \cos a + \cos b \cdot \sin a \cdot \tan p$ (I)

Das sphärische Dreieck ADC ist rechtwinklig; deshalb gilt nach Aufgabe 7. (3):

$\cos \gamma = \dfrac{\tan p}{\tan b}$; $| \cdot \tan b$ und somit $\tan p = \cos \gamma \cdot \tan b$ (II)

(II) in (I) eingesetzt: $\cos c = \cos b \cdot \cos a + \cos b \cdot \sin a \cdot \cos \gamma \cdot \tan b$ und wegen

$\tan b = \dfrac{\sin b}{\cos b}$ daher $\cos c = \cos b \cdot \cos a + \sin b \cdot \sin a \cdot \cos \gamma$.

10. $\lambda_Y - \lambda_L = 74{,}0° - 9{,}2° = 64{,}8°$, im Bogenmaß $\dfrac{64{,}8°}{180°} \cdot \pi \approx 1{,}131 = \gamma$

Bogenlänge $\overset{\frown}{NL}$: $\dfrac{90° - 38{,}7°}{360°} \cdot 2R\pi \approx 0{,}8954\ R$ (= a für R = 1)

$\overset{\frown}{NY}$: $\dfrac{90° - 40{,}7°}{360°} \cdot 2R\pi \approx 0{,}8604\ R$ (= b für R – 1)

Nun kann der Seitenkosinussatz auf das sphärische schiefwinklige Dreieck NYL angewendet werden:

$\cos c = \cos a \cdot \cos b + \sin a \cdot \sin b \cdot \cos \gamma \approx 0{,}6596$.

Daher ist die gesuchte Größe c (für R = 1) gerundet 0,8505.

Auf der Erdkugel gilt dann für die Bogenlänge $\overset{\frown}{YL}$: $0{,}8505 \cdot R \approx 5\ 416$ km.

54

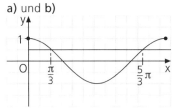

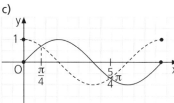

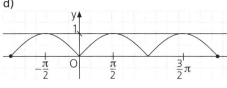

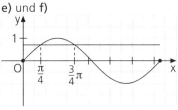

AH S.10–11

L

1. a) Mögliche Lösungen sind 225°; 315°; −45°; −135°; ...

b) Mögliche Lösungen sind 45°; 225°; −135°; −315°;...

c) Mögliche Lösungen sind Winkel aus ... ∪ [−60°; 0°] ∪ [0°; 60°] ∪ ... wie z. B. −34°; 19°; 342°; −327°; ...

d) Mögliche Lösungen sind 180°; −180°; 540°; −540°; ...

e) Mögliche Lösungen sind 135°; 315°; −45°; −225°; ...

f) $\sin(\varphi + 720°) = \sin\varphi = 1$; mögliche Lösungen sind 90°; 450°; −270°; −630°; ...

g) $\cos(\varphi − 45°) = \sin 90° = 1$
Substitution: $\alpha = \varphi − 45°$; Lösung von $\cos\alpha = 1$ ist jeder Wert von
$\alpha \in \{0°; 360°; −360°; ...\}$, also wegen
$\varphi = \alpha + 45°$: $\varphi \in \{45°; 405°; −315°; 765°; ...\}$

h) $\sin\varphi = \sin\frac{\pi}{5} = \sin 36°$; mögliche Lösungen sind $\varphi_1 = 36° + k \cdot 360°$ und
$\varphi_2 = 144° + m \cdot 360°$; $k, m \in \mathbb{Z}$, also z. B. 36°; 396°; 144°; −216°; ...

i) $\cos\varphi = \sin 270° = −1$; $\varphi = 180° + k \cdot 360°$; $k \in \mathbb{Z}$, z. B. −540°; −180°; 180°; 540°; ...

j) $\sin(\varphi − 60°) = \sin\frac{\pi}{4} = \sin 45° = \frac{1}{2}\sqrt{2}$
Substitution: $\alpha = \varphi − 60°$;
Lösung von $\sin\alpha = \frac{1}{2}\sqrt{2}$ ist jeden Wert von $\alpha \in \{45°; 135°; 405°; −225°; ...\}$,
also wegen $\varphi = \alpha + 60°$: $\varphi \in \{105°; 195°; 465°; −165°; ...\}$

k) Mögliche Lösungen sind 45°; 225°; −135°; −315°; ...

l) Mögliche Lösungen sind 120°; −60°; 300°; −240°; ...

m) $\tan\varphi = 0$; mögliche Lösungen sind 0°; 180°; 360°; −180°; −360°; ...

2. a) und b)

c)

d)

e) und f)

a) $L = \{\frac{1}{3}\pi; \frac{5}{3}\pi\} \subset G$

b) $L =]\frac{1}{3}\pi; \frac{5}{3}\pi[\subset G$

c) $L =]\frac{1}{4}\pi; \frac{5}{4}\pi[\subset G$

d) $L = \{\frac{\pi}{2}; \frac{3}{2}\pi; −\frac{\pi}{2}\} \subset G$

e) $L = \{\frac{1}{4}\pi; \frac{3}{4}\pi\} \subset G$

f) $L =]0; \frac{\pi}{4}] \cup [\frac{3}{4}\pi; 2\pi[\subset G$

3. a) $y = 2x + 10$; $\tan\varphi = m = 2$; $\varphi \approx 63{,}43°$

b) $y = −0{,}5x + 2{,}5$; $\tan\varphi = m = −0{,}5$; $\varphi \approx 153{,}43°$

c) $y = −2x − 10$; $\tan\varphi = m = −2$; $\varphi \approx 116{,}57°$

d) $y = 3x − 6$; $\tan\varphi = m = 3$; $\varphi \approx 71{,}57°$

e) $y = x − 3$; $\tan\varphi = m = 1$; $\varphi \approx 45°$

f) $y = -0,25x$; $\tan \varphi = m = -0,25$; $\varphi \approx 165,96°$

g) $y = 3x + 6$; $\tan \varphi = m = 3$; $\varphi \approx 71,57°$

h) $y = -x + 1$; $\tan \varphi = m = -1$; $\varphi \approx 135°$

(1) Nur Geraden mit negativer Steigung können durch den II., den I. und den IV. Quadranten verlaufen. Von den gegebenen Geraden verlaufen die Geraden der Teilaufgaben b) und h) durch diese drei Quadranten:

b) S (5 | 0); T (0 | 2,5); $A = \frac{1}{2} \cdot 5 \cdot 2,5 = 6,25$

h) S (1 | 0); T (0 | 1); $A = \frac{1}{2} \cdot 1 \cdot 1 = 0,5$

(2) Geraden stehen aufeinander senkrecht, wenn das Produkt ihrer Steigungen -1 ergibt. Dies ist bei den Teilaufgaben a) und b) sowie bei e) und h) der Fall.

a) und b): $2x + 10 = 2,5 - 0,5x$; $|-10 + 0,5x$ $2,5x = -7,5$; $| : 2,5x = -3$; $y = 4$; S $(-3 | 4)$

e) und h): $x - 3 = 1 - x$; $| + 3 + x$ $2x = 4$; $| : 2$ $x = 2$; $y = -1$; S $(2 | -1)$

(3) Geraden sind parallel zueinander, wenn sie die gleiche Steigung haben. Das ist bei den Teilaufgaben d) und g) der Fall. Eine Gleichung der Mittelparallelen lautet $y = 3x$.

4. a) $\alpha = 2 \cdot (-180°) + (-142°) = -502°$; $\sin(-502°) \approx -0,616$; $\cos(-502°) \approx -0,788$;

b) $\beta = 3 \cdot 180° + 142° = 682°$; $\sin 682° \approx -0,616$; $\cos 682° \approx 0,788$;

c) $\gamma = 5 \cdot (-180°) - 38° = -938°$; $\sin(-938°) \approx 0,616$; $\cos(-938°) \approx -0,788$

AH S.12

AH S.39–40

5. a) $p = 2\pi$; $a^* = 1$; $W_f = [-1; 1]$; $x_N = \frac{\pi}{2}$

b) $p = \frac{\pi}{2}$; $a^* = \sqrt{3}$; $W_f = [-\sqrt{3} - 1,5; \sqrt{3} - 1,5]$; $x_N = \frac{\pi}{12}$

c) $p = 4$; $a^* = 1$; $W_f = [-1,5; 0,5]$; $x_N = \frac{7}{3}$

d) $p = 2\pi$; $a^* = 4$; $W_f = [-4 + 2\sqrt{2}; 4 + 2\sqrt{2}]$; $x_N = \frac{3}{4}\pi$

e) $p = \pi$; $a^* = 1$; $W_f = [-1; 1]$; $x_N = \frac{\pi}{8}$

f) $p = \frac{4}{3}\pi$; $a^* = 2$; $W_f = [-2; 2]$; $x_N = 0$

6. (1) **a)** Achsensymmetrisch bezüglich der Geraden mit der Gleichung $x = \frac{\pi}{2}$

b) Punktsymmetrisch zum Ursprung O (0 | 0)

c) Punktsymmetrisch zu jedem x-Achsenpunkt des Graphen ($x \in \{\ldots; -\pi; 0; \pi; 2\pi; \ldots\}$) und achsensymmetrisch bezüglich jeder Parallelen zur y-Achse durch einen Graphpunkt mit y-Koordinate -1 oder 1 ($x \in \{\ldots; -\frac{3}{2}\pi; -\frac{\pi}{2}; \frac{\pi}{2}; \frac{3}{2}\pi; \ldots\}$)

(2) **a)** Punktsymmetrisch zu P $(\frac{\pi}{2} | 0)$

b) Punktsymmetrisch zu P $(\frac{\pi}{2} | 0)$

c) Punktsymmetrisch zu jedem x-Achsenpunkt des Graphen ($x \in \{\ldots; -\frac{\pi}{2}; \frac{\pi}{2}; \frac{3}{2}\pi; \ldots\}$) und achsensymmetrisch bezüglich der y-Achse und jeder Parallelen zur y-Achse durch einen Graphpunkt mit y-Koordinate -1 oder 1 ($x \in \{\ldots; -\pi; 0; \pi; 2\pi; \ldots\}$)

(3) **a)** Punktsymmetrisch zu P $(\frac{\pi}{2} | 0)$

b) Punktsymmetrisch zum Ursprung O (0 | 0)

c) Punktsymmetrisch zu jedem x-Achsenpunkt des Graphen ($x \in \{\ldots; -\frac{\pi}{2}; 0; \frac{\pi}{2}; \pi; \frac{3}{2}\pi; \ldots\}$) und achsensymmetrisch bezüglich jeder Parallelen zur y-Achse durch einen Graphpunkt mit y-Koordinate -1 oder 1 ($x \in \{\ldots; -\frac{3}{4}\pi; -\frac{\pi}{4}; \frac{\pi}{4}; \frac{3}{4}\pi; \ldots\}$)

7. (I) $y = 3 \sin x \mapsto$ ②   (II) $y = \sin\left(\frac{1}{2}x\right) + 1 \mapsto$ ③

(III) $y = -\sin(-x) \mapsto$ ④   (IV) $y = 0,5 \sin x \mapsto$ ①

(V) $y = \cos\left(\frac{\pi}{2} - x\right) \mapsto$ ④   (VI) $y = \cos(2x + \pi) \mapsto$ ⑤

(VII) $y = \frac{1}{4}\sin\left(\frac{x}{2} + \frac{\pi}{4}\right) \mapsto$ ⑥

55

8. **a)** $p_1 = 2\pi$; $p_2 = \pi$; $p_3 = \pi$

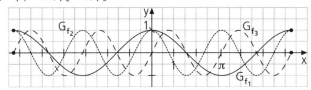

b) $p_1 = 2\pi$; $p_2 = 4\pi$; $p_3 = 4\pi$

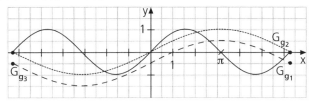

c) $p_1 = 2\pi$; $p_2 = \frac{1}{2}\pi$; $p_3 = \pi$

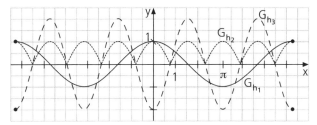

d) $W_1 = [-1; 1]$; $W_2 = [-1; 1]$; $W_3 = [0; 2]$

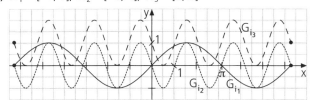

e) $W_1 = [-1; 1]$; $W_2 = [0; 1]$; $W_3 = \{1\}$

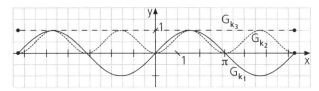

9. Die Sinuskurve $(y = \sin x)$ wird in x-Richtung mit dem Faktor 2 gestreckt: $y = \sin\left(\frac{x}{2}\right)$; die Kurve mit der Gleichung $y = \sin\left(\frac{x}{2}\right)$ wird in x-Richtung um π nach links verschoben: $y = \sin\left(\frac{x}{2} + \frac{\pi}{2}\right)$, und die Kurve mit der Gleichung $y = \sin\left(\frac{x}{2} + \frac{\pi}{2}\right)$ wird in y-Richtung mit dem Faktor 2,5 gestreckt: $y = f(x) = 2,5 \cdot \sin\left(\frac{x}{2} + \frac{\pi}{2}\right)$:

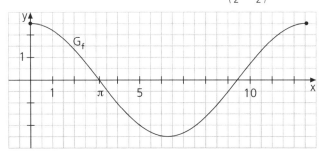

10. A $(-2 \mid 1)$; B $(4 \mid 0,4)$; C $(0 \mid 2)$

a) Es wird das Dreieck betrachtet, das als Eckpunkte die Schnittpunkte der Geraden AC und BC mit der x-Achse und den Punkt C besitzt; seine Innenwinkel werden mit α^*, β^* bzw. γ bezeichnet.

Gerade AC: $m_{AC} = \dfrac{1-2}{-2-0} = \dfrac{1}{2}$; $y = \dfrac{1}{2}x + 2$; $\tan \alpha^* = m_{AC} = \dfrac{1}{2}$; $\alpha^* \approx 26,57°$

Gerade BC: $m_{BC} = \dfrac{0,4-2}{4-0} = -0,4$; $y = -0,4x + 2$; $\tan \beta^* = |m_{BC}| = 0,4$; $\beta^* \approx 21,80°$

Winkelsummensatz: $\sphericalangle\, ACB = \gamma = 180° - \alpha^* - \beta^* \approx 131,63°$

b) Nun wird das Dreieck ABC mit den Innenwinkeln α, β und γ untersucht.

Berechnung der Länge von [CA]: $\overline{CA} = \sqrt{(-2-0)^2 + (1-2)^2} = \sqrt{5}$

Berechnung der Länge von [AB]: $\overline{AB} = \sqrt{(-2-4)^2 + (1-0,4)^2} = \sqrt{36,36}$

Berechnung der Länge von [BC]: $\overline{BC} = \sqrt{(4-0)^2 + (0,4-2)^2} = \sqrt{18,56}$

Sinussatz: $\dfrac{\sin \beta}{\sin \gamma} = \dfrac{\overline{CA}}{\overline{AB}}$; $\sin \beta = \dfrac{\overline{CA}}{\overline{AB}} \cdot \sin \gamma \approx 0,277$; $\beta \approx 16,09°$

Die Länge der Höhe h_c ergibt sich zu $h_c = \overline{BC} \cdot \sin \beta \approx 1,19$.

Der Flächeninhalt ergibt sich dann aus $A = \dfrac{1}{2}c \cdot h_c \approx \dfrac{1}{2} \cdot \sqrt{36,36} \cdot 1,19 \approx 3,59$.
Oder ohne Sinussatz:

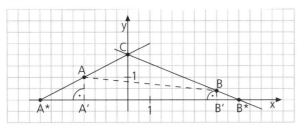

CA: $y = \dfrac{1}{2}x + 2$; A* $(-4 \mid 0)$; A′ $(-2 \mid 0)$

BC: $y = -0,4x + 2$; B* $(5 \mid 0)$; B′ $(4 \mid 0)$

$A_{ABC} = A_{A*B*C} - A_{A*A'A} - A_{A'B'BA} - A_{B'B*B} =$

$= \dfrac{1}{2} \cdot (4+5) \cdot 2 - \dfrac{1}{2} \cdot 2 \cdot 1 - \dfrac{1}{2} \cdot (1+0,4)(2+4) - \dfrac{1}{2} \cdot 1 \cdot 0,4 =$

$= 9 - 1 - 4,2 - 0,2 = 9 - 5,4 = 3,6$

11. a) [OR] ist Grundlinie des Dreiecks T_1OR; ihre Länge ist mit $\overline{OR} = 8$ vorgegeben.

Der Flächeninhalt $A = \dfrac{1}{2} \cdot \overline{OR} \cdot h_{[OR]}$ ist daher maximal, wenn $h_{[OR]}$ maximal ist; dazu muss diese Höhe durch M verlaufen, also $x_{T_1} = 4$ sein. Da die Radiuslänge des Umkreises $\overline{OM} = 5$ ist, ist $y_{T_1} = 3 + 5 = 8$, also T_1 $(4 \mid 8)$ und $A_{T_1OR} = \dfrac{1}{2} \cdot 8 \cdot 8 = 32$.

b) Koordinaten von T_2:

$\overline{MT_2} = 5$; $\overline{MT_2}^2 = 25$; $(x-4)^2 + (y-3)^2 = 25$ (I)

$m_{T_2O} = \tan 60° = \sqrt{3}$; T_2O: $y = \sqrt{3}\,x$ (II) in (I) eingesetzt:

$(x-4)^2 + (\sqrt{3}x - 3)^2 = 25$;

$x^2 - 8x + 16 + 3x^2 - 6\sqrt{3}x + 9 = 25$; $\mid -25$

$4x^2 - (8 + 6\sqrt{3})\,x = 0$; $x_1 = 0$; $x_2 = \dfrac{8 + 6\sqrt{3}}{4}$ in (II) eingesetzt: $y_{T_2} = \dfrac{18 + 8\sqrt{3}}{4}$

Länge der Dreiecksseite [T_2O]: $\overline{T_2O} = \sqrt{x_{T_2}^2 + y_{T_2}^2}$;

$\overline{T_2O}^2 = \dfrac{1}{16}(64 + 96\sqrt{3} + 108 + 324 + 288\sqrt{3} + 192) =$

$= \dfrac{1}{16}(688 + 384\sqrt{3}) = 43 + 24\sqrt{3} = 84,569\ldots$; $\overline{T_2O} \approx 9,20$

Flächeninhalt des Dreiecks T_2OR:

$A_{T_2OR} = \dfrac{1}{2} \cdot 8 \cdot y_{T_2} = 18 + 8\sqrt{3} \approx 31,86$

56

12. a) Die Höhe, die durch α_1 erreicht wird, beträgt 3 m · sin 70°, und die Höhe, die durch β_1 erreicht wird, 3 m · sin ($\beta_1 - \alpha_1$) = 3 m · sin 55°; insgesamt ist also
h_1 = 3 m · sin 70° + 3 m · sin 55° + 1,80 m ≈ 7,08 m.

b) Je größer α und je größer β jeweils im vorgegebenen Bereich ist, desto größer ist die erreichte Höhe: Deshalb ist
h_2 = 3,00 m · sin 85° + 3,00 m · sin (150° – 85°) + 1,80 m ≈ 7,51 m.

13. Nach dem Satz von Pythagoras ist $\overline{EC} = a\sqrt{3}$ und deshalb $\overline{EM} = \frac{a}{2}\sqrt{3}$.

Die Größe ε jedes der beiden Winkel $\sphericalangle$ MEH und $\sphericalangle$ EHM ist durch $\cos \varepsilon = \dfrac{\frac{1}{2}\overline{HE}}{\overline{EM}} = \dfrac{1}{\sqrt{3}}$, also durch $\varepsilon \approx 54{,}74°$ gegeben.

Somit ist $\sphericalangle$ HMD = 180° – 2$\varepsilon \approx 70{,}52°$ und $A(a) = \frac{1}{2} \cdot a \cdot \frac{a}{2} \tan \varepsilon \approx 0{,}354\, a^2$
[oder $A(a) = \frac{1}{4} A_{BCHE} = \frac{1}{4} \cdot a \cdot a\sqrt{2} = \frac{\sqrt{2}}{4} a^2 \approx 0{,}354\, a^2$].

14. a) Seitenlängen:

$\overline{AB} = \sqrt{(1\ cm)^2 + (6\ cm)^2} = \sqrt{37}\ cm \approx 6{,}1\ cm$;

$\overline{BC} = \sqrt{(3\ cm)^2 + (5\ cm)^2} = \sqrt{34}\ cm \approx 5{,}8\ cm$;

$\overline{AC} = \sqrt{(3\ cm)^2 + (4\ cm)^2} = \sqrt{25}\ cm = 5{,}0\ cm$

Innenwinkel:

$\tan \alpha_1 = \frac{1}{6}$; $\tan \alpha_2 = \frac{4}{3}$; $\alpha = \alpha_1 + \alpha_2 \approx 63°$;

$\tan \beta_1 = \frac{5}{3}$; $\tan \beta_2 = \frac{1}{6}$; $\beta = \beta_1 - \beta_2 \approx 50°$;

$\gamma = 180° - (\alpha + \beta) \approx 67°$ oder mit dem

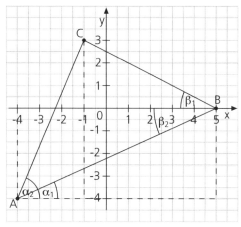

Aus dem Kosinussatz
$a^2 = b^2 + c^2 - 2bc \cos \alpha$
ergibt sich
$\cos \alpha = \frac{a^2 - b^2 - c^2}{-2bc}$, falls
$b \neq 0 \neq c$ ist.

Kosinussatz:

$\cos \alpha = \dfrac{(5{,}8\ cm)^2 - (5{,}0\ cm)^2 - (6{,}1\ cm)^2}{-2 \cdot 5{,}0\ cm \cdot 6{,}1\ cm} \approx 0{,}468$; $\alpha \approx 62°$;

$\cos \beta \approx \dfrac{(5{,}0\ cm)^2 - (5{,}8\ cm)^2 - (6{,}1\ cm)^2}{-2 \cdot 5{,}8\ cm \cdot 6{,}1\ cm} \approx 0{,}648$; $\beta \approx 50°$;

$\gamma \approx 180° - 62° - 50° = 68°$

b) Seitenlängen:

$\overline{AB} = \sqrt{(9\ cm)^2 + (4\ cm)^2} \approx 9{,}8\ cm$;

$\overline{BC} = \sqrt{(6\ cm)^2 + (3\ cm)^2} \approx 6{,}7\ cm$;

$\overline{AC} = \sqrt{(7\ cm)^2 + (3\ cm)^2} \approx 7{,}6\ cm$

Innenwinkel:

$\tan \alpha_1 = \frac{4}{9}$; $\tan \alpha_2 = \frac{7}{3}$;
$\alpha = \alpha_2 - \alpha_1 \approx 43°$;

$\tan \beta_1 = \frac{3}{6}$; $\tan \beta_2 = \frac{4}{9}$;

$\beta = \beta_1 + \beta_2 \approx 51°$;

$\gamma = 180° - (\alpha + \beta) \approx 86°$

oder mit dem Kosinussatz:

$\cos \alpha = \dfrac{(6{,}7\ cm)^2 - (9{,}8\ cm)^2 - (7{,}6\ cm)^2}{-2 \cdot 9{,}8\ cm \cdot 7{,}6\ cm} \approx 0{,}731$; $\alpha \approx 43°$;

$\cos \beta \approx \dfrac{(7{,}6\ cm)^2 - (9{,}8\ cm)^2 - (6{,}7\ cm)^2}{-2 \cdot 9{,}8\ cm \cdot 6{,}7\ cm} \approx 0{,}633$; $\beta \approx 51°$;

$\gamma \approx 180° - 43° - 51° = 86°$

15. A (3 | 6); B (–2 | 1); C (0 | –3)

a) Seitenlängen: $\overline{AB} = \sqrt{5^2 + 5^2} = 5\sqrt{2}$;

$\overline{BC} = \sqrt{2^2 + 4^2} = \sqrt{20} = 2\sqrt{5}$; $\overline{CA} = \sqrt{3^2 + 9^2} = \sqrt{90} = 3\sqrt{10}$

Umfangslänge: $U = 5\sqrt{2} + 2\sqrt{5} + 3\sqrt{10} \approx 21{,}03$

Winkel α mit dem Kosinussatz: $\cos\alpha = \dfrac{(2\sqrt{5})^2 - (3\sqrt{10})^2 - (5\sqrt{2})^2}{-2 \cdot (3\sqrt{10}) \cdot (5\sqrt{2})} = \dfrac{2}{\sqrt{5}}$;

$\alpha \approx 26{,}6°$

Winkel γ mit dem Sinussatz: $\dfrac{\sin\gamma}{\sin\alpha} = \dfrac{\overline{AB}}{\overline{BC}}$; $\sin\gamma \approx \dfrac{5\sqrt{2}}{2\sqrt{5}} \cdot \sin 26{,}6° \approx 0{,}708$;

γ ist spitz, also $\gamma \approx 45{,}1°$

Winkel β mit dem Winkelsummensatz: $\beta = 180° - \alpha - \gamma \approx 108{,}3°$

Flächeninhalt: $A = \dfrac{1}{2} \cdot h_c \cdot c \approx \dfrac{1}{2} \cdot 3\sqrt{10} \cdot \sin 26{,}6° \cdot 5\sqrt{2} \approx 15{,}0$

b) T muss zwischen C und dem Schnittpunkt D von AB mit der y-Achse liegen. Gleichung der Geraden durch die Punkte A und B und Koordinaten ihres Schnittpunkts D mit der y-Achse:

$m_{AB} = \dfrac{6-1}{3+2} = \dfrac{5}{5} = 1$; $y = 1 \cdot x + t_{AB}$; $B \in AB$:

$1 = -2 + t_{AB}$; $|{+2}\quad 3 = t_{AB}$; $\quad y = x + 3$; $\quad D\,(0\,|\,3)$

Ergebnis:

Für $-3 < t < 3$ liegt der Punkt T innerhalb des Dreiecks.

16. $S\,(-1\,|\,-1)$; $T\,\left(3\,|\,\dfrac{1}{3}\right)$; $A\,(1\,|\,1)$; $R\,\left(-3\,|\,-\dfrac{1}{3}\right)$

Da der Graph G_f der Funktion $f : x \mapsto \dfrac{1}{x}$; $D_f = \mathbb{R} \setminus \{0\}$, punktsymmetrisch zum Ursprung ist und die Abszissen der Graphpunkte S und A bzw. T und R Gegenzahlen voneinander sind, ist auch das Viereck STAR punktsymmetrisch (zum Ursprung) und deshalb ein Parallelogramm. Berechnet man die Seitenlängen von STA, so folgt aus dem Kosinussatz der eine Teil der gesuchten Winkelgrößen.

Seitenlängen im Dreieck STA:

$\overline{SA} = \sqrt{2^2 + 2^2} = 2\sqrt{2}$; $\overline{AT} = \sqrt{2^2 + \left(\dfrac{2}{3}\right)^2} = \dfrac{2}{3}\sqrt{10}$; $\overline{ST} = \sqrt{4^2 + \left(\dfrac{4}{3}\right)^2} = \dfrac{4}{3}\sqrt{10}$

Winkelgrößen im Dreieck STA mit dem Kosinussatz:

$\cos(\sphericalangle\,SAT) = \dfrac{\left(\dfrac{4}{3}\sqrt{10}\right)^2 - \left(\dfrac{2}{3}\sqrt{10}\right)^2 - (2\sqrt{2})^2}{-2 \cdot \dfrac{2}{3}\sqrt{10} \cdot 2\sqrt{2}} = -\dfrac{1}{\sqrt{5}} \approx -0{,}447$; $\sphericalangle\,SAT \approx 116{,}6°$;

ebenfalls mit dem Kosinussatz (oder mit dem Sinussatz) lässt sich $\sphericalangle\,TSA \approx 26{,}6°$ berechnen.

Mit dem gleichen Vorgehen erhält man in dem Dreieck RTA zwei weitere der gesuchten Winkelgrößen:

$\overline{RT} = \sqrt{6^2 + \left(\dfrac{2}{3}\right)^2} = \dfrac{2}{3}\sqrt{82}$;

$\cos(\sphericalangle\,TRA) = \dfrac{\left(\dfrac{2}{3}\sqrt{10}\right)^2 - \left(\dfrac{2}{3}\sqrt{82}\right)^2 - \left(\dfrac{4}{3}\sqrt{10}\right)^2}{-2 \cdot \dfrac{2}{3}\sqrt{82} \cdot \dfrac{4}{3}\sqrt{10}} \approx \dfrac{14}{\sqrt{205}} \approx 0{,}978$; $\sphericalangle\,TRA \approx 12{,}1°$;

auf die gleiche Weise erhält man $\sphericalangle\,ATR \approx 24{,}8°$.

Aus den Sätzen über (Winkel im Parallelogramm und über) Wechselwinkel an Parallelen ergeben sich die übrigen Winkelgrößen.

Zusammengefasst sind die auf Grad gerundeten Winkel zwischen Vierecksdiagonalen und Vierecksseiten in der Zeichnung dargestellt:

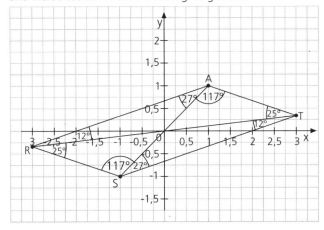

Die Aufgaben 15. und 16. wurden hier mit dem Sinussatz und/oder dem Kosinussatz gelöst, sind aber auch ohne diese Sätze lösbar.

17.

a)	$p = \pi$	wahr
b)	Aus der Angabe würde $1 < 1$ folgen.	falsch
c)	Aus der Angabe würde $2 \cdot \frac{1}{2}\sqrt{2} = \sqrt{2} < \cos\frac{\pi}{2} = 0$ folgen.	falsch
d)	Durch Einsetzen bestätigt man sofort die Behauptung.	wahr
e)	Für jeden Wert von $x \in \left]\frac{\pi}{2}; \pi\right]$ ist $\cos x < 0$ und $\sqrt{1 - (\sin x)^2} > 0$.	falsch
f)	Das Produkt ist null, wenn einer der Faktoren null ist: $\sin x = 1$; $L_1 = \{\frac{\pi}{2}\}$; $\cos x = -1$; $L_2 = \{-\pi; \pi\}$; $L = L_1 \cup L_2$	wahr
g)	Für jeden Wert von $x \in D_f$ gilt $-x \sin(-x) = -x \cdot (-\sin x) = x \sin x$.	wahr
h)	$\alpha_{\text{Minutenzeiger}} = \frac{40}{60} \cdot 360° = 240°$; $\alpha_{\text{Stundenzeiger}} = \frac{3}{12} \cdot 360° + \frac{40}{60} \cdot 30° = 110°$; $\alpha = \alpha_{\text{Minutenzeiger}} - \alpha_{\text{Stundenzeiger}} = 130°$	wahr
i)	$\dfrac{\sin 45°}{\sqrt{2}} = \dfrac{\frac{1}{2}\sqrt{2}}{\sqrt{2}} = \dfrac{1}{2} = \cos 300°$	wahr
j)	$\cos 2 \approx -0{,}416$; $\cos 4 \approx -0{,}654$; $\cos 3 \approx -0{,}990$	wahr

W

W1 $2x - 1 = \frac{x+1}{x-1}$; $| \cdot (x - 1)$ $(2x - 1) \cdot (x - 1) = x + 1$;
$2x^2 - 2x - x + 1 = x + 1$; $| -x - 1$ $2x^2 - 4x = 0$; $2x(x - 2) = 0$;
$x_1 = 0 \in D_g$; $x_2 = 2 \in D_g$: $P_1 (0 \mid -1)$; $P_2 (2 \mid 3)$

W2 Gleichung der Geraden durch AB aufstellen: $m_{AB} = \frac{1-3}{1-(-2)} = -\frac{2}{3}$
Die Koordinaten von A müssen die Geradengleichung erfüllen:
$1 = -\frac{2}{3} + t$; $| + \frac{2}{3}$ $t = \frac{5}{3}$; $y = -\frac{2}{3} x + \frac{5}{3}$
Erfüllen die Koordinaten von C die Geradengleichung?
$-\frac{2}{3} \cdot 4 + \frac{5}{3} = -\frac{8}{3} + \frac{5}{3} = \frac{-3}{3} = -1$: wahr; also liegt C auf der Geraden AB, und damit liegen alle drei Punkte auf einer Geraden.

W3 (I) $x + y + z = 9$
(II) $x - y - z = 3$; $| \cdot 3$ (II') $3x - 3y - 3z = 9$
(III) $2x + 3y - 0{,}5z = 7$
(I) + (II) $2x = 12$; $| : 2$ $x = 6$ eingesetzt in (I), (II') und (III)
(I') $y + z = 3$; $| \cdot (-3)$
(III') $3y - 0{,}5z = -5$;
(II'') $-3y - 3z = -9$;
(II'') + (III') $-3{,}5z = -14$; $| : (-3{,}5)$ $z = 4$ eingesetzt in (I')
     $y + 4 = 3$; $| -4$ $y = -1$
$L = \{(6 \mid -1 \mid 4)\}$

$1 - (-1) = 2$
1, weil $\sin 130° = \sin(90° + 40°) = \cos 40°$ ist.
-1, weil $\cos 200° = \cos(20° + 180°) = -\cos 20°$ ist.

L

I. $\frac{\cos x}{\sin x} \cdot \left[\frac{-\sin x}{-\cos x} + \frac{\sin x}{\cos x}\right] = 1 + 1 = 2$. Im angegebenen Bereich gilt diese Äquivalenz jedoch für $x = -\frac{\pi}{2}$ und für $x = \frac{\pi}{2}$ nicht, da dort der Nenner $\cos x$ null wird, und auch nicht für $x = 0$, da dort der Nenner $\sin x$ null wird.

II. Fußpunktdreieck AFB im Berg unterhalb des Turms:
$\overline{FB} = \overline{BA} \cdot \sin \beta = s \cdot \sin \beta \approx 21{,}13$ m;
$\overline{AF} = \overline{BA} \cdot \cos \beta = s \cdot \cos \beta \approx 39{,}73$ m
Dreieck AFC:
$\tan \alpha = \frac{\overline{FB} + \overline{BC}}{\overline{AF}} \approx 1{,}161; \alpha \approx 49°$

III. a) Wertetabelle mit gerundeten Funktionswerten:

x	−1,5	−1	−0,5	0	0,5	1	1,5	2	2,5	3,0	3,5	4,0	4,5
f(x)	−14,1	−1,56	−0,55	0,00	0,55	1,56	14,1	−2,19	−0,75	−0,14	0,37	1,16	4,64

Die Schülerinnen und Schüler lernen hier den Graphen der Tangensfunktion mit seinen Achsenpunkten und Asymptoten kennen.

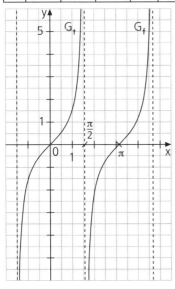

b) Die Tangensfunktion ist an den Nullstellen der Kosinusfunktion nicht definiert, also für $x_k = \frac{\pi}{2} + k \cdot \pi; k \in \mathbb{Z}$.

IV. a) Das Diagramm beginnt im Januar (Sommer auf der Südhalbkugel) mit einer mittleren täglichen Sonnenscheindauer von etwa 8,1 h. Bis zum Winter nimmt dann die Sonnenscheindauer auf etwa 7,4 h ab. Danach nimmt sie wieder zu, bis im Dezember die höchste Sonnenscheindauer von etwa 8,4 h erreicht wird.

b) Wertetabelle für die Monatsenden:

t	30	60	90	120	150	180	210	240	270	300	330	360
D	8,1	7,7	7,6	7,4	7,4	7,4	7,6	7,7	7,9	8,2	8,3	8,4
f(t)	8,25	8,03	7,78	7,55	7,42	7,41	7,53	7,75	8,00	8,23	8,37	8,39

Auch der größte relative Fehler (im Februar) beträgt nur etwa 4%; Sophies Term gibt also die Sonnenscheindauer gut wieder.

V. **a)** Z. B. mit dem Sinussatz lassen sich im Dreieck ABC die fehlenden Seitenlängen
berechnen:

$$\frac{\sin \beta}{\sin \alpha} = \frac{\overline{CA}}{\overline{BC}}; \quad \overline{CA} = \frac{\sin 30°}{\sin 105°} \cdot \overline{BC} \approx 8,28 \text{ cm}$$

$$\frac{\sin \gamma}{\sin \alpha} = \frac{\overline{AB}}{\overline{BC}}; \quad \overline{AB} = \frac{\sin 45°}{\sin 105°} \cdot \overline{BC} \approx 11,71 \text{ cm}$$

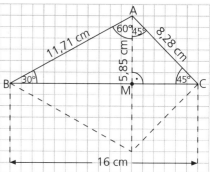

Die Länge von [AM] erhält man z.B. aus dem rechtwinkligen Dreieck AMC:
$\overline{AM} = \overline{CA} \cdot \sin 45° \approx 5,85$ cm.

Das Volumen des Rotationskörpers ergibt sich als Summenwert der Volumina der beiden
Kreiskegel, die durch Rotation der Dreiecke BMA und MCA entstehen:

$$V = \frac{1}{3} \cdot \overline{AM}^2 \cdot \pi \cdot \overline{BM} + \frac{1}{3} \cdot \overline{AM}^2 \cdot \pi \cdot \overline{MC} = \frac{1}{3} \cdot \overline{AM}^2 \cdot \pi \cdot (\overline{BM} + \overline{MC}) = \frac{1}{3} \cdot \overline{AM}^2 \cdot \pi \cdot \overline{BC} \approx$$

$$\approx \frac{1}{3} \cdot (5,85 \text{ cm})^2 \cdot \pi \cdot 16 \text{ cm} \approx 573 \text{ cm}^3.$$

Den Oberflächeninhalt erhält man als Summenwert der beiden Mantelflächeninhalte:
$A = \overline{MA} \cdot \pi \cdot \overline{AB} + \overline{AM} \cdot \pi \cdot \overline{CA} = \overline{AM} \cdot \pi \cdot (\overline{AB} + \overline{CA}) \approx 367 \text{ cm}^2.$

b) Z. B. mit dem Sinussatz kann man im Dreieck ABC die fehlenden Seitenlängen
berechnen:

$$\overline{CA} = \frac{\sin 30°}{\sin 15°} \cdot \overline{BC} \approx 30,91 \text{ cm}; \quad \overline{AB} = \frac{\sin 135°}{\sin 15°} \cdot \overline{BC} \approx 43,71 \text{ cm}.$$

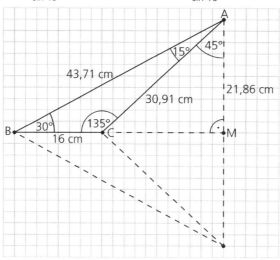

Die Länge von [MA] erhält man z. B. im rechtwinkligen Dreieck BMA:
$\overline{MA} = \overline{AB} \cdot \sin 30° \approx 21,86$ cm.

Das Volumen des Rotationskörpers ergibt sich als Differenzwert der Volumina der
beiden Kreiskegel, die durch Rotation der Dreiecke BMA und CMA entstehen:

$$V = \frac{1}{3} \cdot \overline{AM}^2 \cdot \pi \cdot \overline{BM} - \frac{1}{3} \cdot \overline{AM}^2 \cdot \pi \cdot \overline{CM} = \frac{1}{3} \cdot \overline{AM}^2 \cdot \pi \cdot (\overline{BM} - \overline{CM}) = \frac{1}{3} \cdot \overline{AM}^2 \cdot \pi \cdot \overline{BC} \approx$$

$$\approx \frac{1}{3} \cdot (21,86 \text{ cm})^2 \cdot \pi \cdot 16 \text{ cm} \approx 8,01 \text{ dm}^3.$$

Den Oberflächeninhalt erhält man als Summenwert der beiden Mantelflächeninhalte:
$A = \overline{MA} \cdot \pi \cdot \overline{AB} + \overline{MA} \cdot \pi \cdot \overline{AC} = \overline{MA} \cdot \pi \cdot (\overline{AB} + \overline{AC}) \approx 51,2 \text{ dm}^2.$

Es fällt auf, dass bei den Volumina einmal addiert und einmal subtrahiert, bei den
Oberflächeninhalten dagegen beide Male addiert wird.

L

1. a) Beispiele für mögliche Lösungen:

	$\sin \varphi = 0{,}2588$	$\cos \varphi = -0{,}3090$	$\sin (\varphi + 20°) = 1$
φ_1	$15°$	$108°$	$90° - 20° = 70°$
φ_2	$180° - 15° = 165°$	$360° - 108° = 252°$	$360° + 70° = 430°$
φ_3	$360° + 15° = 375°$	$720° + 108° = 828°$	$70° - 360° = -290°$

b) Beispiele für mögliche Lösungen:

	$\cos x = -0{,}3827$	$\sin (2x) = 0{,}9781$	$2\cos\left(x + \frac{\pi}{4}\right) = -1$
x_1	$1{,}96$	$0{,}68$	$\frac{2\pi}{3} - \frac{\pi}{4} = \frac{5\pi}{12}$
x_2	$-1{,}96$	$\frac{\pi}{2} - 0{,}68 \approx 0{,}89$	$-\frac{2\pi}{3} - \frac{\pi}{4} = -\frac{11\pi}{12}$
x_3	$1{,}96 + 2\pi \approx 8{,}25$	$2\pi + 0{,}68 \approx 6{,}96$	$\frac{4\pi}{3} - \frac{\pi}{4} = \frac{13\pi}{12}$

2. $\overline{OP} = 4$ cm $\cdot \sin \varphi$; $\overline{PT} = 4$ cm $\cdot \cos \varphi$; $A_{TOP} = \frac{1}{2}\,\overline{OP} \cdot \overline{PT} = 8$ cm$^2 \cdot \sin \varphi \cos \varphi$

3. $h_c = b \sin \alpha = 1{,}5$ cm; $A = \frac{1}{2} c \cdot h_c = \frac{1}{2} \cdot 4{,}5$ cm $\cdot 1{,}5$ cm $= 3{,}375$ cm$^2 \approx 3{,}4$ cm^2

4. Die einzigen Punkte auf G_f, deren Koordinaten ganzzahlig sind, sind A $(-2 \mid 1)$, B $(2 \mid 1)$ und C $(0 \mid 2)$; $\tan \alpha = \tan \beta = 0{,}5$; $\alpha = \beta = 26{,}56\ldots° \approx 26{,}6°$; $\gamma \approx 126{,}9°$; $a = b = \sqrt{5}$ LE; $c = 4$ LE; $U_{ABC} = (2\sqrt{5} + 4)$ LE $\approx 8{,}5$ LE

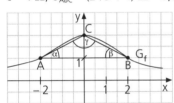

5. a) Beispiel für eine mögliche Reihenfolge:
   (1) γ (2) h_a (3) h_b (4) a (5) b (6) U_{ABC} (7) A_{ABC} (8) h_c

b) (1) $\gamma = 180° - (\alpha + \beta) = 75°$ (2) $h_a = c \sin \beta = 3\sqrt{2}$ cm $\approx 4{,}2$ cm
   (3) $h_b = c \sin \alpha = 3\sqrt{3}$ cm $\approx 5{,}2$ cm
   (4) $a = \frac{h_b}{\sin \gamma} = \frac{3\sqrt{3}}{\sin 75°}$ cm $\approx 5{,}4$ cm   (5) $b = \frac{h_a}{\sin \gamma} = \frac{3\sqrt{2}}{\sin 75°}$ cm $\approx 4{,}4$ cm
   (6) $U_{ABC} = a + b + c \approx 15{,}8$ cm
   (7) $A_{ABC} = \frac{1}{2} \cdot a \cdot h_a = \frac{1}{2} \cdot \frac{h_b}{\sin \gamma} \cdot c \sin \beta = \frac{\frac{9}{2}\sqrt{6}}{\sin 75°}$ cm$^2 \approx 11{,}4$ cm^2
   (8) $h_c = \frac{2A_{ABC}}{c} \approx 3{,}8$ cm

6. a)

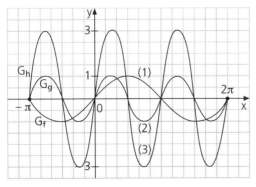

89

b)

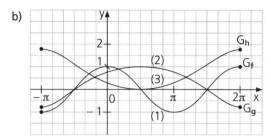

	sin x	sin (2x)	3 sin (2x)	cos x	$\cos\left[0,5\left(x - \frac{\pi}{2}\right)\right]$	$1 - \cos\left[0,5\left(x - \frac{\pi}{2}\right)\right]$
Amplitude	1	1	3	1	1	1
Wertemenge	$[-1; 1]$	$[-1; 1]$	$[-3; 3]$	$[-1; 1]$	$[-\frac{\sqrt{2}}{2}; 1]$	$[0; 1 + \frac{\sqrt{2}}{2}]$

7. Das Viereck DRAG ist ein Drachenviereck. Es hat die Symmetrieachse RG; seine Diagonalen stehen aufeinander senkrecht und haben die Längen π cm bzw. $\left(1 + \frac{\pi^2}{4}\right)$ cm. Sein Flächeninhalt A* beträgt also

$$2 \cdot \frac{1}{2}\overline{RG} \cdot \frac{1}{2}\overline{DA} = \frac{1}{2} \cdot \overline{RG} \cdot \overline{DA} = \frac{\pi}{2}\left(1 + \frac{\pi^2}{4}\right) \text{ cm}^2$$
$$\approx 5{,}45 \text{ cm}^2.$$

Da der Flächeninhalt A des von den beiden Kurvenbögen berandeten Bereichs sicher größer als A*, aber kleiner als der Flächeninhalt des umbeschriebenen Rechtecks (2A* ≈ 10,9 cm²) ist, ergibt sich als Abschätzung für A die Ungleichung 5 cm² < A < 11 cm² (nach Augenmaß ist A ≈ 7 cm²).

8. a) $y = -2 \cos x$ **b)** $y = 0{,}5 \sin (0{,}5x) + 1$

9. Koordinaten der Zeigerspitzen um 16 Uhr (Ursprung: Mittelpunkt des Zifferblatts; positive x-Achse: „3-Uhr-Stellung" des Stundenzeigers; Einheit: m): $S_1 (0 \mid 1{,}4)$; $S_2 (0{,}84 \cdot \cos 30° \mid -0{,}84 \cdot \sin 30°) = (0{,}42 \sqrt{3} \mid -0{,}42)$
Entfernung: $\overline{S_1S_2}^2 = (0{,}42 \sqrt{3} - 0)^2 + (-0{,}42 - 1{,}4)^2 = 0{,}5292 + 3{,}3124 = 3{,}8416$; $\overline{S_1S_2} = 1{,}96$: die Zeigerspitzen sind um 16 Uhr 1,96 m weit voneinander entfernt.

John Napier, Laird of Merchiston

geb. 1550 auf Merchiston Castle (bei Edinburgh/Schottland)
gest. 1617 auf Merchiston Castle

Der adelige schottische Gutsbesitzer erwarb sich sein vielfältiges Wissen auch auf seinen Reisen durch verschiedene Länder wie Deutschland, Frankreich und Italien. Er erfand für sein Gut Gerätschaften für den Ackerbau. Er beschäftigte sich mit Politik und Religion, schaltete sich in die Religionskämpfe der Puritaner gegen die Katholiken ein und veröffentlichte 1594 eine Auslegung der Geheimen Offenbarung des Johannes.

In der damaligen Zeit kamen wesentliche Fortschritte in der Mathematik häufig nicht von studierten Gelehrten, sondern von Praktikern, von mathematikbegeisterten Amateuren, von Ärzten und von Adeligen.
John Napier erfand um 1594 das Prinzip der Logarithmentafel. Es gilt als gesichert, dass er durch Michael Stifels *Arithmetica integra* Anregungen erhielt. Im Jahr 1614 brachte er dann als Erster eine siebenstellige Logarithmentafel heraus. Die Prinzipien, nach denen er die Tafel aufgestellt hatte, beschrieb er in seiner *Mirifici logarithmorum canonis descriptio* („Beschreibung einer wunderbaren Tafel von Rechenzahlen"). Hier tritt zum ersten Mal das aus dem Griechischen abgeleitete Fachwort *Logarithmus* auf, das etwa *Verhältniszahl* oder *Rechenzahl* bedeutet. Diese Tafel zielte direkt auf eine Vereinfachung trigonometrischer Rechnungen.

Die *Neperschen Logarithmen* erregten große Bewunderung und verbreiteten sich rasch als Rechenhilfsmittel. Nach Diskussionen mit dem Geometer und Astronomen Henry Briggs legte John Napier den Logarithmen als Basis die Zahl 10 zugrunde. Tabellen mit Briggs'schen Logarithmen („dekadischen" Logarithmen) erschienen ab 1617.
In seinem Werk *Rhabdologia* verwendete Napier als Erster einige Male das Dezimalkomma.

Kapitel 3

61

Die Schülerinnen und Schüler beschäftigen sich mit Wachstumsvorgängen, unterscheiden lineares und exponentielles Wachstum und beschreiben Wachstumsvorgänge durch Funktionsgleichungen.

AH S.13–14

■ Absoluter Zuwachs: (Wert der) Differenz der Werte der betreffenden Größe; relativer Zuwachs: (Wert des) Quotient(en) aus dem absoluten Zuwachs und (z. B.) der Zeitdifferenz.

■ Absoluter Zuwachs: $f(10) - f(0) = 200$; relativer Zuwachs: $\dfrac{f(10) - f(0)}{10 - 0} = 20$.

L

1.

t (in h)	0	1	2	3	4	5	6	7	8
m (in g)	10,0	20,0	40,0	80,0	160	320	640	1 280	2 560

Es handelt sich um exponentielles Wachstum.
Für die Maßzahlen m* bzw. t* von m bzw. t gilt:
$m^*(t^*) = 10{,}0 \cdot 2^{t^*};\ 0 \leq t^* \leq 8$.

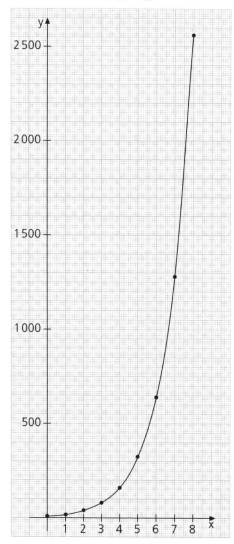

2.

	Art des Wachstums	Wachstumfunktion
a)	linear	$y = 6 + 3x;\ 0 \leq x \leq 3$
b)	exponentiell	$y = \frac{8}{3} \cdot 1{,}5^x;\ 1 \leq x \leq 4$
c)	quadratisch	$y = x^2;\ 1 \leq x \leq 4$

3. (1) a)

x	0	1	2	3	4
y	1	2	3	4	5

b)

x	0	1	2	3	4
y	1	2	4	8	16

(2) a)

x	0	1	2	3	4
y	−5	0	5	10	15

b)

x	0	1	2	3	4
y	1,25	2,5	5	10	20

(3) a)

x	0	1	2	3	4
y	−84	−54	−24	6	36

b)

x	0	1	2	3	4
y	$\frac{1}{36}$	$\frac{1}{6}$	1	6	36

4. a) $y_1 = 12 \cdot x;\ x > 0$: lineares Wachstum

b) $y_2 = 12\sqrt{2} \cdot x;\ x > 0$: lineares Wachstum

c) $y_3 = 4\sqrt{3} \cdot x;\ x > 0$: lineares Wachstum

W

W1 $x = 8;\ y = 5;\ z = 9$

W2 $x = 0;\ y = 25$

W3 $c = \frac{2A}{h} - a$, falls $h \neq 0$ ist.

$x = -3$

$x = 0$

$x = 1$

63

In diesem Unterkapitel geht es um exponentielle Zunahme und exponentielle Abnahme. Die Jugendlichen beschäftigen sich mit Beispielen für Wachstumsvorgänge aus einer Reihe von Anwendungsbereichen (Demographie, Medizin, Physik, Wirtschaft usw.)

AH S.13–14

■ Beispiel zum linken Diagramm:
Ausbreitung von Seerosen auf einem Teich der Größe S
Beispiel zum mittleren Diagramm:
Zunahme einer Tierpopulation bei beschränktem Nahrunsangebot
Beispiel zum rechten Diagramm:
Abkühlen einer Tasse Mokka auf Zimmertemperatur S
■ Dies liegt daran, dass sich der Abnahmefaktor nur wenig von 1 unterscheidet.

L

1. a)

x	0	1	2	3	4	5
y	12	8	4	0	−4	−8

b)

x	0	1	2	3	4	5
y	43875	3375	50625	97875	145125	192375

2. a)

x	0	1	2	3	4	5
y	12	8	$5\frac{1}{3} \approx 5{,}3$	$3\frac{5}{9} \approx 3{,}6$	$2\frac{10}{27} \approx 2{,}4$	$1\frac{47}{81} \approx 1{,}6$

b)

x	0	1	2	3	4	5
y	225	3375	50625	759375	11390625	170859375

3. a) $K(n + 1) = K(n) \cdot 1{,}028$ oder $K(n) = K(0) \cdot 1{,}028^n$; $n \in \mathbb{N}_0$
Das Kapital (2000 €) wurde zu 2,8% p. a. angelegt; die Zinsen wurden jeweils mitverzinst („Zinseszins").

b) $K(10) = 2000\ \text{€} \cdot 1{,}028^{10} \approx 2636{,}10\ \text{€}$;
$K(20) = 2000\ \text{€} \cdot 1{,}028^{20} \approx 3474{,}50\ \text{€}$;

c) $2000\ \text{€} \cdot 1{,}028^n = 1{,}5 \cdot 2000\ \text{€}$; $| : (2000\ \text{€})$
$1{,}028^n = 1{,}5$;
$n \approx 15$: Nach etwa 15 Jahren ist das Kapital auf das Eineinhalbfache angewachsen.

4. $\overline{AB_n} = 4\ \text{cm} + n \cdot 1\ \text{cm}$
$\dfrac{\overline{AC_n}}{\overline{AB_n}} = \dfrac{\overline{AC_n}}{4\ \text{cm} + n\ \text{cm}} = \dfrac{3}{4}$; $| \cdot (4\ \text{cm} + n\ \text{cm})$
$\overline{AC_n} = \dfrac{3}{4} \cdot (4\ \text{cm} + n\ \text{cm})$;
$\dfrac{\overline{B_nC_n}}{\overline{BC}} = \dfrac{\overline{AB_n}}{\overline{AB}} = \dfrac{4\ \text{cm} + n\ \text{cm}}{4\ \text{cm}}$
$\dfrac{\overline{B_nC_n}}{5\ \text{cm}} = \dfrac{4\ \text{cm} + n\ \text{cm}}{4\ \text{cm}}$; $| \cdot 5\ \text{cm}$
$\overline{B_nC_n} = \dfrac{5}{4} \cdot (4\ \text{cm} + n\ \text{cm})$;
$U_n = \overline{AB_n} + \overline{B_nC_n} + \overline{C_nA_n} = 4\ \text{cm} + n\ \text{cm} + \dfrac{5}{4} \cdot (4\ \text{cm} + n\ \text{cm}) + \dfrac{3}{4} \cdot (4\ \text{cm} + n\ \text{cm}) =$
$\quad 4\ \text{cm} + n\ \text{cm} + 2 \cdot (4\ \text{cm} + n\ \text{cm}) = 12\ \text{cm} + 3 \cdot n\ \text{cm}$
$A_n = \dfrac{1}{2} \cdot \overline{AB_n} \cdot \overline{C_nA} = \dfrac{1}{2} \cdot (4\ \text{cm} + n\ \text{cm}) \cdot \dfrac{3}{4} \cdot (4\ \text{cm} + n\ \text{cm}) = \dfrac{3}{8}(4\ \text{cm} + n\ \text{cm})^2$;
$\dfrac{3}{8} \cdot (4\ \text{cm} + n\ \text{cm})^2 = 25 \cdot \dfrac{1}{2} \cdot 3\ \text{cm} \cdot 4\ \text{cm}$; $| \cdot \dfrac{8}{3}$
$(4\ \text{cm} + n\ \text{cm})^2 = 400\ \text{cm}^2$; $\overline{AB_n} > 0$:
$4\ \text{cm} + n\ \text{cm} = 20\ \text{cm}$; $| -4\ \text{cm}$
$n\ \text{cm} = 16\ \text{cm}$;
$n = 16$

64

5. a) Individuelle Lösungen
(etwa 8-mal)

b) Individuelle Lösungen

c)

Anzahl n der Faltungen	0	1	2	3	4	5
Anzahl L(n) der Lagen	1	2	4	8	16	32
Dicke d(n) des Papierstapels	0,1 mm	0,2 mm	0,4 mm	0,8 mm	1,6 mm	3,2 mm

Anzahl n der Faltungen	6	7	8	9	10	11
Anzahl L(n) der Lagen	64	128	256	512	1 024	2 048
Dicke d(n) des Papierstapels	6,4 mm	12,8 mm	25,6 mm	51,2 mm	10,24 cm	20 cm

d) $d(n) = 0{,}1 \text{ mm} \cdot 2^n;\ n \in \mathbb{N}$

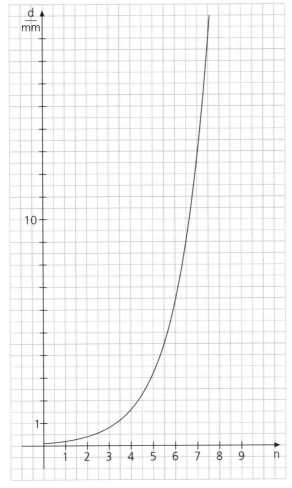

e) (1) $d(20) = 104\,857{,}6 \text{ mm} \approx 105 \text{ m};$
$\quad d(30) = 107\,374\,182{,}4 \text{ mm} \approx 107{,}4 \text{ km};$
$\quad d(40) = 1{,}0995 \cdot 10^{11} \text{ mm} = 1{,}0995 \cdot 10^{8} \text{ m} \approx 110\,000 \text{ km};$
$\quad d(50) \approx 1{,}126 \cdot 10^{14} \text{ mm} = 1{,}126 \cdot 10^{8} \text{ km}$
bedeutet die Dicke des Papierpakets nach 50-maligem Falten.

(2) $d(n) > 384\,000$ km;

$0{,}1$ mm $\cdot\ 2^n = 10^{-1} \cdot 2^n$ mm $= 10^{-4} \cdot 2^n$ m $= 10^{-7} \cdot 2^n$ km;

$10^{-7} \cdot 2^n > 384\,000; \, | \cdot 10^7$

$\qquad 2^n > 384\,000 \cdot 10^7;$

$\qquad 2^n > 3{,}84 \cdot 10^{12};$

$\qquad n > 41:$

Für $n = 42$ wäre $d(n)$ zum ersten Mal größer als die Entfernung Erde – Mond.

6. **a)** NN („Normalnull"): Mittleres Niveau des Meeresspiegels

hPa (Hektopascal): Druckeinheit; 1 hPa = 100 Pa $=100\ \frac{N}{m^2}$

b) $899 : 1\,103 \approx 0{,}887;$

$798 : 899 \approx 0{,}888;$

$708 : 798 \approx 0{,}887;$

$628 : 708 \approx 0{,}887;$

$558 : 628 \approx 0{,}889;$

$495 : 558 \approx 0{,}887;$

$439 : 495 \approx 0{,}887;$

$390 : 439 \approx 0{,}888;$

$346 : 390 \approx 0{,}887;$

$307 : 346 \approx 0{,}887:$

Der Abnahmefaktor hat in diesem Bereich den *konstanten* Wert $0{,}887$; der Luftdruck nimmt also dort mit zunehmender Höhe *exponentiell* ab.

c) $p(h) = b \cdot a^h$ (h: Maßzahl der Höhe in km; p: Maßzahl des Drucks (in hPa)

$h = 0:\quad 1\,013 = b \cdot a^0; \, b = 1\,013;$

$h = 1:\quad 1\,013 \cdot a^1 = 899; \, | : 1\,013$

$\qquad\qquad a = 0{,}887;$

$p(h) = 1\,013 \cdot 0{,}887^h$

Der Abnahmefaktor gibt an, mit welchem Faktor der Luftdruck pro km Höhenzunahme abnimmt.

d) Luftdruck in hPa:

(1) Zugspitze: $p(2{,}962) \approx 710$

(2) Vesuv: $p(1{,}277) \approx 869$

(3) Matterhorn: $p(4{,}478) \approx 592$

(4) Mount Everest: $p(8{,}850) \approx 351$

7. **a)** After 4 hours there are 4 800 bacteria.

b) 1.5 hours *before* the experiment was started there had been ($300 \cdot 2^{-1{.}5} \approx$) 106 bacteria.

c) (1) $y \approx 1\,000\ (300 \cdot 2^{1{,}75} = 1\,009{,}07\ \dots)$

(2) $x \approx 2{.}5\ (300 \cdot 2^{2{,}5025\dots} = 1\,700)$

8. $300\ € \cdot 1{,}045^{18} + 300\ € \cdot 1{,}045^{17} + 300\ € \cdot 1{,}045^{16} + 300\ € \cdot 1{,}045^{15} + \dots +$

$300\ € \cdot 1{,}045^1 + 300\ € =$

$300\ € \cdot (1{,}045^{18} + 1{,}045^{17} + \dots + 1{,}045^1 + 1{,}045^0) \approx 8\,719\ €$

9. $a_1 = \ 1$ cm;

$a_2 = \ 1$ cm $\cdot\ 1{,}5;$

$a_3 = \ 1$ cm $\cdot\ 1{,}5^2;$

$a_{10} = 1$ cm $\cdot\ 1{,}5^9;$

$a_m = \ 1$ cm $\cdot\ 1{,}5^{m-1}$

„Spirale" aus den ersten 4 Strecken:

$l_4 = a_1 + a_2 + a_3 + a_4 = 1$ cm $+ 1$ cm $\cdot\ 1{,}5 + 1$ cm $\cdot\ 1{,}5^2 + 1$ cm $\cdot\ 1{,}5^3 =$

$= 1$ cm $\cdot\ (1 + 1{,}5 + 1{,}5^2 + 1{,}5^3) = 8{,}125$ cm ≈ 8 cm

„Spirale" aus den ersten 6 Strecken:

$l_6 = a_1 + a_2 + a_3 + a_4 + a_5 + a_6 = 1$ cm $(1 + 1{,}5 + 1{,}5^2 + 1{,}5^3 + 1{,}5^4 + 1{,}5^5) =$

65

= 20,78125 cm ≈ 21 cm

„Spirale" aus den ersten 8 Strecken:

$l_8 = a_1 + a_2 + a_3 + a_4 + a_5 + a_6 + a_7 + a_8 = 1 \text{ cm } (1 + 1,5 + 1,5^2 + \ldots + 1,5^7) =$

= 49,2578 cm ≈ 49 cm

10. a) Individuelle Erklärungen

$a_2 : a_1 = a_3 : a_2 = a_4 : a_3 = \ldots = a_n : a_{n-1} = q$: der Quotient aufeinander folgender Summanden hat den konstanten Wert q.

b) $S_1 = 3 + 6 + 12 + 24 + 48 = 93$;

$S_1 = 3 \cdot \frac{2^5 - 1}{2 - 1} = 3 \cdot 31 = 93$

$S_2 = 20 + 10 + 5 + 2,5 + 1,25 + 0,625 = 39,375$;

$S_2 = 20 \cdot \frac{0,5^6 - 1}{0,5 - 1} = 20 \cdot 1,96875 = 39,375$

c) Aufgabe 8:

a = 300 €; q = 1,045; n = 19:

$S = 300 \text{ €} \cdot \frac{1,045^{19} - 1}{1,045 - 1} = 300 \text{ €} \cdot 29,06356 \ldots ≈ 8719 \text{ €}$

Aufgabe 9:

$l_4 = 1 \text{ cm} \cdot \frac{1,5^4 - 1}{1,5 - 1} = 8,125 \text{ cm} ≈ 8 \text{ cm}$;

$l_6 = 1 \text{ cm} \cdot \frac{1,5^6 - 1}{1,5 - 1} = 20,78125 \text{ cm} ≈ 21 \text{ cm}$;

$l_8 = 1 \text{ cm} \cdot \frac{1,5^8 - 1}{1,5 - 1} = 49,2578 \text{ cm} ≈ 49 \text{ cm}$

d) $q = 1: S = a + a + \ldots + a = n \cdot a$

11. $m(n) = 500 \text{ g} \cdot (1 - 2,1\%)^n = 500 \text{ g} \cdot (1 - 0,021)^n = 500 \text{ g} \cdot 0,979^n$;

$m(2) = 500 \text{ g} \cdot 0,979^2 ≈ 479,2 \text{ g}$; $m(5) = 500 \text{ g} \cdot 0,979^5 ≈ 449,7 \text{ g}$;

$m(10) = 500 \text{ g} \cdot 0,979^{10} ≈ 404,4 \text{ g}$; $m(33) = 500 \text{ g} \cdot 0,979^{33} ≈ 248,2 \text{ g}$:

Die Halbwertszeit von Cs 137 beträgt also etwa 33 Jahre.

12. Preis im Jahr 2028: $1,00 \text{ €} \cdot 1,03^{20} ≈ 1,81 \text{ €}$

Sie wäre im Jahr 2028 um etwa 0,81 €, also um etwa 81% teurer als im Jahr 2008.

W

W1 P(„ungerade Zahl") = P(1; 3; 5) = $\frac{1}{2}$;

P(„Primzahl") = P(2; 3; 5) = $\frac{1}{2}$:

Beide Ereignisse sind gleich wahrscheinlich.

W2 $500 \cdot \frac{1}{6} ≈ 83$: Man wird etwa 83 „Sechser" werfen.

W3 $P(E) = \frac{1}{6} \cdot \frac{5}{6} = \frac{5}{36} ≈ 14\%$

Die Summenformel für die geometrische Reihe kann auch durch Schüler/Schülerinnen erarbeitet und dann der Klasse vorgestellt werden.

$2^4 = 16$

1

$3^3 = 27$

67

Die Schülerinnen und Schüler haben bis jetzt lineare Funktionen und quadratische Funktionen sowie trigonometrische Funktionen als wichtige Funktionstypen kennen gelernt. In diesem Unterkapitel erweitern die Jugendlichen ihren Funktionenvorrat durch Exponentialfunktionen und erarbeiten deren charakteristische Eigenschaften. Sie lernen, Funktionsgraphen durch Überlegen zu skizzieren.

AH S.15

- f: $f(x) = 2^x$; $D_f = \mathbb{R}$: $2^{x_1 + x_2} = 2^{x_1} \cdot 2^{x_2}$;
  f: $f(x) = 10^x$; $D_f = \mathbb{R}$: $10^{x_1 + x_2} = 10^{x_1} \cdot 10^{x_2}$
- f: $f(x) = 2^x$; $D_f = \mathbb{R}$: $2^{-x} = \dfrac{1}{2^x}$;
  f: $f(x) = 10^x$; $D_f = \mathbb{R}$: $10^{-x} = \dfrac{1}{10^x}$
- Für $-1 < a < 0$ ist G_f fallend, für $a > 0$ steigend.

1.

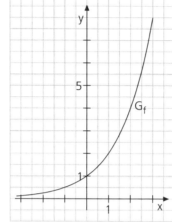

x	−0,25	−0,6	0,75	0,5	1,5	−0,5	0	1	−1	2,25	2,8
f(x)	0,8	0,7	1,7	1,4	2,8	0,7	1	2	0,5	4,8	7,0

2.

x	−3	−2	−1	−0,5	0	0,5	1	2	3
a) $f(x) = 2^x$	0,13	0,25	0,50	0,71	1,00	1,41	2,00	4,00	8,00
b) $f(x) = \left(\dfrac{1}{2}\right)^x$	8,00	4,00	2,00	1,41	1,00	0,71	0,50	0,25	0,13
c) $f(x) = 0,3^x$	37,0	11,1	3,33	1,83	1,00	0,55	0,30	0,09	0,03
d) $f(x) = (\sqrt{3})^x$	0,19	0,33	0,58	0,76	1,00	1,32	1,73	3,00	5,20

(1) $2^x > 8$; $L = \{4; 5; 6; ...\} = \{x \in \mathbb{Z} \mid x \geqq 4\}$
(2) $\left(\dfrac{1}{2}\right)^x < 1$; $L = \{1; 2; 3; ...\} = \mathbb{N}$
(3) $1 < 0,3^x \leq 3$; $L = \{\}$
(4) $0,5 < (\sqrt{3})^x \leq 3$; $x \in \{-1; 0; 1; 2\}$

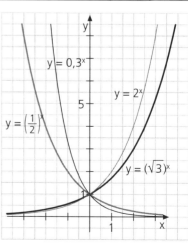

3.

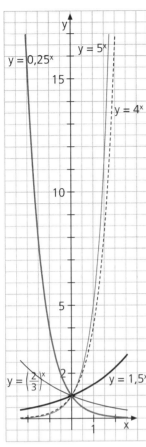

Individuelle Lösungen, z. B.: Alle Graphen G_f von f: $f(x) = a^x$; $a \in \mathbb{R}^+\backslash\{1\}$; $D_f = \mathbb{R}$, enthalten den Punkt T (0 | 1), verlaufen nur durch den I. und den II. Quadranten und besitzen die x-Achse als horizontale Asymptote.

4. Der Funktionswert wird

a) halbiert, da $f(x + 1) = \left(\frac{1}{2}\right)^{x+1} = \frac{1}{2} \cdot \left(\frac{1}{2}\right)^x = \frac{1}{2} \cdot f(x)$ ist.

b) vervierfacht, da $f(x - 2) = \left(\frac{1}{2}\right)^{x-2} = \left(\frac{1}{2}\right)^{-2} \cdot \left(\frac{1}{2}\right)^x = 4 \cdot f(x)$ ist.

c) mit $\sqrt{2}$ multipliziert, da $f(x - 0{,}5) = \left(\frac{1}{2}\right)^{x-0{,}5} = \left(\frac{1}{2}\right)^{-0{,}5} \cdot \left(\frac{1}{2}\right)^x = \sqrt{2} \cdot f(x)$ ist.

d) quadriert, da $f(2x) = \left(\frac{1}{2}\right)^{2x} = \left[\left(\frac{1}{2}\right)^x\right]^2 = [f(x)]^2$ ist.

e) Aus dem Funktionswert wird die Quadratwurzel gezogen, da
$f\left(\frac{1}{2} x\right) = \left(\frac{1}{2}\right)^{0{,}5x} = \left[\left(\frac{1}{2}\right)^x\right]^{0{,}5} = \sqrt{f(x)}$ ist.

f) Vom Funktionswert wird der Kehrwert genommen, da $f(-x) = \left(\frac{1}{2}\right)^{-x} = \frac{1}{\left(\frac{1}{2}\right)^x} = \frac{1}{f(x)}$ ist.

5. Der Funktionswert wird

a) mit a multipliziert.   b) durch a^2 dividiert.

c) durch $\sqrt{a}$ dividiert.   d) quadriert.

e) Aus dem Funktionswert wird die Quadratwurzel gezogen.

f) Vom Funktionswert wird der Kehrwert genommen.

Die Begründungen zu 5. a) bis f) sind analog zu den Begründungen zu 4. a) bis f).

68

Die Aufgaben 4., 5. und 8. trainieren die Fähigkeiten der Schüler und Schülerinnen im Argumentieren und Begründen.

6. g_1: (E); g_2: (C); g_3: (B); g_4: (D);
(A) veranschaulicht $y = 2^x$.

7. a) f_2: $f_2(x) = -0,4^x$; $D_{f_2} = \mathbb{R}$ **c)** $f_4(x) = 0,4^{x-3}$

   b) f_3: $f_3(x) = 0,4^{-x}$; $D_{f_3} = \mathbb{R}$ **d)** $f_5(x) = 0,4^{x+2} - 1$

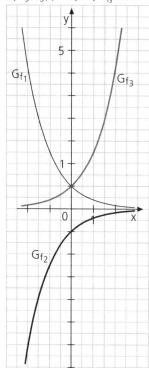

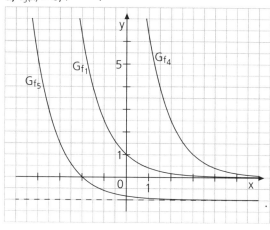

8. Zu **a)** nach oben geöffnete Parabel
mit dem Scheitel S (0 | 1)

Zu **b)** Graph einer Exponentialfunktion
durch die Punkte A (0 | 1) und B (1 | 1,5)

Zu **c)** Gerade mit m = −1,5 und t = 1

Zu **d)** Parallele zur x-Achse durch A (0 | 1)

Zu **e)** Graph der Kosinusfunktion

	Funktionsterm	Funktionsgraph
a)	$y = x^2 + 1$	③
b)	$y = 1,5^x$	①
c)	$y = 1 - 1,5x$	④
d)	$y = 1$	②
e)	$y = \cos x$	⑤

69

9. V $(0,5 \mid \frac{1}{\sqrt{2}} \approx 0,707)$, I (2 | 4), E (−2 | 4), R $(-0,5 \mid \frac{1}{\sqrt{2}} \approx 0,707)$

a) $A = \frac{\overline{RV} + \overline{IE}}{2} \cdot [f(2) - g(0,5)]$ cm $=$

$\quad = \frac{1+4}{2}$ cm $\cdot \left(4 - \frac{1}{\sqrt{2}}\right)$ cm $=$

$\quad = \left(10 - \frac{5}{2\sqrt{2}}\right)$ cm$^2 \approx 8,232$ cm$^2 \approx 8$ cm^2;

$\quad U = \overline{VI} + \overline{IE} + \overline{ER} + \overline{RV}$;

$\quad \overline{VI} = \sqrt{(2 - 0,5)^2 + \left(4 - \frac{1}{\sqrt{2}}\right)^2}$ cm $\approx$

$\quad\quad \sqrt{1,5^2 + 3,293^2}$ cm $\approx$

$\quad\quad 3,62$ cm; $\overline{ER} = \overline{VI}$;

$\quad U \approx 3,62$ cm $+ 4$ cm $+ 3,62$ cm $+ 1$ cm ≈ 12 cm;

$\quad A_{ETI} = \frac{1}{2} \cdot 4 \cdot 3$ cm$^2 = 6$ cm^2;

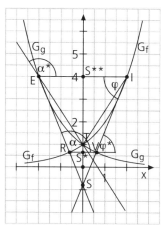

$A_{RVT} = \frac{1}{2} \cdot 1 \cdot \left(1 - \frac{1}{\sqrt{2}}\right) cm^2 \approx 0{,}146 \ cm^2;$

$A_{ETI} + A_{RVT} \approx 6{,}146 \ cm^2;$

Bruchteil: $\frac{6{,}146 \ cm^2}{8{,}232 \ cm^2} \approx 0{,}747 \approx \frac{3}{4}$

b) $\tan \varphi = \frac{4 - \frac{1}{\sqrt{2}}}{2 - 0{,}5} \approx 2{,}195; \ \varphi \approx 65{,}5°; \ \alpha = 180° - \varphi \approx 114{,}5°$

Größen der vier Innenwinkel des Trapezes VIER: 114,5°; 65,5°; 65,5°; 114,5°

c) $\frac{\overline{SS^*}}{\overline{SS^{**}}} = \frac{\overline{TV}}{\overline{S^{**}I}}; \ \overline{SS^*} = x \ cm:$

$\frac{x}{x + \left(4 - \frac{1}{\sqrt{2}}\right)} = \frac{\frac{1}{2}}{2} = \frac{1}{4}; \ | \cdot 4 \cdot \left(x + 4 - \frac{1}{\sqrt{2}}\right)$

$4x = x + 4 - \frac{1}{\sqrt{2}}; \ | -x$

$3x = 4 - \frac{1}{\sqrt{2}}; \ | : 3$

$x = \frac{1}{3}\left(4 - \frac{1}{\sqrt{2}}\right) \approx 1{,}0976;$

$y_S = y_{S^*} - x = \frac{1}{\sqrt{2}} - x \approx -0{,}39; \quad S \ (0 \ | -0{,}39)$

Wechselwinkel an Parallelen: φ und φ^*;

Stufenwinkel an Parallelen: α und α^*

10. a)

Anzahl n der Wochen	0	1	2	3	4	5	6	7	8	9	10
Größe A der von Wasserhyazinthen bedeckten Fläche (in m²)	1	1,4	1,96	2,74	3,84	5,38	7,53	10,54	14,76	20,66	28,93

b) $f(x) = 1{,}4^x$

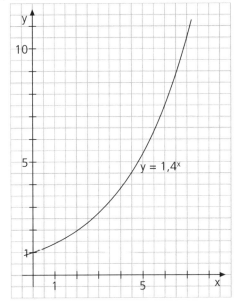

c) (1) Individuelle Schätzungen

(2) $1{,}4^n = 2; \ n \approx 2:$

Nach etwa 2 Wochen hat sich die von Wasserhyazinthen bedeckte Fläche verdoppelt.

d) $1\ m^2 \cdot 1{,}4^x = 68\ 000 \cdot 10^6\ m^2;\ x \approx 74$

Nach etwa 74 Wochen (also nach knapp eineinhalb Jahren) wäre der Victoria-See vollständig mit Wasserhyazinthen bedeckt.

(1) $1{,}3^x = 68\ 000 \cdot 10^6;$ (2) $1{,}5^x = 68\ 000 \cdot 10^6;$

    $x \approx 95$ $x \approx 61{,}5$

Im ersten Fall wäre der Victoria-See erst nach etwa 95 Wochen, im zweiten Fall bereits nach etwa 62 Wochen völlig mit Wasserhyazinthen bedeckt.

11. $k(t) = 20 + 40 \cdot 2^{-0{,}06t};$

$k(12) = 20 + 40 \cdot 2^{-0{,}06 \cdot 12} \approx 44:$

Alfredos Kaffee wäre mit etwa 44° C noch „lauwarm".

$x,\ y,\ z \in \mathbb{R}^+:$

$(x^{0{,}5} : x^{1{,}5})^3 = x^{-3}$

$y^{0{,}75} : y = 16;\ y = \dfrac{1}{2^{16}}$

$(z^{0{,}25})^3 = 8;\ z = 16$

W

W1 $m < 0$ und $t > 0$

W2 $m < 0$ und $t < 0$

W3 $a > 0$ und $c < 0$ oder

       $a < 0$ und $c > 0$

■ Falls die Basis b des Logarithmus eine reelle Zahl zwischen 0 und 1 ist, hat der Logarithmus $\log_b x$ für jeden Wert von $x > 1$ stets einen negativen Wert.
Falls b eine reelle Zahl größer 1 ist, hat $\log_b x$ für jeden Wert von x mit $0 < x < 1$ stets einen negativen Wert.

■ Da für $b = 1$ die Gleichung $b^x = p$ über der Grundmenge $G = \mathbb{R}$ entweder keine Lösung oder unendlich viele verschiedene Lösungen besitzt, ist 1 als Basis für Logarithmen ungeeignet.

71

Die Altersbestimmung nach der C-14-Methode gehört zur Allgemeinbildung von Gymnasiasten/Gymnasiastinnen und wird von Jugendlichen erfahrungsgemäß als interessant empfunden.
Die Auflösung der Exponentialgleichung $b^x = p$ führt die Schülerinnen und Schüler auf den Begriff *Logarithmus*. Um sich mit dem neuen Thema vertraut zu machen und um Sicherheit im Umgang mit Logarithmen zu gewinnen, ist es unumgänglich, das Rechnen mit Logarithmen zu trainieren.

L

1. a) 32   5   6   3   2

b) 3   1,5   2   3   5

c) 16   2   4   1   2

d) 1   3   7 -2 $\frac{1}{2}$

e) 4   6 $\frac{1}{2}$ 10   1

f) 2 -1 2 -1 4

g)   3 $\frac{1}{3}$ 6 $\frac{1}{2}$

2. a) $\{3\}$ $\{4\}$ $\{\sqrt[9]{2}\}$ $\{2\}$

b) $\{5\}$ $\{\sqrt{2}\}$ $\{\sqrt[8]{7}\}$ $\{0,5\}$

c) $\{8\}$ $\{9\}$ $\{7\}$ $\{6\,561\}$

d) $\{5\}$ $\{5\}$ $\{2\}$ $\{1\,024\}$

e) $\{8\}$ $\{4\}$ $\{25\}$ $\{243\}$

f) $\{4\}$ $\{30\}$ $\{100\sqrt{10}\}$ $\{10\}$

g) $\{2,5\}$ $\{\}$ $\{\frac{1}{3}; 3\}$ $\{2\}$

3.

x	0,01	0,1	0,5	1	$\sqrt{10}$	5	$2\sqrt{10}$	8	10	12
log x	-2	-1	$-0,3$	0	0,5	0,7	0,8	0,9	1	1,1

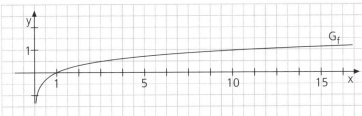

AH S. 17 – 19

Exakte Lösungsmengen:

a) $]10; \infty[$ b) $]0; \sqrt{10}]$ c) $[10; 10^{1,2}]$ d) $]\frac{1}{10}; \infty[$

e) $]1; \infty[$ f) $]0; \frac{1}{100}[$ g) $[\frac{1}{100}; 10[$ h) $\mathbb{R}^+$

i) $\mathbb{R}^+ \backslash [1; 10]$ j) $]10; \infty[$ k) $]\sqrt{10}; \infty[$ l) $\mathbb{R}^+ \backslash [\frac{1}{10}; 10]$

4. a) Ⅰ $x = 4$ Ⅱ $y = 8$ Ⅲ $z = 9$ $x + y + z = 21$

b) Ⅰ $x = 64$ Ⅱ $y = 81$ Ⅲ $z = 16$ $x + y + z = 161$

Lucas hat Recht.

Leistungsstärkere Schülerinnen und Schüler erkennen den Aufbau dieser Beispiele, entwerfen selbst Aufgaben dieses Typs und stellen sie der Klasse vor.

5. **a)** $n = n_0 \cdot 2^x$ (x: Zeit in h)

$n = 10 \cdot n_0$;

$n_0 \cdot 2^x = 10 \cdot n_0$; $| : n_0$

$2^x = 10$; $x \approx 3,3$: Nach etwa 3,3 h hat sich die Anzahl verzehnfacht.

b) $m = m_0 \cdot a^x$ (x: Zeit in h)

$2m_0 = m_0 \cdot a^{\frac{4}{3}}$; $| : m_0$

$a^{\frac{4}{3}} = 2$; $a = 2^{\frac{3}{4}} = \sqrt[4]{8} \approx 1,68$;

$m \approx m_0 \cdot 1,68^x$;

$100m_0 \approx m_0 \cdot 1,68^x$; $| : m_0$

$1,68^x \approx 100$; $x \approx 8,9$: Innerhalb von knapp 9 Stunden hat die Masse auf das 100-Fache zugenommen.

c) $n = n_0 \cdot a^x$ (x: Zeit in h)

$1,6 \cdot n_0 = n_0 \cdot a^1$; $a = 1,6$;

$n = n_0 \cdot 1,6^x$;

$2n_0 = n_0 \cdot 1,6^x$; $| : n_0$

$1,6^x = 2$; $x \approx 1,47$: Sie teilen sich nach jeweils etwa $1\frac{1}{2}$ Stunden; dadurch verdoppelt sich ihre Anzahl.

W

W1 $x_1 = 1,5 \in G$; $x_2 = -16,5 \in G$;

$L = \{-16,5; 1,5\}$

W2 $h_c = \sqrt{8^2 - 6^2}$ cm $= 2\sqrt{7}$ cm;

$A = \frac{1}{2} \cdot 12$ cm $\cdot 2\sqrt{7}$ cm $= 12\sqrt{7}$ cm$^2 \approx 31,7$ cm^2

W3 $A = 4 \cdot (6 \text{ cm})^2 \pi = 144\pi$ cm$^2 \approx 452$ cm^2

$x_1 = 0$; $x_2 = -6$

$x = -1$

$x = k\pi$; $k \in \mathbb{Z}$

L

1. Individuelle Ergebnisse

73

2.

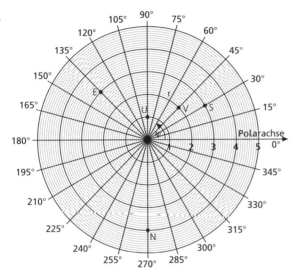

V: $x_V = 2 \cos 45° = \sqrt{2}$; $y_V = 2 \sin 45° = \sqrt{2}$; V $(\sqrt{2} \mid \sqrt{2})$

E: $x_E = 3 \cos 135° = -\frac{3}{2}\sqrt{2}$; $y_E = 3 \sin 135° = \frac{3}{2}\sqrt{2}$; E $(-\frac{3}{2}\sqrt{2} \mid \frac{3}{2}\sqrt{2})$

N: $x_N = 0$; $y_N = -4$; N $(0 \mid -4)$

U: $x_U = 0$; $y_U = 1$; U $(0 \mid 1)$

S: $x_S = 3 \cos 30° = \frac{3}{2}\sqrt{3}$; $y_S = 3 \sin 30° = \frac{3}{2}$; S $(\frac{3}{2}\sqrt{3} \mid \frac{3}{2})$

3.

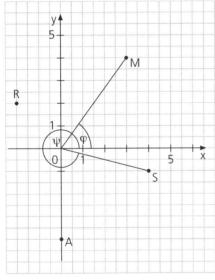

M: $\tan \varphi = \frac{4}{3}$; $\varphi \approx 53°$; $\overline{OM} = \sqrt{3^2 + 4^2} = 5$; M $(5 \mid 53°)$; A $(4 \mid 270°)$; R $(2\sqrt{2} \mid 135°)$;

S: $\tan \psi = -\frac{1}{4}$; $\psi \approx 346°$; $\overline{OS} = \sqrt{17}$; S $(\sqrt{17} \mid 346°)$

4.

φ (in °)	0	30	45	60	90	120	150	180	225	270	315	360	390
r (in mm)	0	3,0	4,5	6,0	9,0	12,0	15,0	18,0	22,5	27,0	31,5	36,0	39,0

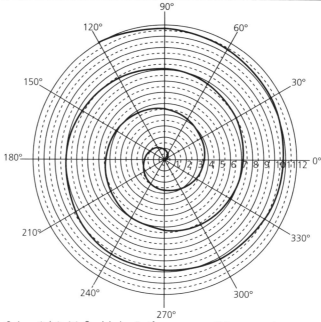

$r^* = 0{,}1 \cdot \varphi^*$ (r^*: Maßzahl der Entfernung von 0 in mm; φ^*: Anzahl der Grad des Polarwinkels)

(1) $0{,}1 \cdot \varphi_1^* = 100; \, | : 0{,}1$

$\varphi_1^* = 1\,000 = n_1 \cdot 360; \, | : 360$

$n_1 = 2\frac{7}{9} \approx 3$: Nach knapp drei Windungen ist der Spiralpunkt 10 cm von 0 entfernt.

(2) $0{,}1 \cdot \varphi_2^* = 200; \, | : 0{,}1$

$\varphi_2^* = 2\,000 = n_2 \cdot 360; \, | : 360$

$n_2 = 5\frac{5}{9} \approx 5\frac{1}{2}$: Nach etwa $5\frac{1}{2}$ Windungen ist der Spiralpunkt 20 cm von 0 entfernt.

5.

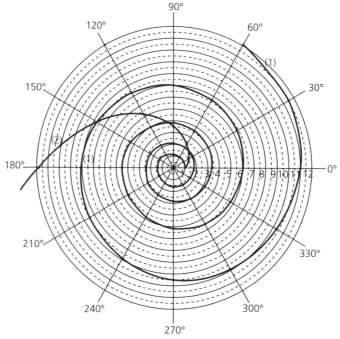

Die Spirale (1) windet sich enger um den Pol O als die Spirale (2).

- Es wird verwendet, dass $\log_b (p \cdot q) = \log_b p + \log_b q$ ist.
- In der Praxis ist die Darstellung $x = \dfrac{\log 0{,}5}{\log b}$ im Allgemeinen günstiger, weil der Taschenrechner zwar die Werte von $\log 0{,}5$ und $\log b$, aber nicht den Wert von $\log_b 0{,}5$ liefert.

Wenn sich im Haushalt eines Schülers/einer Schülerin ein Rechenschieber findet, könnte das Rechnen mit einem Rechenschieber praktisch vorgestellt werden.
Beim Üben der Standardaufgaben gewinnen die Schülerinnen und Schüler Sicherheit im Rechnen mit Logarithmen.

L

1. a) $\log_2 q + 2\log_2 b \qquad 2 - \log_a c \qquad \dfrac{1}{2}(1 + \log_b 2)$
$\quad\ 1 + 4 \log b \qquad\qquad 2 + 8 \log_2 b$

b) $2 + 2 \log_5 a + 2 \log_5 b \qquad\qquad \log_c [c(2 + a)] = 1 + \log_c (2 + a)$
$\quad\ 3 + \dfrac{1}{2} \log_b 2 \qquad\qquad\qquad\qquad -1 + \log a + 2 \log b$

c) $\log_2 \sqrt[4]{16c} = \log_2 (2 \cdot \sqrt[4]{c}) = 1 + \dfrac{1}{4} \cdot \log_2 c;$
$\quad\ \log_3 [9 (a + 1)^2] = 2 + 2 \log_3 (a + 1)$
$\quad\ \log_a [\log (10\, a)] = \log_a [1 + \log a]$
$\quad\ \log_2 [\log_a (a^4)] = \log_2 4 = 2$
$\quad\ \log [\log (\log_2 1\,024)] = \log [\log 10] - \log 1 = 0$

d) $\log_{27} 3 + \log_{27} b = \dfrac{1}{3} + \log_{27} b$
$\quad\ \dfrac{1}{3} \log_4 (4ab) = \dfrac{1}{3} (1 + \log_4 a + \log_4 b)$
$\quad\ \log_a \left(\dfrac{16\, a}{b^3} \right) = \log_a 16 + 1 - 3 \log_a b$
$\quad\ \log_3 (27a^5 b^2) = 3 + 5 \log_3 a + 2 \log_3 b$
$\quad\ \log (\log_3 3) = \log 1 = 0$

2. a) $\log_2 (ab) \qquad\qquad \log_2 \left(\dfrac{3a}{b} \right) \qquad \log_2 \left[\dfrac{8 \cdot a^2}{(2a^2)^3} \right] = \log_2 \left(\dfrac{1}{a^4} \right)$

b) $\log (a^3 b^{10}) \qquad\qquad \log \left[\dfrac{a^4 \cdot a^2}{(a^3)^2} \right] = \log 1\ (= 0)$
$\quad\ \log_3 \left(\dfrac{4 \cdot 7 \cdot 105}{5 \cdot 4} \right) = \log_3 147$

c) $\log_2 \left(\dfrac{a}{b} \right) \qquad\qquad \log_2 \left(a \cdot \dfrac{1}{a} \right) = \log_2 1\ (= 0)$
$\quad\ \log_2 (a \cdot a) = \log_2 (a^2)$

3. a) $\log_5 10 = \log_5 (5 \cdot 2) = 1 + \log_5 2$: wahr
b) $\log_3 45 - \log_3 5 = \log_3 \left(\dfrac{45}{5} \right) = \log_3 9 = 2 < 3$
c) $\log_4 40 = \log_4 (16 \cdot 2{,}5) = 2 + \log_4 2{,}5$: wahr
d) $\log_2 6 - \log_2 1{,}5 + \log_2 2 = \log_2 \left(\dfrac{6 \cdot 2}{1{,}5} \right) = \log_2 8 = 3 \neq 8$
e) $4\log_2 4 = 4 \cdot 2 = 8 \neq 16$
f) $\log_5 12{,}5 + \log_5 10 = \log_5 125 = 3$: wahr
g) $\log_3 \sqrt[3]{27} + \log_3 6 - \log_3 1 = \log_3 (3 \cdot 6 : 1) = \log_3 18 \neq \log_3 8 = 3 \log_3 2$
h) $\log_5 35 + \log_5 1 + \log_5 5 = \log_5 (35 \cdot 1 \cdot 5) = \log_5 175 \neq \log_5 105 =$
$\quad\ = \log_5 5 + \log_5 21 = 1 + \log_5 21$

4. a) $1 < \log 15 < 2,\ \text{da } 10^1 < 15 < 10^2 \qquad\qquad 2 < \log 150 < 3,\ \text{da } 10^2 < 150 < 10^3$
$\quad\ 0 < \log 6 < 1,\ \text{da } 10^0 < 6 < 10^1 \qquad\qquad\ -2 < \log 0{,}07 < -1,\ \text{da } 10^{-2} < 0{,}07 < 10^{-1}$
$\quad\ 1 < \log 12{,}5 < 2,\ \text{da } 10^1 < 12{,}5 < 10^2 \qquad 4 < \log 12\,000 < 5,\ \text{da } 10^4 < 12\,000 < 10^5$
$\quad\ -5 < \log 0{,}0001 < -3,\ \text{da } 10^{-5} < 0{,}0001 < 10^{-3}\ \ \textit{Hinweis:}\ \log 0{,}0001 = -4$

b) $3 < \log_2 15 < 4,\ \text{da } 2^3 < 15 < 2^4 \qquad\qquad 7 < \log_2 150 < 8,\ \text{da } 2^7 < 150 < 2^8$
$\quad\ 2 < \log_2 6 < 3,\ \text{da } 2^2 < 6 < 2^3 \qquad\qquad\ \ -1 < \log_2 0{,}6 < 0,\ \text{da } 2^{-1} < 0{,}6 < 2^0$
$\quad\ 3 < \log_2 12{,}5 < 4,\ \text{da } 2^3 < 12{,}5 < 2^4 \qquad 4 < \log_5 1\,000 < 5,\ \text{da } 5^4 < 1\,000 < 5^5$
$\quad\ 8 < \log_2 500 < 9,\ \text{da } 2^8 < 500 < 2^9$

c) $2 < \log_3 15 < 3,\ \text{da } 3^2 < 15 < 3^3 \qquad\qquad 4 < \log_3 150 < 5,\ \text{da } 3^4 < 150 < 3^5$
$\quad\ 1 < \log_3 6 < 2,\ \text{da } 3^1 < 6 < 3^2 \qquad\qquad\ \ -2 < \log_2 0{,}3 < -1,\ \text{da } 2^{-2} < 0{,}3 < 2^{-1}$
$\quad\ 3 < \log_3 28 < 4,\ \text{da } 3^3 < 28 < 3^4 \qquad\qquad 5 < \log_3 700 < 6,\ \text{da } 3^5 < 700 < 3^6$
$\quad\ -3 < \log_3 0{,}1 < -2,\ \text{da } 3^{-3} < 0{,}1 < 3^{-2}$

76

5. **a)** $\log_2 4 = \log_3 9$ **b)** $\log 10 < \log_2 10$ **c)** $\log_2 10 > \log_3 10$

d) $\log_5 125 = \log_3 27$ **e)** $\log_5 35 < \log_3 35$ **f)** $\log_6 108 < \log_2 12$

g) $\log 1\,000 < \log_2 16$ **h)** $1 + \log_2 8 < \log_2 32$ **i)** $(\log_2 2)^2 = (\log_4 4)^4$

6. **a)** $\log_5 35 = \log_5 (5 \cdot 7) = \log_5 5 + \log_5 7 = 1 + \log_5 7 \approx 1 + 1{,}21 = 2{,}21$

b) $\log_5 \left(\frac{1}{7}\right) = -\log_5 7 \approx -1{,}21$

c) $\log_5 1{,}4 = \log_5 \left(\frac{7}{5}\right) = \log_5 7 - 1 \approx 1{,}21 - 1 = 0{,}21$

d) $\log_5 175 = \log_5 (25 \cdot 7) = 2 + \log_5 7 \approx 2 + 1{,}21 = 3{,}21$

e) $\log_5 49 = 2 \cdot \log_5 7 \approx 2 \cdot 1{,}21 = 2{,}42$

f) $\log_5 \sqrt{7} = 0{,}5 \cdot \log_5 7 \approx 1{,}21 : 2 = 0{,}605$

7. $b^x = p$; $x = \log_b p$; $rx = r \cdot \log_b p$ (1)

$p^r = (b^x)^r = b^{rx}$; $\log_b (p^r) = rx$ (2)

Aus (1) und (2) folgt $\log_b (p^r) = r \cdot \log_b p$.

8. $\log_b a = \log_b a - 0 = \log_b a - \log_b 1 = -(\log_b 1 - \log_b a) = -\log_b \left(\frac{1}{a}\right)$:

Der Logarithmus jeder Zahl a zwischen 0 und 1 (z. B. a = 0,25) ist also einfach die Gegenzahl des Logarithmus ihres Kehrwerts $\frac{1}{a}$ (im Beispiel: 4), die größer als 1 ist (im Beispiel: 4 > 1) und muss deshalb nicht eigens tabelliert werden.

Die Formel für das Umrechnen von Logarithmen von einer Basis auf eine andere Basis kann in Gruppenarbeit gefunden und dann der Klasse in einem „Kleinreferat" vorgestellt werden.

9. **a)** Individuelle Lösungen

b) $b^x = p$; $x = \log_b p$ (1)

$\log_a (b^x) = \log_a p$; $x \cdot \log_a b = \log_a p$; | : $\log_a b$

$x = \frac{\log_a p}{\log_a b}$ (2)

Aus (1) und (2) folgt $\log_b p = \frac{\log_a p}{\log_a b}$

c) $\log_2 10 = \frac{\log_{10} 10}{\log_{10} 2} \approx 3{,}322$

$\log_3 10 = \frac{\log 10}{\log 3} \approx 2{,}096$

$\log_2 18 = \frac{\log 18}{\log 2} \approx 4{,}170$

$\log_3 18 = \frac{\log 18}{\log 3} \approx 2{,}631$

$\log_2 100 = \frac{\log 100}{\log 2} \approx 6{,}644$

$\log_3 100 = \frac{\log 100}{\log 3} \approx 4{,}192$

$\log_5 8 = \frac{\log 8}{\log 5} \approx 1{,}292$

10. $\log \left(1 + \frac{1}{1}\right) + \log \left(1 + \frac{1}{2}\right) + \log \left(1 + \frac{1}{3}\right) + \ldots + \log \left(1 + \frac{1}{99}\right) =$

$= \log \left(2 \cdot \frac{3}{2} \cdot \frac{4}{3} \cdot \frac{5}{4} \cdot \ldots \cdot \frac{99}{98} \cdot \frac{100}{99}\right) = \log 100 = 2$

11. **a)** $\log_3(x^2 + 2xy + y^2) = \log_3[(x + y)^2] = 2 \log_3(x + y) = 2 \cdot 2 = 4$

b) $\log_3 \sqrt{x + y} = 0{,}5 \cdot \log_3(x + y) = 0{,}5 \cdot 2 = 1$

c) $\log_3 \frac{1}{x + y} = \log_3 1 - \log_3(x + y) = 0 - 2 = -2$

d) $x + y = 3^2 = 9$

e) $(x + y)^{x + y} = 9^9 \approx 3{,}87 \cdot 10^8$

12. a) Ihr Logarithmuswert liegt zwischen 2 und 3; die Zahl vor dem Komma ist stets 2.

b) Für alle fünfstelligen (natürlichen) Zahlen x gilt $10\,000 \leq x \leq 99\,999$;
$1 \cdot 10^4 \leq x \leq 9{,}9999 \cdot 10^4$; $4 \leq \log x < 5$.
Für alle sechsstelligen Zahlen y gilt $100\,000 \leq y \leq 999\,999$;
$1 \cdot 10^5 \leq y \leq 9{,}99999 \cdot 10^5$; $5 \leq \log y < 6$.
Für alle fünfzehnstelligen Zahlen z gilt
$100\,000\,000\,000\,000 \leq z \leq 999\,999\,999\,999\,999$;
$1 \cdot 10^{14} \leq z \leq 9{,}99999999999999 \cdot 10^{14}$; $14 \leq \log z < 15$.

c) $\log 22^{22} = 22 \log 22 \approx 22 \cdot 1{,}34 = 29{,}48$:
Der Wert der Potenz 22^{22} besitzt 30 Ziffern.
$\log 55^{55} = 55 \log 55 \approx 55 \cdot 1{,}74 = 95{,}7$:
Der Wert der Potenz 55^{55} besitzt 96 Ziffern.
$\log 99^{99} = 99 \log 99 \approx 99 \cdot 1{,}996 = 197{,}604$:
Der Wert der Potenz 99^{99} besitzt 198 Ziffern.
$\log[(99^{99})^{99}] = \log(99^{99 \cdot 99}) = 99 \cdot 99 \log 99 \approx 19\,559{,}22$:
Der Wert der Potenz $(99^{99})^{99}$ besitzt 19 560 Ziffern.

d) $\log(2^{30\,402\,457} - 1) \approx 30\,402\,457 \cdot \log 2 \approx 9\,152\,051{,}499$:
Die Primzahl besitzt tatsächlich 9 152 052 Ziffern.

e) (1) Mersenne-Zahlen sind Werte von Termen der Form $2^n - 1$ mit $n \in \mathbb{N}$, also die
Zahlen 1; 3; 7; 15; 31; 63; … .

Mersenne-Primzahlen sind z. B.:
$(2^2 - 1 =) 3$, $(2^3 - 1 =) 7$, $(2^5 - 1 =) 31$, $(2^7 - 1 =) 127$ und $(2^{13} - 1 =) 8\,191$.
Hinweis: $2^{11} - 1 = 2\,047 = 23 \cdot 89$ ist nicht prim.

(2) $2^n - 1 \geq 10^{100\,000\,000}$;
$2^n > 10^{1\,000\,000\,000}$;
$n > \dfrac{1\,000\,000\,000}{\log 2}$;
$n > 3\,321\,928\,095$: Der Exponent n muss mindestens gleich 3 321 928 096 sein.

13. a) $4 \cdot 0{,}5^x = 2$; $| : 4$
$0{,}5^x = 0{,}5$;
$x = 1{,}00$

b) $20 \cdot 0{,}9^x = 10$; $| : 20$
$0{,}9^x = 0{,}5$;
$x = \dfrac{\log 0{,}5}{\log 0{,}9} \approx 6{,}58$

c) $8 \cdot 0{,}06^x = 4$; $| : 8$
$0{,}06^x = 0{,}5$;
$x = \dfrac{\log 0{,}5}{\log 0{,}06} \approx 0{,}25$

d) $100 \cdot 0{,}75^x = 50$; $| : 100$
$0{,}75^x = 0{,}5$;
$x = \dfrac{\log 0{,}5}{\log 0{,}75} \approx 2{,}41$

14.

Anzahl der Halb-wertsperioden	0	1	2	3	4
Anzahl der Jahre	0	5 730	11 460	17 190	22 920
Anteil des verblei-benden C14	$1 = 100\%$	$\frac{1}{2} = 50\%$	$\frac{1}{4} = 25\%$	$\frac{1}{8} = 12{,}5\%$	$\frac{1}{16} = 6{,}25\%$

77

Das Thema *Halbwertszeit* könnte in Zusammenarbeit mit dem Fach Physik behandelt werden.

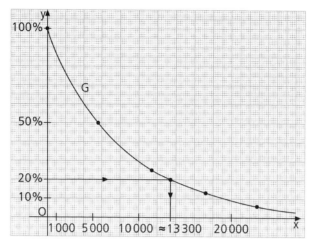

a) (1) Aus dem Graphen G ergibt sich ein Alter von etwa 13 300 Jahren.

(2) $\frac{m}{m_0} = \left(\frac{1}{2}\right)^n$; $20\% = \left(\frac{1}{2}\right)^n$; $n \cdot \log\left(\frac{1}{2}\right) = \log 0{,}20$; $| : \log\left(\frac{1}{2}\right)$

$n = \dfrac{\log 0{,}20}{\log\left(\frac{1}{2}\right)} \approx 2{,}32$; $t \approx 2{,}32 \cdot t_H \approx 2{,}32 \cdot 5\,730\,a \approx 13\,000\,a$

b) $0{,}5^x = 0{,}533$;

$x \log 0{,}5 = \log 0{,}533$; $| : \log 0{,}5$

$x = \dfrac{\log 0{,}533}{\log 0{,}5} = 0{,}90779 \ldots$;

$\frac{t}{t_H} = 0{,}90779 \ldots$; $| \cdot t_H$

$t \approx 0{,}9078 \cdot 5\,730\,a \approx 5\,200\,a$.

c) $0{,}5^x = 0{,}67$; $x \log 0{,}5 = \log 0{,}67$; $x = \dfrac{\log 0{,}67}{\log 0{,}5} = 0{,}57776 \ldots$;

$t \approx 0{,}5778 \cdot 5\,730\,a \approx 3\,300\,a$:

Tutanchamun ist vor etwa 33 Jahrhunderten gestorben.

15. a) (1) $m = m_0 \cdot \left(\frac{1}{2}\right)^{\frac{t}{t_H}}$; $t = 1\,d$; $m \approx (1 - 8{,}3\%) \cdot m_0 = 0{,}917 m_0$;

$0{,}917 m_0 \approx m_0 \cdot \left(\frac{1}{2}\right)^{\frac{1\,d}{t_H}}$; $\frac{1\,d}{t_H} \approx \dfrac{\log 0{,}917}{\log\left(\frac{1}{2}\right)}$; $t_H \approx \dfrac{\log\left(\frac{1}{2}\right)}{\log 0{,}917\,d} \approx 8{,}00\,d$

(2) $m \approx 1\,000\,g \cdot 0{,}917^{120} \approx 31\,mg$

b) $m(t) = m_0 \cdot \left(\frac{1}{2}\right)^{\frac{t}{t_H}}$; $\frac{m(t)}{m_0} = \left(\frac{1}{2}\right)^{\frac{t}{33\,a}}$

$\dfrac{m(10\,a)}{m_0} = \left(\frac{1}{2}\right)^{\frac{10}{33}} = 0{,}8105 \ldots \approx 81\%$

t	10 a	20 a	30 a	100 a
$\frac{m(t)}{m_0}$	81%	66%	53%	12%

W

W1 $A_{Kreis(rot)} = (4\ cm)^2 \cdot \pi$;
$A_{Ring} = (4\ cm + x\ cm)^2 \cdot \pi - (4\ cm)^2 \cdot \pi$; $x \in \mathbb{R}^+$

$\frac{1}{3}\ A_{Ring} = A_{Kreis\ (rot)}$;

$\frac{1}{3} \cdot [(4\ cm + x\ cm)^2 \cdot \pi - (4\ cm)^2 \cdot \pi] = (4\ cm)^2 \cdot \pi$; $| : \left(\frac{\pi}{3}\ cm^2\right)$

$(4 + x)^2 - 16 = 48$; $| +16$

$(4 + x)^2 = 64$;

$4 + x = \pm 8$; $| -4$

$x_1 = 4 \in G$;

$x_2 = -12 \notin G$

Der Kreisring ist 4 cm breit.

W2 $D = b^2 - 4 \cdot 2\ 010 = b^2 - 8\ 040$:

Für $b^2 - 8\ 040 < 0$, also für $-\sqrt{8\ 040} < b < \sqrt{8\ 040}$, hat die quadratische Gleichung keine reelle(n) Lösung(en). Mit $b \in \mathbb{Z}$ ergeben sich die 179 möglichen Werte -89; -88; -87; ... ; 87; 88; 89.

W3 $\cos x = -\sqrt{1 - 0{,}3^2} - -\sqrt{0{,}91} \approx -0{,}954$

$x_1 = 19$; $x_2 = -19$

$x_1 = 1$; $x_2 = 3$

$x_1 = 1$; $x_2 = -6$

78

Bei der Themenseite *Skalen* wird die logarithmische Skala und in diesem Zusammenhang das halblogarithmische Papier vorgestellt. Dies könnte wieder in Form eines Kleinreferats durch Schüler/Schülerinnen erfolgen. *Hinweis*: Halblogarithmisches Papier (und logarithmisches Papier) ist i. Allg. in großen Schreibwarengeschäften erhältlich.

1. Maßstab: $M = 10 \text{ m} : (5 \cdot 10^9 \text{ a}) = 0{,}000002 \; \frac{mm}{a}$

Zeit t vor der Gegenwart	$2 \cdot 10^6$ a	$5 \cdot 10^7$ a	$1 \cdot 10^8$ a	$2 \cdot 10^8$ a	$5 \cdot 10^8$ a	$3 \cdot 10^9$ a	$4{,}6 \cdot 10^9$ a
Bildstreckenlänge $x = M \cdot t$	4 mm	10 cm	20 cm	40 cm	1 m	6 m	9,2 m

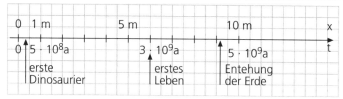

2. $x \in \{2{,}8 \cdot 10^{-7}; \; 1{,}0 \cdot 10^{-5}; \; 4{,}0 \cdot 10^{-3}; \; 1{,}0; \; 16; \; 3{,}5 \cdot 10^2\}$

3. a)

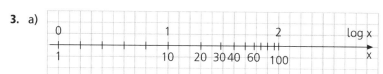

b)

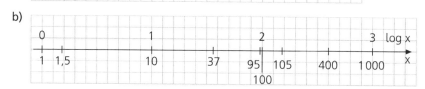

4. Graphen:

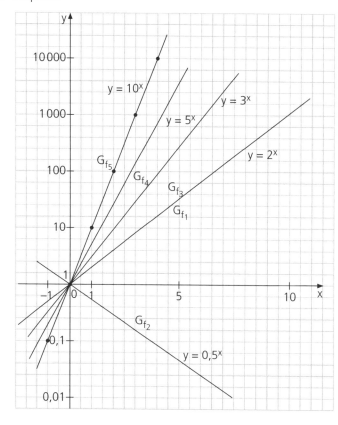

In dem halblogarithmischen Koordinatensystem sind die Graphen von Exponentialfunktionen gerade Linien durch den Punkt (0 | 1), der zwar Schnittpunkt der beiden Achsen, aber nicht Nullpunkt ist.

5. Aus $I_{LA} = 5 \cdot 10^6 \cdot I_0$ ergibt sich $S_{LA} = \log(5 \cdot 10^6) \approx 6{,}7$.

6. Aus $S = \log \frac{I}{I_0}$ folgt $I = I_0 \cdot 10^S$, also $I_{SF} \approx I_0 \cdot 10^{8,3} \approx 200$ Mio. I_0 und
$I_{NC} \approx I_0 \cdot 10^{7,7} \approx 50$ Mio. I_0, d. h. $I_{SF} \approx 4 \cdot I_{NC}$.

7. Individuelle Beiträge

79

Das Thema *Erdbeben* ist (leider) immer aktuell; bei Berichten über Erdbeben wird stets die Stärke des Bebens auf der Richter-Skala angegeben. In Form eines Kleinreferats könnte z. B. durch zwei Schüler/Schülerinnen die Richter-Skala erläutert werden; andere Schüler/Schülerinnen könnten ein Poster über Erdbeben erstellen und ggf. die Tabelle auf S. 79 aktualisieren.

81

Die Schülerinnen und Schüler ermitteln die Lösungsmengen von Exponentialgleichungen und von einfachen logarithmischen Gleichungen. Sie wenden dabei verschiedene Lösungsstrategien an. Bei der Bearbeitung der Aufgaben 1. und 4. könnten (auch zur Schulung des mathematischen Blicks) zunächst – also vor der Ermittlung der Lösungsmengen – die einzelnen Teilaufgaben nach „Typen", die jeweils die gleiche Lösungsstrategie erfordern, eingeteilt werden.

AH S.16

AH S.20

- Für $x = 0$ gilt zwar $2^0 + 3^0 = 1 + 1 = 2$; aber $x = 0 \notin G$.
  Für $x = 2$ gilt $2^2 + 3^2 = 4 + 9 = 13$; wegen $x = 2 \in G$ ist $L = \{2\}$.
- $L = \{\}$, da für jeden Wert von $x \in G$ stets $2^x > 0$ und $3^x > 0$ gilt und somit $2^x + 3^x$ nicht negativ sein kann.
- $L = \{\}$, da für jeden Wert von $x \in G$ stets $10^{2x} > 0$ sowie $11 \cdot 10^x > 0$ und somit $10^{2x} + 11 \cdot 10^x + 10 > 0$ ist.

L

1. a) $L = \{\frac{1}{2}\}$
   b) $L = \{-1,5\}$
   c) $0,5^y = 2; L = \{-1\}$
   d) $2^{3x} = 64; L = \{2\}$
   e) $L = \{\}$
   f) $2^{3y} = -6; L = \{\}$
   g) $3y = \frac{1}{9}; L = \{\frac{1}{27}\}$
   h) $3^y = -3,5; L = \{\}$
   i) $4^{-x} = \frac{1}{2}; L = \{0,5\}$
   j) $1 + 3x = 2; L = \{\frac{1}{3}\}$
   k) $L = \{8\}$
   l) $2^{3x+1} = 2^3; 3x + 1 = 3; L = \{\frac{2}{3}\}$
   m) $2^{x^2-1} = 2^3; x^2 - 1 = 3; x^2 = 4; L = \{-2; 2\}$
   n) $2^{\sqrt{x}-1} = 2^3; \sqrt{x} - 1 = 3; \sqrt{x} = 4; x = 16; L = \{16\}$
   o) $2^x = 3; x = \log_2 3 = \frac{\log 3}{\log 2} \approx 1,58; L = \{\log_2 3\} = \left\{\frac{\log 3}{\log 2}\right\}$
   p) $4 \cdot 2^x - 1 = 63; 4 \cdot 2^x = 64;$
      $2^x = 16; L = \{4\}$
   q) $10^y = 64; y = \log 64 \approx 1,81; L = \{\log 64\}$
   r) $1 - 2y = \log 64; | -1$
      $-2y = \log 64 - 1 = \log 6,4; | : (-2)$
      $y = -\frac{1}{2} \log 6,4 = \log \left(\frac{1}{\sqrt{6,4}}\right) = \log \left(\frac{1}{8}\sqrt{10}\right) \approx$
      $\approx -0,403; L = \left\{\log \left(\frac{1}{8}\sqrt{10}\right)\right\}$
   s) $10^y - 6 = \pm 8; | + 6$
      $10^{y_1} = 14; y_1 = \log 14 \approx 1,15;$
      $10^{y_2} = -2:$ keine reelle Lösung;
      $L = \{\log 14\}$
   t) $2 \cdot 10^{y+1} = 200; | : 2$
      $10^{y+1} = 100 = 10^2;$
      $y + 1 = 2;$
      $L = \{1\}$
   u) $(x + 8)(x + 7) = 0;$
      $L = \{-8; -7\}$
   v) $\frac{9x}{x^2 + 20} = 1; | \cdot (x^2 + 20)$
      $9x = x^2 + 20; | -9x$
      $x^2 - 9x + 20 = 0;$
      $(x - 4)(x - 5) = 0;$
      $x_1 = 4; x_2 = 5; L = \{4; 5\}$
   w) $\sqrt{x^2 + 9} = 7;$
      $x^2 + 9 = 49; | -9$
      $x^2 = 40;$
      $x_1 = 2\sqrt{10};$
      $x_2 = -2\sqrt{10}; L = \{-2\sqrt{10}; 2\sqrt{10}\}$
   x) $\frac{24}{x^2 + 6} = 2^3; | \cdot \frac{x^2 + 6}{2^3}$
      $2 = x^2 + 6; | -6$
      $x^2 = -4; L = \{\}$

2. a) $D_{max} =]1; \infty[; L = \{2\}$

b) $D_{max} =]-1; 1[; L = \{0\}$

c) $D_{max} =]-1; 1[; L = \left\{-\frac{3}{10}\sqrt{10}; \frac{3}{10}\sqrt{10}\right\}$

d) $D_{max} = \mathbb{R}^+$;

$\log(y + 1) - \log y = 1$;

$\log \frac{y + 1}{y} = \log 10$;

$\frac{y + 1}{y} = 10; \mid \cdot y$

$y + 1 = 10y; \mid -y$

$9y = 1; \mid : 9$

$y = \frac{1}{9} \in D_{max}; L = \left\{\frac{1}{9}\right\}$

3. a) $I\ y = 2x$ $\qquad II\ 2^x - 2^y = 0; 2^x = 2^y;$ $\quad II'\ x = y$ eingesetzt in I ergibt

$y = 2y; y = 0$; eingesetzt in II' ergibt $x = 0$;

$L = \{(0; 0)\}$

b) $I\ 2^x + y = 10$;

$II\ y - 2^x + 6 = 0$,

$I + II\ 2y + 6 = 10; \mid -6$

$2y = 4; \mid : 2$

$y = 2$ eingesetzt in I:

$2^x + 2 = 10; \mid -2$

$2^x = 8 = 2^3$;

$x = 3; L = \{(3; 2)\}$

c) $I\ 5^{x-y} = 625$;

$II\ \log(x + y) = 1;$ $\quad II'\ x + y = 10$;

$I'\ 5^{x-y} = 5^4$; $\qquad I''\ x - y = 4$;

$I'' + II'\ 2x = 14; \mid : 2$

$x = 7$ in II'

$y = 3$;

$L = \{(7; 3)\}$

d) $I\ x + y = 101$;

$II\ \log x + \log y = 2; II'\ \log(xy) = 10^2$;

$II''\ xy = 100$;

Durch Überlegen findet man

$x_1 = 100; y_1 = 1$;

$x_2 = 1; y_2 = 100$;

$L = \{(100; 1); (1; 100)\}$

4. a) $(3^x)^2 - 10 \cdot 3^x + 9 = 0; (3^x - 9) \cdot (3^x - 1) = 0$;

$3^{x_1} = 9; 3^{x_1} = 3^2; x_1 = 2$;

$3^{x_2} = 1; 3^{x_2} = 3^0; x_2 = 0$;

$L = \{0; 2\}$

b) $16^y - 4{,}25 \cdot 4^y + 1 = 0$;

$4^{2y} - 4{,}35 \cdot 4^y + 1 = 0$;

$\left(4^y - \frac{1}{4}\right) \cdot (4^y - 4) = 0$;

$4^{y_1} - \frac{1}{4} = 0; 4^{y_1} = 4^{-1}; y_1 = -1$;

$4^{y_2} - 4 = 0; 4^{y_2} = 4^1; y_2 = 1$;

$L = \{-1; 1\}$

c) $144^x = 12^6; (12^2)^x = 12^6; 12^{2x} = 12^6; x = 3$;

$L = \{3\}$

d) $(\log z)^2 + 5 \log z - 6 = 0$;

$(\log z + 6) \cdot (\log z - 1) = 0$;

$\log z_1 = -6; z_1 = 10^{-6}$;

$\log z_2 = 1; z_2 = 10$;

$L = \{10^{-6}; 10\}$

Hier bietet sich an, die Verfahren zur Ermittlung der Lösungsmenge eines Gleichungssystems mit zwei Variablen zu wiederholen.

e) $10^{\log z} = 1$; $\log z = 0$; $z = 1$
$L = \{1\}$

f) $\log \sqrt{z} = \sqrt{\log z}$; | quadrieren
$\left(\frac{1}{2} \log z\right)^2 = \log z$; | $\cdot 4$
$(\log z)^2 = 4 \log z$; | $-4 \log z$
$(\log z)(\log z - 4) = 0$;
$\log z_1 = 0$; $z_1 = 1$;
$\log z_2 = 4$; $z_2 = 10^4$
$L = \{1; 10^4\}$

Die Schüler und Schülerinnen wiederholen die geometrische Veranschaulichung von $f(0)$ und von $f(x) = 0$.

5.

	Funktionsterm	D_f	$f(0)$	Nullstelle(n) von f
a)	$f(x) = 2^{x-1} - 2^{1-x}$	$]-2; 5[$	$-1{,}5$	$x = 1$
b)	$f(x) = 2 \cdot \frac{2^x - 4}{2^x + 4}$	$\mathbb{R}_0^-$	$-1{,}2$	$x = 2$
c)	$f(x) = (10 - 100^x) \cdot 10^x$	$\mathbb{R}_0^+$	9	$x = \frac{1}{2}$
d)	$f(x) = \log(x^2 + 10)$	$\mathbb{R}$	1	$-$

Zu a) $2^{x-1} = 2^{1-x}$; | $: 2^{1-x}$ $2^{x-1-1+x} = 1$;
$2^{2x-2} = 2^0$; $2x - 2 = 0$; $x = 1$

Zu b) $2^x - 4 = 0$; $2^x = 2^2$; $x = 2$

Zu c) $10^x \neq 0$; $10 - 100^x = 0$; $100^x = 100^{\frac{1}{2}}$; $x = \frac{1}{2}$

Zu d) $x \in \mathbb{R}$: $x^2 + 10 \geqq 10$; $\log(x^2 + 10) \geqq 1$;
also hat f keine Nullstelle.

6. a) (1) $200 \text{ mg} \cdot 2{,}5^{-0{,}4t_1} = 100 \text{ mg}$; | : (200 mg)
$2{,}5^{-0{,}4t_1} = 0{,}5$;
$-0{,}4t_1 \cdot \log 2{,}5 = \log 0{,}5$; | : $(-0{,}4 \cdot \log 2{,}5)$
$t_1 \approx 1{,}89 \approx 2$

(2) $200 \text{ mg} \cdot 2{,}5^{-0{,}4t_2} = 50 \text{ mg}$; | : (200 mg)
$2{,}5^{-0{,}4t_2} = 0{,}25$;
$-0{,}4t_2 \cdot \log 2{,}5 = \log 0{,}25$; | : $(-0{,}4 \cdot \log 2{,}5)$
$t_2 \approx 3{,}78 \approx 4$

(3) $200 \text{ mg} \cdot 2{,}5^{-0{,}4t_3} = 20 \text{ mg}$; | : (200 mg)
$2{,}5^{-0{,}4t_3} = 0{,}10$;
$-0{,}4t_3 \cdot \log 2{,}5 = \log 0{,}10$; | : $(-0{,}4 \cdot \log 2{,}5)$
$t_3 \approx 6{,}28 \approx 6$

Nach etwa zwei Stunden ist noch die Hälfte, nach etwa vier Stunden noch ein Viertel und nach etwa sechs Stunden noch ein Zehntel der ursprünglichen Menge vorhanden.

b) $200 \text{ mg} \cdot 2{,}5^{-0{,}4t} = 30 \text{ mg}$; | : (200 mg)
$2{,}5^{-0{,}4t} = 0{,}15$;
$-0{,}4t \cdot \log 2{,}5 = \log 0{,}15$; | : $(-0{,}4 \cdot \log 2{,}5)$
$t \approx 5{,}18$

Nach etwa 5 Stunden beträgt die Restmenge noch 30 mg.

7. a) 15% von 18 000 sind 2 700.
$18\,000 \cdot 3^{-0{,}2t} = 2\,700$; | : 18 000
$3^{-0{,}2t} = 0{,}15$;
$-0{,}2t \cdot \log 3 = \log 0{,}15$; | : $(-0{,}2 \cdot \log 3)$
$t \approx 8{,}63$

Nach etwa $8\frac{1}{2}$ Jahren macht der Bestand nur noch 15% des Anfangsbestands aus.

b) (1) Tabelle:

t	0	1	2	3	4	5	6	7	8
$10^{-3} \cdot f(t)$	18,00	14,45	11,60	9,31	7,47	6,00	4,82	3,87	3,10
Abnahme		3 550	2 850	2 290	1 840	1 470	1 180	950	770

(2) $18\ 000 \cdot 3^{-0,2(t-1)} - 18\ 000 \cdot 3^{-0,2t} < 1\ 000;\ |:18\ 000$

$3^{-0,2t}(3^{0,2} - 1) < \frac{1}{18};\ |\cdot 18 \cdot 3^{0,2t}$

$3^{0,2t} > 18 \cdot (3^{0,2} - 1);\ |$ Logarithmieren zur Basis 10 $|:\log 3$

$0,2t > \dfrac{\log[18 \cdot (3^{0,2} - 1)]}{\log 3};\ |\cdot 5$

$t > \dfrac{5 \log[18 \cdot (3^{0,2} - 1)]}{\log 3} \approx 6,77$

Innerhalb des siebten Jahres nimmt der Bestand zum ersten Mal um weniger als 1 000 Tiere ab.

W

W1 1; 2; 5; 26; 677

W2 $x = -4$

W3 Da das Viereck ABCD ein Parallelogramm ist, gilt $\gamma + \delta = 180°$, also $\frac{\gamma}{2} + \frac{\delta}{2} = 90°$.

Somit ist das Dreieck CDS an der Ecke S rechtwinklig, und es ist

$A_{ABCD} = 2 \cdot A_{\text{Dreieck CDS}} = 2 \cdot \frac{1}{2} \cdot 9\ \text{cm} \cdot 6\ \text{cm} = 54\ \text{cm}^2$.

$\dfrac{1}{m} = \dfrac{2}{3}$

$x = \dfrac{n^2}{m^2}$

$(1 - x)^2$

83

Auch das Thema *Lautstärkevergleich* könnte in Form von Kleinreferaten behandelt werden. In Zusammenarbeit mit dem Fach Biologie könnten Schülerinnen und Schüler Informationen über Gehörschädigung durch laute Musik erhalten.

1. Schallleistung von einem (zwei; drei) dieser Presslufthämmer: P_1 ($2P_1$; $3P_1$)

Lautstärkezunahmen: $\left(\log \frac{2P_1}{P_1}\right) B = (\log 2) B \approx 0{,}30 \, B = 3{,}0 \, dB;$

$\left(\log \frac{3P_1}{2P_1}\right) B = (\log 1{,}5) B \approx 0{,}18 \, B = 1{,}8 \, dB$

Ergebnis: Die Lautstärke nimmt um 3,0 dB bzw. (nur noch) um 1,8 dB zu.

2. Schallleistung von einem (zwei; ... n) dieser Lautsprecher: P_1 ($2P_1$; ... nP_1); $n \in \mathbb{N}$

Einzelschallleistung: $\log\left(\frac{P_1}{P_0}\right) B = 30 \, dB = 3{,}0 \, B; \log\left(\frac{P_1}{P_0}\right) = 3{,}0; \frac{P_1}{P_0} = 10^{3{,}0} = 1\,000;$

$P_1 = 1\,000 P_0$

Gesamtschallleistung: $P_n = nP_1 = 1\,000 n P_0;$

$\log\left(\frac{P_n}{P_0}\right) B = 2 \cdot 30 \, dB = 6 \, B; \log\left(\frac{P_n}{P_0}\right) = 6; \frac{P_n}{P_0} = 10^6; P_n = 10^6 \, P_0;$

$n = \frac{P_n}{P_1} = \frac{10^6 \, P_0}{1\,000 \, P_0} = 1\,000$

Ergebnis: Eintausend dieser Lautsprecher wurden als doppelt so laut wie ein einzelner wahrgenommen.

3. Einzelschallleistungen: $\log\left(\frac{P_1}{P_0}\right) = 5{,}0; \log\left(\frac{P_2}{P_0}\right) = 6{,}0; P_1 = 10^5 \, P_0; P_2 = 10^6 \, P_0$

Gesamtschallleistung: $P_3 = P_1 + P_2 = 1{,}1 \cdot 10^6 \, P_0$

Gesamtlautstärke: $\log\left(\frac{P_3}{P_0}\right) B = \log(1{,}1 \cdot 10^6) B \approx 60{,}4 \, dB$

Ergebnis: Die weniger laute der beiden Maschinen trägt zur Gesamtlautstärke von 60,4 dB nur 0,4 dB bei.

4. Ankommende Schallleistung: P_1 Eindringende Schallleistung: $P_2 = x \cdot P_1$

Lautstärken: $\log\left(\frac{P_1}{P_0}\right) B - \log\left(\frac{P_2}{P_0}\right) B = 20 \, dB = 2{,}0 \, B; | : B$

$\log\left(\frac{P_1}{P_0} : \frac{P_2}{P_0}\right) = 2{,}0; \log\left(\frac{P_1}{P_2}\right) = \log\left(\frac{1}{x}\right) = -\log x = 2{,}0; | \cdot (-1)$

$\log x = -2{,}0; x = 10^{-2{,}0} = \frac{1}{100}$

Ergebnis: Das Schallschutzfenster lässt nur $\frac{1}{100}$ der Lärmschallleistung eindringen.

5. Einzelschallleistung: $\log\left(\frac{P_1}{P_0}\right) B = 50 \, dB = 5{,}0 \, B; | : B$

$\log\left(\frac{P_1}{P_0}\right) = 5{,}0; \frac{P_1}{P_0} = 10^{5{,}0}; P_1 = 10^{5{,}0} \, P_0$

Gesamtschallleistung: $P_2 = nP_1 = 10^{5{,}0} n P_0$

Gesamtlautstärke: $\log\left(\frac{P_2}{P_0}\right) B = \log(10^{5{,}0} n) B = 5{,}0 \, B + (\log n) B = 65 \, dB; | : B$

Anzahl: $5{,}0 + \log n = 6{,}5; \log n = 1{,}5; n = 10^{1{,}5} \approx 32$

Ergebnis: Die Lautstärke von 65 dB wird von 32 mit der Lautstärke 50 dB schwätzenden Schülern/Schülerinnen erzeugt; dieses bedeutet eine starke Belästigung und sogar bereits eine Einschränkung der psychischen Leistungsfähigkeit aller Personen im Raum.

1. Funktionsterme (nur Maßzahlen):

a) $f(t) = 2 \cdot 3^t$

b) $f(t) = 4^t$

c) $f(t) = 20 + 10^t$

84

Das Unterkapitel *Üben
– Festigen – Vertiefen*
enthält zu allen Tei-
len des Kapitels 3 ma-
thematische Stan-
dardaufgaben und
variantenreiche Anwen-
dungsaufgaben aus ver-
schiedenen Themenbe-
reichen (Physik, Chemie,
Wirtschaft, Bevölke-
rungswachstum, Um-
weltprobleme u. a.),
die erfahrungsgemäß
bei Jugendlichen auf
Interesse stoßen.

	Zeit (in h)	0	1	2	3	4	5	6	10
a)	Volumen einer Bakterienkultur (in mm³)	2	6	18	54	162	486	1 458	118 098
b)	Anzahl der Personen, die von einem Gerücht erfahren haben	1	4	16	64	256	1 024	4 096	1 048 576
c)	Füllhöhe eines Wasserbeckens (in cm)	20	30	40	50	60	70	80	120

2. **a)** Prozentuale Zunahme: 10%   **b)** Prozentuale Zunahme: 5%

    c) Prozentuale Abnahme: 0,7%   **d)** Prozentuale Zunahme: 3%

    e) Prozentuale Abnahme: 50%

3. **a)** Wachstumsfaktor: 1,035   **b)** Abnahmefaktor: 0,948

    c) Wachstumsfaktor: 1,1   **d)** Abnahmefaktor: 0,99

4. **a)** $y = 1 - \frac{47}{30}x + \frac{4}{5}x^2 + \frac{13}{15}x^3$ (polynomiales Wachstum)

    b) $y = 1{,}2x$ (lineares Wachstum)

    c) $y = 3^x$ (exponentielles Wachstum)

5. (1) **a)** $y = 40 - 4x$ **b)** $y = 40 \cdot 0{,}9^x$

x	0	1	2	3	4
y	40	36	32	28	24

x	0	1	2	3	4
y	40	36	32,4	29,2	26,2

(2) **a)** $y = 60 - 10x$ **b)** $y = 60 \cdot \left(\frac{5}{6}\right)^x$

x	0	1	2	3	4
y	60	50	40	30	20

x	0	1	2	3	4
y	60	50	41,7	34,7	28,9

(3) **a)** $y = 125 - 25x$ **b)** $y = 400 \cdot 0{,}5^x$

x	0	1	2	3	4
y	125	100	75	50	25

x	0	1	2	3	4
y	400	200	100	50	25

6. Graphenskizzen:

(1)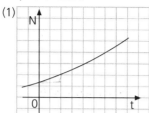

(2)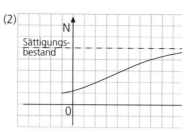

(3)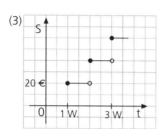

(4)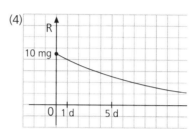

(5)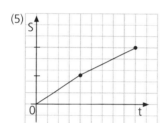

(6)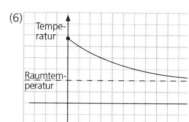

85

7. a) $10\,€ + 15\,€ + 20\,€ + 25\,€ = 70\,€$
$f(t) = 10 + 5t;\ t \in \{0;\ 1;\ 2;\ 3\}$

b) $1\,ct + 2\,ct + 4\,ct + 8\,ct + \ldots + 2^{14}\,ct = 32\,767\,ct = 327,67\,€$
$f(t) = 2^t;\ t \in \{0;\ 1;\ 2;\ 3;\ \ldots 14\}$
Simon sollte sich für das zweite Angebot entscheiden.

8. 1. Anlage: $f(x) = 10\,000\,€ \cdot 1,0425^7 = 13\,382,35\,€$
Frau Halm ergänzt diesen Betrag auf $14\,000\,€$.
2. Anlage: $f^*(x) = 14\,000\,€ \cdot 1,0475^7 = 19\,373,42\,€$.
Zur Verdopplung des Anfangskapitals fehlen $(20\,000\,€ - 19\,373,42\,€ =)\ 626,58\,€$.

9.

Funktionsgleichung	(A)	(B)	(C)	(D)	(E)	(F)
Graph	⑤	③	①	②	④	⑥

10. a) 3   b) 1   c) 6   d) 2   e) 4   f) 2   g) 0   h) 2

11. a) $\log x + \log 2 = \log 12;\ \log (2x) = \log 12;\ 2x = 12;\ x = 6 \in G;\ L = \{6\}$

b) $\log x - \log \sqrt{x} = 1;\ \log \sqrt{x} = 1;\ \sqrt{x} = 10;\ x = 100 \in G;\ L = \{100\}$

c) $\log (10^x) = 3;\ x = 3 \in G;\ L = \{3\}$

d) $\log [\log (\log y)] = 0;\ \log (\log y) = 1;\ \log y = 10;\ y = 10^{10} \in G;\ L = \{10^{10}\}$

e) $(\log x) \cdot \log (x + 9) = 0;\ \log x_1 = 0;\ x_1 = 1 \in G;\ \log (x_2 + 9) = 0;\ x_2 = -8 \notin G;\ L = \{1\}$

f) $(\log z)^2 - 9 = 0;\ (\log z)^2 = 9;\ \log z_1 = 3;\ z_1 = 1\,000 \in G;$
$\log z_2 = -3;\ z_2 = 0,001 \in G;\ L = \{0,001;\ 1\,000\}$

12. a) $x = 2$ b) $x = \sqrt{2}$ c) $x = \sqrt{3}$ d) $x = 100$

13. a) $2^{x+5} = 512$; $2^{x+5} = 2^9$; $x + 5 = 9$; $|-5$ $x = 4 \in G$; $L = \{4\}$

b) $2^x = 3^x$; $| : 3^x$ $\left(\frac{2}{3}\right)^x = 1$; $x = 0 \in G$; $L = \{0\}$

c) $2^{8+x} = 4^x$; $2^{8+x} = 2^{2x}$; $8 + x = 2x$; $|-x$ $x = 8 \in G$; $L = \{8\}$

d) $5^{2y} - 6 \cdot 5^y + 5 = 0$; $(5^y - 5)(5^y - 1) = 0$; $y_1 = 1 \in G$; $y_2 = 0 \in G$; $L = \{0; 1\}$

e) $2 \cdot 5^y = 5 \cdot 2^y$; $| : (2 \cdot 2^y)$ $\left(\frac{5}{2}\right)^y = \frac{5}{2}$; $y = 1 \in G$; $L = \{1\}$

f) $5^{2x} - 2 + \frac{1}{5^{2x}} = 0$; $\left(5^x - \frac{1}{5^x}\right)^2 = 0$; $5^x = \frac{1}{5^x}$; $| \cdot 5x$ $5^{2x} = 1$; $x = 0 \in G$; $L = \{0\}$

g) $2^{2x} - 3 \cdot 2^x + 2 = 0$; $(2^x - 2)(2^x - 1) = 0$; $x_1 = 1 \in G$; $x_2 = 0 \in G$; $L = \{0; 1\}$

h) $9^z - 3^z = 0$; $3^{2z} - 3^z = 0$; $3^z(3^z - 1) = 0$; $3^z \neq 0$; $3^z = 1$; $z = 0 \in G$; $L = \{0\}$

i) $4^{x^2} = 256$; $4^{x^2} = 4^4$; $x^2 = 4$; $x_1 = 2 \in G$; $x_2 = -2 \in G$; $L = \{-2; 2\}$

14. a) $n(t) = 3{,}040 \cdot 10^9 \cdot 1{,}0133^t$; $3{,}040 \cdot 10^9 \cdot 1{,}0133^t = 2 \cdot 3{,}040 \cdot 10^9$; $| : (3{,}040 \cdot 10^9)$

$1{,}0133^t = 2$; $t = \dfrac{\log 2}{\log 1{,}0133} \approx 52{,}5$.

Nach etwa 52,5 Jahren, also im Jahr 2013, hätte sich die Bevölkerung verdoppelt.

b) $n(t) = 4{,}447 \cdot 10^9 \cdot 1{,}0168^t$; $4{,}447 \cdot 10^9 \cdot 1{,}0168^t = 6{,}080 \cdot 10^9$; $| : (4{,}447 \cdot 10^9)$

$1{,}0168^t = 1{,}367$; $t = \dfrac{\log 1{,}367}{\log 1{,}0168} \approx 18{,}8$.

Nach etwa 18,8 Jahren, also im Jahr 1999, wäre die Bevölkerung auf 6,08 Milliarden angewachsen.

c) (1) $n(t) = 6{,}679 \cdot 10^9 \cdot 1{,}0115^t$; $6{,}679 \cdot 10^9 \cdot 1{,}0115^t = 9 \cdot 10^9$; $| : (6{,}679 \cdot 10^9)$

$1{,}0115^t \approx 1{,}348$; $t = \dfrac{\log 1{,}348}{\log 1{,}0115} \approx 26{,}1$.

Nach etwa 26,1 Jahren, also im Jahr 2034, wäre die Bevölkerung auf 9 Milliarden angewachsen.

(2) $6{,}679 \cdot 10^9 \cdot b^{34} = 9 \cdot 10^9$; $| : (6{,}679 \cdot 10^9)$

$b^{34} \approx 1{,}348$; $b \approx 1{,}0088$; $b - 1 \approx 0{,}0088 = 0{,}88\%$.

Die Demographie erwartet ein durchschnittliches jährliches Wachstum von etwa 0,88 %.

15. a) 1; 3; 5; 7; 9; 11

Es liegt lineares Wachstum vor: $x_n = f(n) = 2n - 1$; $n \in \mathbb{N}$

b) 1; 2; 4; 8; 16; 32

Es liegt exponentielles Wachstum vor: $x_n = f(n) = 2^{n-1}$; $n \in \mathbb{N}$

c) 1; 1,5; 2,25; 3,375; 5,0625; 7,59375

Es liegt exponentielles Wachstum vor: $x_n = f(n) = 1{,}5^{n-1}$; $n \in \mathbb{N}$

16.

x	−3	−2	−1	0	0,5	1	1,5	2	3	4	5
$f(x) = 2^x$	0,1	0,3	0,5	1,0	1,4	2,0	2,8	4,0	8,0	16	32
$g(x) = \log_2 x$	–	–	–	–	−1,0	0,0	0,6	1,0	1,6	2,0	2,3

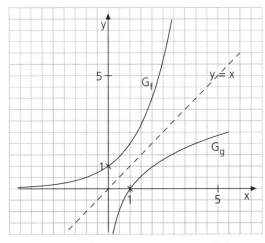

Die beiden Graphen G_f und G_g liegen symmetrisch zueinander bezüglich der Winkelhalbierenden des I. und des III. Quadranten.

17. a)

Intervall	Funktionswerte		Ungleichung
]1; 2[	$f(1) = -1 < 0$	$f(2) = 1,414 > 0$	$1 < x_N < 2$
]1; 1,5[	$f(1) = -1$	$f(1,5) \approx 0,053$	$1 < x_N < 1,5$
]1,25; 1,5[	$f(1,25) \approx -0,504$	$f(1,5) \approx 0,053$	$1,25 < x_N < 1,5$
]1,375; 1,5[	$f(1,375) \approx -0,234$	$f(1,5) \approx 0,053$	$1,375 < x_N < 1,5$
]1,4375; 1,5[	$f(1,4375) \approx -0,093$	$f(1,5) \approx 0,053$	$1,4375 < x_N < 1,5$

Die erste Spalte der Tabelle stellt eine Intervallschachtelung mit fortgesetzter Halbierung der Intervalllänge dar; die Intervalle sind dabei so gewählt, dass f(x) in ihnen jeweils das Vorzeichen wechselt.
Es ist $x_N \approx 1,5$.
$x \approx 1,5$

b) 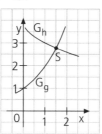 $\quad x_S \approx 1,5$

18. a) $n(x) = 18,5 \cdot 10^6 \cdot 1,041^x$

b) $n(32) = 18,5 \cdot 10^6 \cdot 1,041^{32} = 66,9 \cdot 10^6$

c) $n(-133) = 18,5 \cdot 10^6 \cdot 1,041^{-133} = 88,4 \cdot 10^3$

19.

	n	0	1	2	3	4	5	6
a)	Kontostand	2 000,00	2 056,00	2 113,57	2 172,75	2 233,58	2 296,13	2 360,42
b)	Kontostand	2 000,00	2 030,00	2 060,45	2 071,36	2 122,73	2 154,57	2 186,89
c)	Kontostand	2 000,00	2 120,00	2 247,20	2 382,03	2 524,95	2 676,45	2 837,04
d)	Kontostand	8 000,00	8 100,00	8 201,25	8 303,77	8 407,56	8 512,66	8 619,07
e)	Kontostand	100,00	101,00	102,01	103,03	104,06	105,10	106,15

(1) **a)** $K(n) = K_0 \cdot \left(1 + \frac{2,8}{100}\right)^n$ **b)** $K(n) = K_0 \cdot \left(1 + \frac{1,5}{100}\right)^n$ **c)** $K(n) = K_0 \cdot \left(1 + \frac{6,0}{100}\right)^n$

d) $K(n) = K_0 \cdot \left(1 + \frac{1,25}{100}\right)^n$ **e)** $K(n) = K_0 \cdot \left(1 + \frac{1,0}{100}\right)^n$; $n \in \mathbb{N}_0$

(2) **a)** 2 636,10 € **b)** 2 321,08 € **c)** 3 581,70 € **d)** 9 058,17 € **e)** 110,46 €

(3) $K(n) = 2 \cdot K_0$; $\left(1 + \frac{p}{100}\right)^n = 2$; $n = \dfrac{\log 2}{\log \left(1 + \frac{p}{100}\right)}$

a) $n \approx 25,1$ **b)** $n \approx 46,6$ **c)** $n \approx 11,9$ **d)** $n \approx 55,8$ **e)** $n \approx 69,7$

(4) $K(12) = 2 \cdot K_0$; $\left(1 + \frac{p}{100}\right)^{12} = 2$; $\frac{p}{100} = \sqrt[12]{2} - 1 \approx 0,0595 = 5,95\%$

20. $K(t) = K_0 \cdot \left(1 + \frac{p}{100}\right)^{t_D} = 2 \cdot K_0$; $\left(1 + \frac{p}{100}\right)^{t_D} = 2$; $t_D = \dfrac{\log 2}{\log \left(1 + \frac{p}{100}\right)}$

p	1,0	1,5	2,0	2,5	3,0	3,5	4,0	4,5	5,0
Verdoppelungszeit t_D (in a)	69,7	46,6	35,0	28,1	23,4	20,1	17,8	15,7	14,2
$p \cdot t_D$	69,7	69,8	70,0	70,2	70,3	70,5	70,7	70,9	71,0

Die „Faustformel" $t_D \approx \frac{70}{p}$ a für die Verdoppelungszeit t_D ist mindestens bei den Zinssätzen von 1,0% bis 3,0% „gut" anwendbar.

21. $1\ 200\ € \cdot (1 - 50\%)^{2,5} = 1\ 200\ € \cdot 0,5^{2,5} \approx 212\ €$:
Nach $2\frac{1}{2}$ a beträgt der Restwert noch etwa 200 €.

22. $(1 - 15\%)^x = 35\%$; $0,85^x = 0,35$; $x = \dfrac{\log 0,35}{\log 0,85} \approx 6,46$:

Die Kamera ist bis zu einer Tiefe von etwa $6\,\frac{1}{2}$ m verwendbar.

23. a) Ein positiver pH-Wert bedeutet eine Oxoniumionenkonzentration von unter 100%.

b) $c_1 = 10^{-7}$; $c_2 = 10^{-5,8}$; $\dfrac{c_2}{c_1} = \dfrac{10^{-5,8}}{10^{-7}} = 10^{1,2} \approx 15,8$; $c_2 \approx 16 \cdot c_1$

24. a) Die Lichtintensität sinkt auf etwa $(0,96^3 \approx 0,885 \approx)$ 88%.

b) $0,96^n = 0,50$; $n = \dfrac{\log 0,50}{\log 0,96} \approx 16,98$:

Die gesamte Stapeldicke müsste etwa $17 \cdot d$ betragen.

25. $100 \text{ ppm} \cdot (1 - 15\%)^n \leq 20 \text{ ppm}$; $| : (100 \text{ ppm})$ $0,85^n \leq 0,20$;

$n \log 0,85 \leq \log 0,20$; $| : \log 0,85$ $n \geq \dfrac{\log 0,20}{\log 0,85} \approx 9,90$:

Das Badeverbot darf erst nach etwa 10 Wochen aufgehoben werden.

26. $(1 - 0,25\%)^{2\,012\,-\,1\,990} = 0,9975^{22} \approx 0,9464 = 94,64\% = 1 - 5,36\%$:

Damit kann das angestrebte Ziel erreicht werden.

27. (1) $h = a \cdot b^t$; $16,8 = a \cdot b^0$; $a = 16,8$; $5,0 = 16,8 \cdot b^{60}$; $b = \sqrt[60]{\dfrac{5,0}{16,8}} \approx 0,980$

(2) Die Zerfallsgleichung $h = 16,8 \cdot 0,980^t$ liefert z. B. für $t_3 = 30$ bzw. für $t_9 = 90$ die Werte $h_3 \approx 9,16$ bzw. $h_9 \approx 2,73$, gibt also die entsprechenden Tabellenwerte gut wieder.

(3) $16,8 \cdot 0,980^{t_H} = \dfrac{1}{2} \cdot 16,8$; $| : 16,8$ $0,980^{t_H} = 0,5$; $t_H = \dfrac{\log 0,5}{\log 0,980} \approx 34,3$:

Die Halbwertszeit betrug etwa eine halbe Minute.

28. a) $h = a \cdot b^{t*}$; $16,8 \text{ cm} = a \cdot b^0$; $a = 16,8 \text{ cm}$; $2,7 \text{ cm} = 16,8 \text{ cm} \cdot b^{60}$; $| : (16,8 \text{ cm})$

$b^{60} = \dfrac{2,7}{16,8}$; $b = \sqrt[60]{\dfrac{2,7}{16,8}} \approx 0,970$: Die Zerfallsgleichung ist richtig ermittelt.

b)

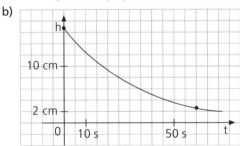

c) Individuelle Ergebnisse

29. „Halbwertszeit des Wissens": Zeitraum, innerhalb dessen die Hälfte des vorhandenen Wissens veraltet (und durch neue Erkenntnisse ersetzt wird).

Individuelle Rechercheergebnisse und Referatbeiträge.

W

W1 $v(t) = 4t - 0,3t^2 = -0,3\left(t^2 - \dfrac{40}{3}\,t + \dfrac{400}{9}\right) + \dfrac{40}{3} = \dfrac{40}{3} - 0,3\left(t - \dfrac{20}{3}\right)^2$:

Die Höchstgeschwindigkeit (Maßzahl: $\dfrac{40}{3} \approx 13$) wird nach $\dfrac{20}{3}$ s ≈ 7 s erreicht.

W2 P(„mindestens eine 1") $= 1 - $ P(„keine 1") $= 1 - \left(\dfrac{5}{6}\right)^4 = 0,5177\ldots \approx 52\%$

W3 Satz von Pythagoras: $h^2 = (8,5 \text{ m})^2 - \left(8 \text{ m} \cdot \dfrac{1}{2}\right)^2 = 56,25 \text{ m}^2$; $h = 7,5$ m

Zweiter Strahlensatz: $\dfrac{l}{2} : (4 \text{ m}) = (h - 4,5 \text{ m}) : h = 3 \text{ m} : (7,5 \text{ m}) = 2 : 5; l \cdot 8 \text{ m}$

$l = 3,2$ m

Der 7,5 m hohe Giebel ist 3 m unterhalb des Firsts 3,2 m breit.

1 ha = 10 000 m²
1 km² = 10 000 a

$\dfrac{a^2}{4} - \left(\dfrac{a}{4}\right)^2 =$

$= \dfrac{4a^2}{16} - \dfrac{a^2}{16} = \dfrac{3a^2}{16}$

89

L

I. $\log_a (a^2) - \log_{a^2} a = 2 - \frac{1}{2} = \frac{3}{2};$ $\log_x a^3 = 3 \log_x a;$

$3 \log_x a = \frac{3}{2}; |:3$ $\log_x a = \frac{1}{2};$ $x^{\frac{1}{2}} = a;$ $x = a^2$

II. a) (1) $2^{x+y} = 8 = 2^3;$ (1') $x + y = 3$

(2) $\log (x - y) = -1;$ (2') $x - y = 10^{-1} = \frac{1}{10};$ $| + y$ (2'') $x = y + \frac{1}{10}$ in (1'):

$y + \frac{1}{10} + y = 3; | - \left(\frac{1}{10}\right)$ $2y = 2\frac{9}{10}; |:2$ $y = 1\frac{9}{20}$ in (2'') $x = 1\frac{9}{20} + \frac{1}{10} = 1\frac{11}{20}$

$L = \left\{\left(\frac{31}{20} \mid \frac{29}{20}\right)\right\} = \{(1{,}55 \mid 1{,}45)\}$

b) (1) $3^{x-y} = 81 = 3^4;$ (1') $x - y = 4$

(2) $\log (x + y) = 2;$ (2') $x + y = 10^2 = 100;$

(1') + (2') $2x = 104; |:2$ $x = 52$ in (2') $y = 100 - 52 = 48$

$L = \{(52 \mid 48)\}$

III. $(4^x)^y = 18^y;$ $4^{xy} = 256 = 4^4;$ $xy = 4$

IV. a) $100^{\log x} = (10^2)^{\log x} = 10^{2 \log x} = 0{,}1 = 10^{-1};$ $2 \log x = -1; |:2$

$\log x = -\frac{1}{2}; x = \frac{1}{\sqrt{10}} = \frac{1}{10}\sqrt{10} \in G;$ $L = \left\{\frac{1}{10}\sqrt{10}\right\}$

b) $y^{\log y} = 10;$ Logarithmieren zur Basis 10 ergibt $(\log y) \cdot \log y = 1,$ d. h. $(\log y)^2 = 1;$

$\log y = \pm 1;$ $y_1 = 10 \in G;$ $y_2 = \frac{1}{10} \in G;$ $L = \left\{\frac{1}{10}; 10\right\}$

c) $10^{x \log x} = x^{\log x};$ Logarithmieren zur Basis 10 ergibt $x \log x = (\log x)^2;$

$(x - \log x) \cdot \log x = 0;$ für jeden Wert von $x \in \mathbb{R}^+$ gilt $x > \log x,$ also $x - \log x \ne 0;$

$\log x = 0; x = 1 \in G; L = \{1\}$

V. $\dfrac{\log_7 \sqrt{3x - 35}}{\log_7 \sqrt[3]{x - 20}} = 3; | \cdot \log_7 \sqrt[3]{x - 20}$ $\frac{1}{2} \log_7 (3x - 35) = 3 \cdot \frac{1}{3} \log_7 (x - 20); | \cdot 2$

$\log_7 (3x - 35) = \log_7 [(x - 20)^2];$ $(x - 20)^2 = 3x - 35;$ $x^2 - 40x + 400 = 3x - 35;$

$x^2 - 43x + 435 = 0; D = 43^2 - 4 \cdot 435 = 109;$ $x_{1,2} = \frac{1}{2}\left(43 \pm \sqrt{109}\right);$

$x_1 = \frac{1}{2}\left(43 + \sqrt{109}\right) \in G;$ $x_1 \approx 26{,}72;$ $x_2 = \frac{1}{2}\left(43 - \sqrt{109}\right) < 20: x_2 \notin G.$

VI. a) $m(t) = 500 \cdot mg \cdot 2{,}7^{-0{,}1 \cdot t}$

Die Aufgabe über *richtige Dosierung eines Medikaments* und *Abbau eines Medikaments im Körper* hat Bezug zum Alltag jeder Person. Die rechnerische Durchführung zeigt verschiedene mathematische Denkansätze, Lösungsstrategien, Methoden und Darstellungen und bindet auch die Arbeit mit einem Tabellenkalkulationsprogamm ein.

Uhrzeit am Montag	7 Uhr	8 Uhr	9 Uhr	10 Uhr	11 Uhr	12 Uhr	13 Uhr	14 Uhr	(kurz vor 15 Uhr)
Anzahl t der Stunden nach der Ersteinnahme	0	1	2	3	4	5	6	7	(≈ 8)
Restmenge (in mg)	500	453	410	371	336	304	276	249	(≈ 226)

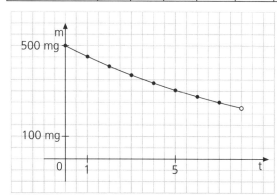

b) $m(8) = 500 \text{ mg} + 500 \text{ mg} \cdot 2{,}7^{-0{,}8} \approx 726 \text{ mg};$
$m(16) \approx 500 \text{ mg} + 726 \text{ mg} \cdot 2{,}7^{-0{,}8} \approx 828 \text{ mg}$

c)

Anzahl k der bereits eingenommenen Tabletten	1	2	3	4	5	6	7	8	9	10	11	12
Gesamtmenge (in mg) unmittelbar nach Einnahme der k-ten Tablette	500	726	828	874	895	904	909	910	911	912	912	912

Wie die Tabellenwerte für $k = 2; 3; \ldots; 12$ zeigen, überschreiten die jeweiligen Dolicertmengen auch unmittelbar nach Einnahme nie 1 000 mg und sinken auch unmittelbar vor Einnahme (226 mg, 328 mg, 374 mg, … , 412 mg) nie unter 200 mg.

90

L

1. Funktionsterme: $f(x) = 1{,}5x + 1$; $g(x) = 1 \cdot 2^x$

a)

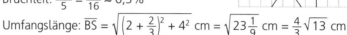

b) Funktionen: f^*: $f^*(x) = -1{,}5x - 1$; $D_{f^*} = \mathbb{R}$;
   g^*: $g^*(x) = 2^{-x}$; $D_{g^*} = \mathbb{R}$

c) Koordinaten: $S\left(-\frac{2}{3} \mid 0\right)$; B^* $(2 \mid 0{,}25)$

Flächeninhalte:

$A_{BSB^*} = \frac{1}{2} \cdot \left(2 + \frac{2}{3}\right) \cdot \left(4 - \frac{1}{4}\right)$ cm^2 = 5 cm^2

$\overline{CA} : \overline{B^*B} = \frac{2}{3} : 2\frac{2}{3} = 1 : 4$;

$\overline{CA} = \frac{1}{4} \cdot 3\frac{3}{4}$ cm $= \frac{15}{16}$ cm

(2. Strahlensatz; V-Figur mit Scheitel S);

$A_{\text{II. Quadrant}} = \frac{1}{2} \cdot \frac{2}{3} \cdot \frac{15}{16}$ cm$^2 = \frac{5}{16}$ cm^2

Bruchteil: $\dfrac{\frac{5}{16}}{5} = \frac{1}{16} \approx 6{,}3\%$

Umfangslänge: $\overline{BS} = \sqrt{\left(2 + \frac{2}{3}\right)^2 + 4^2}$ cm $= \sqrt{23\frac{1}{9}}$ cm $= \frac{4}{3}\sqrt{13}$ cm
   $\approx 4{,}81$ cm

$\overline{SB^*} = \sqrt{\left(2 + \frac{2}{3}\right)^2 + \left(\frac{1}{4}\right)^2}$ cm $= \sqrt{7\frac{25}{144}}$ cm $= \frac{1}{12}\sqrt{1\,033}$ cm $\approx 2{,}68$ cm

$U_{BSB^*} \approx 4{,}81$ cm $+ 2{,}68$ cm $+ 3{,}75$ cm $= 11{,}24$ cm

Winkelgrößen: $A_{BSB^*} = \frac{1}{2} \cdot \overline{B^*B} \cdot \overline{SB^*} \cdot \sin \alpha$; $\sin \alpha \approx 0{,}996$; $\alpha \approx 95{,}4°$;

$A_{BSB^*} = \frac{1}{2} \cdot \overline{BS} \cdot \overline{B^*B} \cdot \sin \beta$; $\sin \beta \approx 0{,}555$; $\beta \approx 33{,}7°$; $\gamma \approx 50{,}9°$

2. a) $L = \{-1\}$ **b)** $L = \{2\}$ **c)** $x = \dfrac{\log 3}{\log 16 - \log 5} = \dfrac{\log 3}{\log 3{,}2} \approx 0{,}94$; $L = \left\{\dfrac{\log 3}{\log 3{,}2}\right\}$ **d)** $L = \{\ \}$
   e) $\log_3 \frac{x}{2-x} = \log_3 9$; $\frac{x}{2-x} = 9$; $x = 1{,}8 \in G$; $L = \{1{,}8\}$

3. a) $\dfrac{\log 1{,}5}{\log 2} < x < \dfrac{\log 3{,}5}{\log 2}$; $0{,}59 < x < 1{,}80$
   b) $\log 0{,}5 < x < \log 11$; $-0{,}30 < x < 1{,}04$
   c) $0{,}01 < x < 100$

4. a) $x \approx 0{,}8$

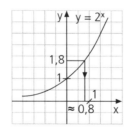

b) $x \approx -0{,}4$

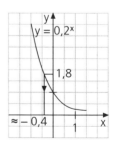

5. a) $\log_3(x + 1) - \log_3[2(x + 1)] = \log_3 \frac{x+1}{2(x+1)} = \log_3 0{,}5 \left(= -\dfrac{\log 2}{\log 3} \approx -0{,}63\right)$
   b) $\log_2[\log_2(\log_2 256)] = \log_2[\log_2 8] = \log_2 3 \left(= \dfrac{\log 3}{\log 2} \approx 1{,}58\right)$

6. a) Das Kapital wächst auf $(5\,000\ \text{€} \cdot 1{,}045^5 \approx)$ 6 230,91 € an.
   b) $10\,000\ \text{€} = 5\,000\ \text{€} \cdot 1{,}045^n$; $\mid : (5\,000\ \text{€})$
   $1{,}045^n = 2$; $n = \dfrac{\log 2}{\log 1{,}045} = 15{,}74\ldots$
   Nach etwa 16 Jahren hat sich das Kapital verdoppelt.

c) $5000\ € \cdot \left(1 + \frac{p}{100}\right)^{10} = 10\ 000\ €;\ |:(5\ 000\ €)$

$\left(1 + \frac{p}{100}\right)^{10} = 2;\ 1 + \frac{p}{100} = \sqrt[10]{2};\ p = 100\ (\sqrt[10]{2} - 1) \approx 7{,}18.$

Herr Stein hätte das Kapital zu etwa 7,18 % p. a. anlegen müssen.

7. a) Bevölkerungszahl im Jahr 2010: $(22{,}5 \cdot 10^6) \cdot 1{,}025^{15} \approx 32{,}6$ Millionen
Verdopplung der Bevölkerungszahl: $1{,}025^x = 2;\ x \approx 28{,}1$
Nach etwa 28 Jahren, also im Jahr 2023, hat sich die Bevölkerungszahl verdoppelt.

b) Bevölkerungszahl im Jahr 2010: $(22{,}5 \cdot 10^6) \cdot 0{,}9975^{15} \approx 21{,}7$ Millionen
Halbierung der Bevölkerungszahl: $0{,}9975^x = 0{,}5;\ x \approx 277$
Nach etwa 277 Jahren, also im Jahr 2272, hat sich die Bevölkerungszahl halbiert.

8. $1{,}1 = 1{,}5 \cdot 0{,}5^{\frac{x}{5\,730\,a}};\ |:1{,}5 \quad 0{,}5^{\frac{x}{5\,730\,a}} = \frac{1{,}1}{1{,}5};\ \frac{x}{5\,730\,a}\log 0{,}5 = \log\frac{1{,}1}{1{,}5};\ x \approx 2\,564\ a$

Die Knochen waren etwa 2 600 Jahre alt.

9. Jeder Mitarbeiter erhält nach zehnjähriger Betriebszugehörigkeit 200 €; dieser Betrag soll mit weiterer Betriebszugehörigkeit steigen.
Vorschlag A: Nach weiteren n Jahren erhält jeder Mitarbeiter 200 € + n · 20 €.
Vorschlag B: Nach weiteren n Jahren erhält jeder Mitarbeiter $200\ € \cdot 1{,}075^n$.
Bei einer weiteren Betriebszugehörigkeit von 8 (oder weniger als 8) Jahren ist der Vorschlag A für die Arbeitnehmer günstiger: 200 € + 8 · 20 € = 360 €; $200\ € \cdot 1{,}075^8 \approx 356{,}70\ €$
Bei einer weiteren Betriebszugehörigkeit von 9 (oder mehr als 9) Jahren ist dagegen der Vorschlag B für die Arbeitnehmer günstiger: 200 € + 9 · 20 € = 380 €; $200\ € \cdot 1{,}075^9 \approx 383{,}45\ €$

1. $f(x) = 2^{2-x} - 1$; $D_f = \mathbb{R}$

2. $f(x) = \log_{10}(4 - x^2)$; $D_f = \,]-2; 2[$.

3. $f(x) = \dfrac{15 - 3x^2}{15 + x^2}$; $D_f = \mathbb{R}$

4. $f(x) = x^2(x + 3)(x - 3)$; $D_f = \mathbb{R}$

5. $f(x) = -3 + \log_{10}x$; $D_f = \mathbb{R}^+$

6. $f(x) = \dfrac{28 - 4x}{1 + x^2}$; $D_f = \mathbb{R}$

7. $f(x) = \dfrac{3^x - 1}{3^x + 1}$; $D_f = \mathbb{R}$

8. $f(x) = 0{,}2 \cdot (4^x - 2)$; $D_f = \mathbb{R}$

9. $f(x) = \log_5 \dfrac{2x}{x + 1}$; $D_f = \mathbb{R} \setminus [-1; 0]$.

10. $f(x) = \log_3 |0{,}25x|$; $D_f = \mathbb{R} \setminus \{0\}$.

11. $f(x) = \sin(2\pi x)$; $D_f = [-1; 1]$.

12. $f(x) = 4^x - 8$; $D_f = \mathbb{R}$

13. $f(x) = 10^{-2x} - 2$; $D_f = \mathbb{R}$

14. $f(x) = x(x^2 + 3x - 10)$; $D_f = \mathbb{R}$

15. $f(x) = \log_{10}10^{3x-9}$; $D_f = \mathbb{R}$

de	muss	über	manch	Wer	Spur	len	seln.
$\pm\sqrt{5}$	1	1 000	± 4	2	$-0{,}5\log_{10}2$	0	3

die	an	ho	mal	will,	wech	re
1,5	$\pm\sqrt{3}$	7	$-1; -0{,}5; 0; 0{,}5; 1$	0,5	$-5; 0; 2$	$-3; 0; 3$

Lösungssatz:_____

_____

3.	9.	5.	10.	1.	13.	7.	15.
de	muss	über	manch	Wer	Spur	len	seln.
$\pm \sqrt{5}$	1	1 000	± 4	2	$-0,5 \log_{10} 2$	0	3

12.	2.	6.	11.	8.	14.	4.
die	an	ho	mal	will,	wech	re
1,5	$\pm \sqrt{3}$	7	$-1; -0,5; 0; 0,5; 1$	0,5	$-5; 0; 2$	$-3; 0; 3$

Lösungssatz: Wer andere überholen will, muss manchmal die Spur wechseln.

Thomas Bayes
geb. 1702 in London
gest. 1761 in Tunbridge Wells (Kent)

Thomas Bayes, der Sohn eines Predigers an der Kirche in Leather Lane in London, wurde 1702 in London geboren. Er studierte ab etwa 1719 an der Universität Edinburgh Theologie und Logik. Nach Abschluss seiner Studien assistierte er zunächst seinem Vater in Holborn. Um 1733 wurde er presbyterianischer Geistlicher in Tunbridge Wells südöstlich von London, wo er bis 1752 tätig war.

Wie Bayes zur Beschäftigung mit der Wahrscheinlichkeitstheorie kam, ist umstritten. Möglicherweise wurde er durch die Lektüre von Arbeiten von Abraham de Moivre dazu angeregt. Etwa 1736 verfasste er *An Introduction to the Doctrine of Fluxions, and a Defence of the Mathematicians Against the Objections of the Author of the Analyst*, eine Streitschrift gegen den Bischof George Berkeley, einen Kritiker Newtons. Möglicherweise wegen dieser Streitschrift wurde Bayes als Mitglied in die Royal Society aufgenommen.
Bayes hat nur zwei Arbeiten publiziert. Sein wichtigstes Werk, das die nach ihm benannte Bayes-Formel enthält, wurde erst zwei Jahre nach seinem Tod veröffentlicht.

Kapitel 4

93

94

Bereits in der 9. Jahrgangsstufe haben sich die Schüler und Schülerinnen mit einfachen Beispielen für zusammengesetzte Zufallsexperimente beschäftigt; sie wenden sich nun anspruchsvolleren Fragestellungen zu.
Die im Informationsteil vorgestellten sogenannten Wartezeitaufgaben und „Drei- Mindestens-Aufgaben" kommen bei vielen Anwendungen und in vielfältigen Vernetzungen vor.
Beim Auflösen der Ungleichungen in „Drei-Mindestens-Aufgaben" können die neu erworbenen Kenntnisse über Logarithmen Anwendung finden. Natürlich können die Lösungen auch durch gezieltes Probieren gefunden werden.

1. a) $P(s; w) = \dfrac{5}{15} \cdot \dfrac{10}{14} = \dfrac{5}{21}$;

$P(w; s) = \dfrac{10}{15} \cdot \dfrac{5}{14} = \dfrac{5}{21} = P(s; w)$

b) $P(s; w) = \dfrac{m}{m + n} \cdot \dfrac{n}{m + n - 1}$;

$P(w; s) = \dfrac{n}{m + n} \cdot \dfrac{m}{m + n - 1} = P(s; w)$

2.

	M	$\overline{M}$	
D	0,12	0,08	0,20
$\overline{D}$	0,24	0,56	0,80
	0,36	0,64	1,00

a) Es werden ($0{,}12 \cdot 150 =$) 18 Personen angenommen.

b) Es werden ($0{,}08 \cdot 150 + 0{,}24 \cdot 150 =$) 48 Personen nicht angenommen, obwohl sie eine der beiden Prüfungen bestanden haben.

3. a) $P_a = 0{,}2^5 = 0{,}032\%$

b) $P_b = 0{,}8^5 \approx 32{,}8\%$

c) $P_c = 0{,}2 \cdot 0{,}8^4 \cdot 5 \approx 41{,}0\%$

d) $P_d = 0{,}8^4 \cdot 0{,}2 \approx 8{,}2\%$

e) $P_e = 0{,}8^4 \approx 41{,}0\%$

f) $P_f = 0{,}2 + 0{,}8 \cdot 0{,}2 + 0{,}8^2 \cdot 0{,}2 + 0{,}8^3 \cdot 0{,}2 + 0{,}8^4 \cdot 0{,}2 =$
$= 0{,}2 \,(1 + 0{,}8 + 0{,}8^2 + 0{,}8^3 + 0{,}8^4) \approx 67{,}2\%$
oder:
$P_f = 1 - 0{,}8^5 \approx 67{,}2\%$

g) $P_g = 5 \cdot 0{,}2^4 \cdot 0{,}8 = 0{,}64\%$

4. $p_{\text{Gutschein}} = 0{,}25$
(1) a) $P_a = 0{,}75^5 \approx 23{,}7\%$
 b) $P_b = 0{,}25^5 \approx 0{,}098\%$
 c) $P_c = 0{,}75^4 \cdot 0{,}25 \approx 7{,}9\%$
 d) $P_d = 5 \cdot 0{,}25 \cdot 0{,}75^4 \approx 39{,}6\%$
 e) $P_e = 1 - 0{,}75^5 \approx 76{,}3\%$
 f) $P_f = 2 \cdot 0{,}25 \cdot 0{,}75 \cdot 0{,}25 \cdot 0{,}75^2 \approx 5{,}3\%$

(2) $1 - 0{,}75^n \geqq 0{,}90$; | -1
$-0{,}75^n \geqq -0{,}10$; | $\cdot (-1)$
$0{,}75^n \leqq 0{,}10$; | log $(...)$
$n \log 0{,}75 \leqq \log 0{,}10$; | : (log $0{,}75$)
$n \geqq 8{,}0039...$
Gregor müsste mindestens 9 Müsliriegel kaufen.

AH S.21–22

5. $p_{\text{ausländische Münze}} \approx 0{,}05$
a) (1) P („ausländische Münzen") $\approx 0{,}05^3 \approx 0{,}013\%$
 (2) P („2 der 3 sind ausländische Münzen") $\approx$
 $\approx 0{,}05^2 \cdot 0{,}95 \cdot 3 \approx 0{,}71\%$

b) $1 - 0,95^n > 0,50;$

$-0,95^n > -0,50;$

$0,95^n < 0,50;$

$n \log 0,95 < \log 0,50;$

$n > \dfrac{\log 0,50}{\log 0,95};$

$n > 13,51\ldots$

Sophie muss mindestens 14 Münzen prüfen.

6. a)

	beworben	nicht beworben	
M	21	7	28
J	8	24	32
	29	31	60

b) Es haben sich 21 Mädchen und 8 Jungen, also insgesamt etwa 48,3% aller Schüler / Schülerinnen der 10. Klassen, beworben; 7 Mädchen und 24 Jungen haben sich nicht für den Austausch beworben.

7.

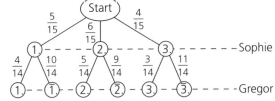

$P(\text{„Sophie und Gregor kommen in den gleichen Kurs"}) =$

$= \dfrac{5}{15} \cdot \dfrac{4}{14} + \dfrac{6}{15} \cdot \dfrac{5}{14} + \dfrac{4}{15} \cdot \dfrac{3}{14} = \dfrac{62}{210} \approx 29,5\%$

8.

	geimpft	nicht geimpft	
erkrankt	146	487	633
nicht erkrankt	361	206	567
	507	693	1200

$(\dfrac{146}{507} \approx)$ 28,8% der Geimpften erkranken an Grippe, und $(\dfrac{206}{693} \approx)$ 29,7% der Nichtgeimpften erkranken nicht an Grippe.

9. Anteil der Schwarzfahrer: p

Anteil der Nichtschwarzfahrer: 1 – p

$1 - (1 - p)^{100} \geqq 0,90;$

$-(1 - p)^{100} \geqq -0,10;$

$(1 - p)^{100} \leqq 0,10;$

$1 - p \leqq \sqrt[100]{0,10};$

$1 - p \leqq 0,977237\ldots;$

$p \geqq 1 - 0,977237\ldots;$

$p \geqq 2,276\ldots\%;$

10. a) P(„Laura und Lucas") $= 2 \cdot \frac{1}{50} \cdot \frac{1}{49} \approx 0{,}08\%$

b) P(„weder Laura noch Lucas") $= \frac{48}{50} \cdot \frac{47}{49} \approx 92{,}1\%$

c) P(„Laura, nicht Lucas") $= \frac{1}{50} \cdot \frac{48}{49} + \frac{48}{50} \cdot \frac{1}{49} \approx 3{,}9\%$

d) P(„Lucas, nicht Laura") $\approx 3{,}9\%$

e) P(„Mädchen und Junge") $= 2 \cdot \frac{24}{50} \cdot \frac{26}{49} \approx 50{,}9\%$

f) P(„zwei Jungen") $= \frac{26}{50} \cdot \frac{25}{49} \approx 26{,}5\%$

g) P(„zwei Mädchen, nicht Laura") $= \frac{23}{50} \cdot \frac{22}{49} \approx 20{,}7\%$

W

W1 $E_1 \cap E_2 = \{1;\ 3\ ;\ 6\}$

W2 $-2x - 12 > 12 + 8x;$
$-10x > 24;$
$x < -2{,}4;$
$L = \ ]-5;\ -2{,}4\ [$

W3 $\tan \alpha = \frac{4}{6};\ \alpha \approx 33{,}7°;\ \beta = 90° - \alpha \approx 56{,}3°$

$\tan 45° = 1$
$\log_9 3 = \frac{1}{2}$
$\log_2 1 + \log_2 2 +$
$\log_2 4 = 3$

Die Themenseite *Alte und moderne Zufallsgeräte* soll zum einen den Schülerinnen und Schülern Spielgeräte aus der Antike, aber auch solche aus der Jetztzeit vorstellen; zum anderen geht es um Methoden der Durchführung von Projekten und um die Vorgehensweise bei Internetrecherchen. Die Reflexion der vorgestellten Methoden soll auf die Arbeitsweise in den Seminarfächern der Oberstufe vorbereiten.

Themenseite – Ehrliche Antworten auf „indiskrete" Fragen

98

Auf diesen Themenseiten werden zwei Verschlüsselungsverfahren, die in entsprechender Form bei Umfragen in der Praxis eingesetzt werden, vorgestellt.
Es ist für Jugendliche interessant zu erfahren, wie man in der Praxis vorgeht, um *ehrliche Antworten auf „indiskrete" Fragen* zu erhalten.
Es bietet sich an, im Unterricht solche Befragungen durchzuführen. Führt man eine solche Befragung sowohl nach dem ersten wie auch nach dem zweiten der beiden angegebenen Verschlüsselungsverfahren durch, so können die Ergebnisse verglichen und diskutiert werden.

99

1. Schätzwert:
$$p^* = 2h_n - 1 = 2 \cdot \frac{141}{207} - 1 \approx 1{,}362 - 1 = 36{,}2\,\%$$

2. Schätzwert:
$$p^* = \frac{4}{3}\left(h_n - \frac{1}{6}\right) = \frac{4}{3}\left(\frac{316}{480} - \frac{1}{6}\right) = \frac{4}{3} \cdot \frac{59}{120} = \frac{59}{90} \approx 65{,}6\,\%$$

3. Individuelle Lösungen

101

Die Schülerinnen und Schüler erarbeiten den Begriff *bedingte Wahrscheinlichkeit* und vergleichen P_BA mit $P(A \cap B)$. Sie erkennen, dass in diesem Zusammenhang die Änderung der Grundmenge eine ausschlaggebende Rolle spielt.
Die Themen der Aufgaben sind so ausgewählt, dass die Jugendlichen den Alltagsbezug erkennen und zu Diskussionen angeregt werden.

102

AH S.23–25

■ Ja
■ Ja, für $P(A \cap B) = P(A) \cdot P(B)$, d. h. für unabhängige Ereignisse A und B
■ $\dfrac{P(B \cap A)}{P(A)} = \dfrac{P(A \cap B)}{P(B)}$, d. h. fü $A \cap B = \{\}$ und / oder $P(A) = P(B)$

1. a)

	V	B	
M	15	10	25
$\overline{M}$	21	14	35
	36	24	60

V: Vollmilchschokolade
B: Bitterschokolade
M: Marzipanfüllung
$\overline{M}$: keine Marzipanfüllung

b) $P(M) = \dfrac{25}{60} \approx \dfrac{5}{12} = 41{,}7\%$

c) $P_v(\overline{M}) = \dfrac{P(\overline{M} \cap V)}{P(V)} = \dfrac{\frac{21}{60}}{\frac{36}{60}} = \dfrac{7}{12} \approx 58{,}3\%$

d) Beispiel:

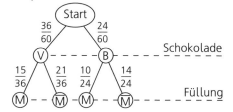

2. a) $P_E(A)$: Die Wahrscheinlichkeit, dass die Alarmanlage anspringt, wenn jemand einzubrechen versucht, sollte möglichst groß sein.

b) $P_E(\overline{A})$: Die Wahrscheinlichkeit, dass die Alarmanlage nicht anspringt, obwohl jemand einzubrechen versucht, sollte möglichst klein sein.

c) $P_{\overline{E}}(A)$: Die Wahrscheinlichkeit, dass die Alarmanlage anspringt, obwohl niemand einzubrechen versucht („Fehlalarm"), sollte möglichst klein sein.

d) $P_{\overline{A}}(E)$: Die Wahrscheinlichkeit, dass jemand einzubrechen versucht und die Alarmanlage trotzdem nicht anspringt, sollte möglichst klein sein.

3.

Start
$\frac{1}{2}$ A ----- B $\frac{1}{2}$ .... Urnenauswahl
$\frac{4}{10}$ r -- $\frac{6}{10}$ s - $\frac{7}{10}$ r -- $\frac{3}{10}$ s ... Zug der „ersten" Kugel

$P(rrr) = \dfrac{1}{2} \cdot \dfrac{4}{10} \cdot \dfrac{3}{9} \cdot \dfrac{2}{8} + \dfrac{1}{2} \cdot \dfrac{7}{10} \cdot \dfrac{6}{9} \cdot \dfrac{5}{8} = \dfrac{234}{1440} = \dfrac{13}{80} = 16{,}25\%$

$P_{\text{Urne A}}(rrr) = \dfrac{\frac{1}{2} \cdot \frac{4}{10} \cdot \frac{3}{9} \cdot \frac{2}{8}}{\frac{1}{2}} = \dfrac{24}{720} = \dfrac{1}{30} \approx 3{,}3\%$

$P_{\text{Urne B}}(rrr) = \dfrac{\frac{1}{2} \cdot \frac{7}{10} \cdot \frac{6}{9} \cdot \frac{5}{8}}{\frac{1}{2}} = \dfrac{210}{720} = \dfrac{7}{24} \approx 29{,}2\%$

4. **a)** $P(\text{„Motorschaden"}) = 0{,}7 \cdot 0{,}1 + 0{,}3 \cdot 0{,}6 = 25\%$

b) $P_{\text{Auto regelmäßig gewartet}}(\text{„Motorschaden"}) = \frac{0{,}70 \cdot 0{,}10}{0{,}70} = 10\%$

c) $P(\text{„weder regelmäßige Wartung noch Motorschaden"}) =$
$= 0{,}3 \cdot 0{,}4 = 12\%$

5. **a)** $P_{\text{Treffer}} = \frac{2}{12} = \frac{1}{6} \approx 16{,}7\%$

b) $P_{\bar{5}}(\text{„Treffer"}) = \frac{\frac{2}{12}}{\frac{11}{12}} = \frac{2}{11} \approx 18{,}2\%$

c) *Beispiele:*   B: „Es wurde ein Vielfaches von 4 geworfen"
(oder: „es wurde eine Zahl über 9 geworfen");
$P(B) = \frac{3}{12} = \frac{1}{4}$
$P_{\text{Vielfaches von 4}}(\text{„1 oder 12 wird geworfen"}) = \frac{\frac{1}{12}}{\frac{1}{4}} = \frac{1}{3}$

6. **a)** $p = \frac{1}{32} \approx 3{,}1\%$

b) $p_① = \frac{1}{16} = 6{,}25\%$

$p_② = \frac{1}{16} = 6{,}25\%$

$p_③ = \frac{1}{28} \approx 3{,}6\%$

$p_④ = \frac{1}{28} \approx 3{,}6\%$

$p_⑤ = \frac{1}{4} = 25\%$

$p_⑥ = 100\%$

c) $p_① = \frac{1}{16} \approx 3{,}1\%$

$P_{\text{rote Karte}}(\text{„Bildkarte"}) = \frac{1}{8} = 12{,}5\%$

$P_{\text{rote Bildkarte}}(\text{„keine Dame"}) = \frac{1}{6} \approx 16{,}7\%$

$P_{\text{rote Bildkarte, aber keine Dame}}(\text{„kein König"}) = \frac{1}{4} = 25\%$

$P_{\text{rote Bildkarte, aber weder Dame noch König}}(\text{„Bube"}) = \frac{1}{2} = 50\%$

$P_{\text{rote Bildkarte und weder Dame noch König, aber Herzbube}}(\text{„Herzbube"}) = 100\%$

7. Es gibt k Kinder und f Frauen, und es ist $\frac{k}{f} = 1{,}4$.

Es gibt f* Frauen mit Kind(ern), und es ist $\frac{k}{f^*} = 2{,}06$.

Es gibt f − f* Frauen, die kinderlos sind. Gesucht ist der Anteil der kinderlosen Frauen an der Gesamtheit aller Frauen, also $\frac{f - f^*}{f} = 1 - \frac{f^*}{f}$.

Wegen $\frac{\frac{k}{f}}{\frac{k}{f^*}} = \frac{f^*}{f} = \frac{1{,}4}{2{,}06} \approx 0{,}68$ ist $1 - \frac{f^*}{f} = 1 - 0{,}68 = 32\%$.

Etwa 32% der deutschen Frauen sind kinderlos.

103

8. Ereignisse:

A: „drei verschiedene Farben";

$$P(A) = \frac{4}{18} \cdot \left(\frac{6}{17} \cdot \frac{8}{16} + \frac{8}{17} \cdot \frac{6}{16}\right) + \frac{6}{18} \cdot \left(\frac{4}{17} \cdot \frac{8}{16} + \frac{8}{17} \cdot \frac{4}{16}\right)$$
$$+ \frac{8}{18} \cdot \left(\frac{4}{17} \cdot \frac{6}{16} + \frac{6}{17} \cdot \frac{4}{16}\right) = \frac{4 \cdot 6 \cdot 8}{18 \cdot 17 \cdot 16} \cdot 6 = \frac{4}{17}$$

B: „die erste Kugel ist rot, die zweite Kugel ist weiß oder schwarz";

$$P(B) = \frac{4}{18} \cdot \left(\frac{6}{17} + \frac{8}{17}\right) = \frac{4}{18} \cdot \frac{14}{17} = \frac{28}{153}$$

C: „die ersten beiden Kugeln haben verschiedene Farben";

$$P(C) = \frac{4}{18} \cdot \frac{14}{17} + \frac{6}{18} \cdot \frac{12}{17} + \frac{8}{18} \cdot \frac{10}{17} = \frac{102}{153}$$

B ∩ A: „die erste Kugel ist rot, die zweite Kugel ist weiß und die dritte schwarz oder umgekehrt";

$$P(B \cap A) = \frac{4}{18} \cdot \left(\frac{6}{17} \cdot \frac{8}{16} + \frac{8}{17} \cdot \frac{6}{16}\right) = \frac{4 \cdot 6 \cdot 8}{18 \cdot 17 \cdot 16} \cdot 2 =$$
$$\frac{1}{3} \cdot P(A) = \frac{4}{51}$$

C ∩ A = A, also $P(C \cap A) = P(A) = \frac{4}{17}$

Wahrscheinlichkeiten:

a) $P(A) = \frac{4}{17} \approx 23,5\%$

b) $P_B(A) = \frac{P(B \cap A)}{P(B)} = \frac{\frac{4}{51}}{\frac{28}{153}} = \frac{3}{7} \approx 42,9\%$

c) $P_C(A) = \frac{P(C \cap A)}{P(C)} = \frac{\frac{4}{17}}{\frac{104}{153}} = \frac{9}{26} \approx 34,6\%$

9. **a)**

	geeignet	nicht geeignet	
bestanden	56	4	60
nicht bestanden	14	26	40
	70	30	100

b) $P_{\text{nicht geeignet}}(\text{„besteht den Test"}) = \frac{\frac{4}{100}}{\frac{30}{100}} = \frac{2}{15} \approx 13,3\%$

10.

$p = P_{A40}(\text{„Mann wird mindestens 60 Jahre alt"}) = \frac{0,87}{0,97} \approx 89,7\%$

11.

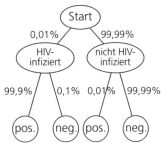

Hier sollten den Rech-
nungen jeweils Schät-
zungen vorausgehen.

a) P(„Diagnose ist positiv") = 0,01% · 99,9% + 99,99% · 0,01% =
0,019989% ≈ 0,02%

b) $P_{\text{Diagnose positiv}}$(„Person ist infiziert") = $\dfrac{0,01\% \cdot 99,9\%}{0,019989\%}$ = 0,49977... ≈ 50%

W

W1 m = 3
W2 Half-life: the time required for 50% of the original amount to decay
W3 $f_4(x) = \left(\dfrac{1}{3}\right)^x$

$\log_2 0,5 = -1$

$\log_2 \sqrt{2} = \dfrac{1}{2}$

$\log_2 256 = 8$

104
105

Das Ziegenproblem hat weltweit Menschen zu Diskussionen angeregt. Auf den beiden Themenseiten ist vorgestellt, wie man es zunächst

- durch ein Spiel simulieren und dann
- mathematisch erläutern kann.

1. Individuelle Ergebnisse

2. Individuelle Ergebnisse

3.

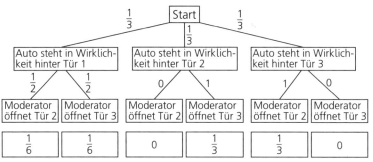

a) $P_{\text{Tür nicht wechseln}}(\text{Gewinn}) = \dfrac{\frac{1}{6}}{\frac{1}{2}} = \dfrac{1}{3}$

b) $P_{\text{Tür wechseln}}(\text{Gewinn}) = \dfrac{\frac{1}{3}}{\frac{1}{6} + \frac{1}{3} + 0} = \dfrac{\frac{1}{3}}{\frac{1}{2}} = \dfrac{2}{3}$

c) Individuelle Ergebnisse

4.

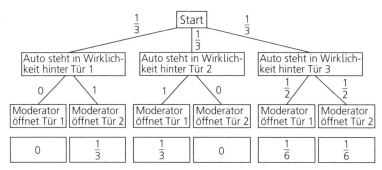

a) $P_{\text{Moderator öffnet Tür 2}}(\text{„Auto steht hinter Tür 3"}) = \dfrac{\frac{1}{6}}{\frac{1}{2}} = \dfrac{1}{3}$

b) $P_{\text{Moderator öffnet Tür 2}}(\text{„Auto steht hinter Tür 1"}) = \dfrac{\frac{1}{3}}{\frac{1}{6} + \frac{1}{3} + 0} = \dfrac{\frac{1}{3}}{\frac{1}{2}} = \dfrac{2}{3}$

5. Individuelle Ergebnisse

Kopiervorlage auf der nächsten Seite

Das Ziegenproblem

Spiel	„Nicht wechseln"		„Wechseln"	
	Gewonnen	Verloren	Gewonnen	Verloren
1				
2				
3				
4				
5				
6				
7				
8				
9				
10				
11				
12				
13				
14				
15				
16				
17				
18				
19				
20				

Auswertung

	„Nicht wechseln"	„Wechseln"
Anzahl der gewonnenen Spiele		
Gesamtanzahl der Spiele		
Relative Häufigkeit (auf Prozent gerundet)		

106

Bei der Auswahl der Aufgaben für das Unterkapitel *Üben – Festigen – Vertiefen* wurde auf abwechslungsreiche, altersgemäß ansprechende Themen geachtet. Die Lösung der Aufgaben zeigt den Jugendlichen, dass das Erstellen einer Vierfeldertafel bzw. eines Baumdiagramms sehr hilfreich sein kann.

AH S.26–28

AH S.46

1. a)

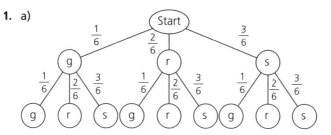

(1) $\left(\frac{3}{6}\right)^2 = 25\%$

(2) $\left(\frac{1}{6}\right)^2 + \left(\frac{2}{6}\right)^2 + \left(\frac{3}{6}\right)^2 = \frac{14}{36} = \frac{7}{18} \approx 39\%$

(3) $\frac{1}{6} \cdot \frac{5}{6} + \frac{2}{6} \cdot \frac{4}{6} + \frac{3}{6} \cdot \frac{3}{6} = \frac{22}{36} = \frac{11}{18} \approx 61\%$

oder: $P((3)) = 1 - P((2)) \approx 61\%$

b)

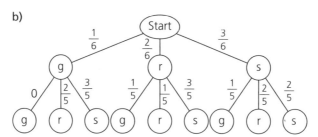

(1) $\frac{3}{6} \cdot \frac{2}{5} = \frac{1}{5} = 20\%$

(2) $\frac{1}{6} \cdot 0 + \frac{2}{6} \cdot \frac{1}{5} + \frac{3}{6} \cdot \frac{2}{5} = \frac{8}{30} = \frac{4}{15} \approx 27\%$

(3) $\frac{1}{6} \cdot \frac{5}{5} + \frac{2}{6} \cdot \frac{4}{5} + \frac{3}{6} \cdot \frac{3}{5} = \frac{22}{30} = \frac{11}{15} \approx 73\%$

oder: $P((3)) = 1 - P((2)) \approx 73\%$

2.

	Mädchen	Junge	
bestanden	22%	63%	85%
nicht bestanden	3%	12%	15%
	25%	75%	100%

Von den 300 Jugendlichen bestanden 15% die Prüfung nicht.

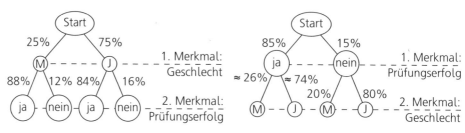

3. a) $P_a = \frac{25}{30} \cdot \frac{24}{29} \cdot \frac{23}{28} = \frac{115}{203} \approx 56,7\%$

b) $P_b = \frac{25}{30} \cdot \frac{24}{29} \cdot \frac{5}{28} = \frac{25}{203} \approx 12,3\%$

c) $P_c = \left(\frac{25}{30} \cdot \frac{24}{29} \cdot \frac{5}{28}\right) \cdot 3 = \frac{75}{203} \approx 36,9\%$

d) $P_d = \left(\frac{25}{30} \cdot \frac{5}{29} \cdot \frac{4}{28}\right) \cdot 3 = \frac{25}{406} \approx 6,2\%$

e) $P_e = 1 - P_a \approx 43,3\%$

4. $(1 - 85\%) \cdot (1 - 90\%) \cdot (1 - 80\%) \cdot (1 - 75\%) =$
$= 0{,}15 \cdot 0{,}10 \cdot 0{,}20 \cdot 0{,}25 = 0{,}075\%$

5. $P(\text{„Augenanzahl größer als 4"}) = \frac{2}{6} = \frac{1}{3}$

a) $P_a = \frac{2}{3} \cdot \frac{2}{3} \cdot \frac{1}{3} = \frac{4}{27} \approx 15\%$

b) $P_b = \frac{2}{3} \cdot \frac{2}{3} = \frac{4}{9} \approx 44\%$

c) $P_c = 1 - \left(\frac{2}{3}\right)^3 = \frac{19}{27} \approx 70\%$

d) $P_d = \frac{1}{3} + \frac{2}{3} \cdot \frac{1}{3} + \left(\frac{2}{3}\right)^3 \cdot \frac{1}{3} = \frac{19}{27} \approx 70\%$

e) $P_e = \left(\frac{1}{3}\right)^3 = \frac{1}{27} \approx 4\%$

f) $P_f = 1 - P_c = \left(\frac{2}{3}\right)^3 = \frac{8}{27} \approx 30\%$

6. a) $P_a = 1 - 0{,}4^4 \approx 97\%$

b) $P_b = 0{,}4^4 + 4 \cdot 0{,}6 \cdot 0{,}4^3 \approx 18\%$

c) $P_c = 4 \cdot 0{,}6 \cdot 0{,}4^3 \approx 15\%$

d) $P_d = 0{,}6 \cdot 0{,}4^2 \cdot 0{,}6 \approx 6\%$

e) $P_e = 4 \cdot 0{,}6^3 \cdot 0{,}4 \approx 35\%$

$1 - 0{,}4^n \geqq 0{,}90;$
$-0{,}4^n \geqq -0{,}10;$
$0{,}4^n \leqq 0{,}10;$
$n \log 0{,}4 \leqq \log 0{,}10;$
$n \geqq \frac{\log 0{,}10}{\log 0{,}4} = 2{,}51\ldots$

Er muss mindestens 3 Elfmeter schießen.

7. a) $\frac{25}{25} = 100\%$

b) $\frac{25}{50} = 50\%$

c) $\frac{\frac{3}{100}}{\frac{14}{100}} = \frac{3}{14} \approx 21\%$

d) $\frac{\frac{1}{100}}{\frac{3}{100}} = \frac{1}{3} \approx 33\%$

107

8.

	S	$\overline{S}$	
Sp	0,075	0,30	0,375
$\overline{Sp}$	0,175	0,45	0,625
	0,25	0,75	1,00

S: tankt Superbenzin
Sp : fährt Sportwagen

37,5% seiner Kunden fahren Sportwagen.

9.

	B	$\overline{B}$	
A	60	540	600
$\overline{A}$	160	240	400
	220	780	1 000

$P(B) = \frac{220}{1\,000} = 22\%$

$P(A \cap B) = \frac{60}{1\,000} = 6\%$

$P_A(B) = \frac{60}{600} = 10\%$

$P_B(A) = \frac{60}{220} \approx 27\%$

$P(\overline{A} \cap B) = \frac{160}{1\,000} = 16\%$

$P_{\overline{A}}(B) = \frac{160}{400} = 40\%$

Die Wahrscheinlichkeit
P(B), dass eine zufällig ausgewählte Testperson erkrankt war, war 22%.
$P(A \cap B)$, dass eine zufällig ausgewählte Testperson geimpft und trotzdem erkrankt war, war 6%.
$P_A(B)$, dass eine zufällig unter den Geimpften ausgewählte Testperson erkrankt war, war 10%.
$P_B(A)$, dass eine zufällig unter den Erkrankten ausgewählte Testperson geimpft war, war etwa 27%.
$P(\overline{A} \cap B)$, dass eine zufällig ausgewählte Testperson nicht geimpft und erkrankt war, war 16%.
$P_{\overline{A}}(B)$, dass eine zufällig unter den nichtgeimpften Testpersonen ausgewählte Person erkrankt war, war 40%.

10. a)

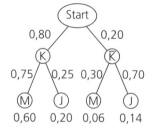

M: Mädchen
J: Junge
K: Person kauft Schülerzeitung

Anzahl der Mädchen: $(0,80 \cdot 0,75 + 0,20 \cdot 0,30) \cdot 900 = 0,66 \cdot 900 = 594$

b)

	M	J	
K	540	180	720
$\overline{K}$	54	126	180
	594	306	900

c) $P_J(K) = \frac{180}{306} = \frac{10}{17} \approx 58,8\%$

11.

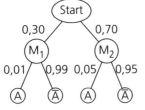

M₁: Maschine mit kleinerem Anteil
M₂: Maschine mit größerem Anteil
A: Ausschuss

$$P_{\bar{A}}(M_1) = \frac{0,30 \cdot 0,01}{0,30 \cdot 0,01 + 0,70 \cdot 0,05} = \frac{0,003}{0,038} \approx 7,9\%$$

12. a)

	M	P	
W	0,4375	0,2385	0,6760
keine W	0,0625	0,2615	0,3240
	0,5000	0,5000	1,0000

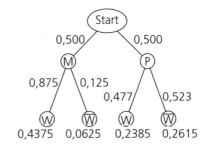

108

b) Die Wahrscheinlichkeit

$P(M \cap W)$, dass eine zufällig ausgewählte Testperson das Medikament erhalten hat und (dann) bei ihr die gewünschte Wirkung eingetreten ist, ist 0,4375 ≈ 44%.

$P_M(W)$, dass bei einem zufällig ausgewählten „Medikamentenempfänger" die erwünschte Wirkung eingetreten ist, ist $(\frac{0,4375}{0,500} =) 0,875 \approx 88\%$.

c) Die Wahrscheinlichkeit

$P(P \cap W)$, dass eine zufällig ausgewählte Testperson ein Placebo erhalten hat und (dann) bei ihr (trotzdem) die gewünschte Wirkung eingetreten ist, ist 0,2385 ≈ 24%.

$P_P(W)$, dass bei einem zufällig ausgewählten „Placeboempfänger"(trotzdem) die gewünschte Wirkung eingetreten ist, ist $(\frac{0,2385}{0,500} =) 0,477 \approx 48\%$.

d) Die Wahrscheinlichkeit

$P(P \cap W)$, dass eine zufälig ausgewählte Testperson ein Placebo erhalten hat und (dann) bei ihr (trotzdem) die gewünschte Wirkung eingetreten ist, ist 0,2385 ≈ 24%.

$P_w(P)$, dass eine derjenigen Testpersonen, bei denen die gewünschte Wirkung eingetreten ist, ein Placebo erhalten hatte, ist $\frac{0,2385}{0,4375 + 0,2385} \approx 35\%$.

13. a)

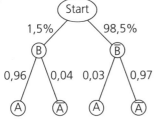

b) $P(A \cap B) = 0,015 \cdot 0,96 = 0,0144 = 1,44\%$

$$P_A(B) = \frac{P(A \cap B)}{P(A)} = \frac{1,44\%}{1,5\% \cdot 0,96 + 98,5\% \cdot 0,03} = 32,8\%$$

Bei den Aufgaben 14. und 15. sollte der Rechnung jeweils eine Schätzung vorausgehen.

14.

B: Brustkrebs
$\overline{B}$: nicht Brustkrebs

pos.: Diagnose „positiv"
neg.: Diagnose „negativ"

Schätzung: Individuelle Lösungen

$$P_{pos.}(\text{„Brustkrebs"}) = \frac{0,01 \cdot 0,90}{0,01 \cdot 0,90 + 0,99 \cdot \frac{1}{11}} = \frac{0,0090}{0,0990} = 0,0909.... \approx 9\%$$

15.

E. Person hat Darmkrebs
E: Person hat nicht Darmkrebs

Schätzung: Individuelle Lösungen

$$P_{pos.}(\text{„Person hat Darmkrebs"}) = \frac{0,003 \cdot 0,50}{0,003 \cdot 0,50 + 0,997 \cdot 0,03} = \frac{0,0015}{0,03141} \approx 4,8\%$$

W

W1 $x = 2$; $y = 0$; $z = 1$; $L = \{(2; 0; 1)\}$

W2 $P_1 (0 \mid 12)$; $P_2 (1 \mid 6)$; $P_3 (2 \mid 4)$; $P_4 (3 \mid 3)$; $P_5 (5 \mid 2)$; $P_6 (11 \mid 1)$; $P_7 (-2 \mid -12)$; $P_8 (-3 \mid -6)$; $P_9 (-4 \mid -4)$; $P_{10} (-5 \mid -3)$; $P_{11} (-7 \mid -2)$; $P_{12} (-13 \mid -1)$
G_f enthält 12 solche Punkte.

W3 $V = \frac{1}{3} \cdot (5 \text{ cm})^2 \cdot \pi \cdot 12 \text{ cm} = 100\pi \text{ cm}^3 \approx 0,31 \text{ dm}^3$

$n = -10$
$x - 1 = 3^4 = 81$;
$x = 82$
$\cos 270° = 0$

L

I. Aus jedem der beiden zueinander inversen Baumdiagramme ① und ② in der „räumlichen" Darstellung lässt sich nach einer Pfadregel der Ertrag, z. B. im getönten Feld der Vierfeldertafel entnehmen:

Aus ① $P(A) \cdot P_A(B) = P(A \cap B)$ und ② $P(B) \cdot P_B(A) = P(A \cap B)$ ergeben sich dann die beiden Behauptungen sowie $P_B(A) = \frac{P(A \cap B)}{P(B)}$.

Die Schülerinnen und Schüler erarbeiten z. B. bei den Aufgaben I., II. und IV. jeweils die beiden zueinander inversen Baumdiagramme und erkennen, dass eine Vierfeldertafel (auch) in diesem Zusammenhang sehr hilfreich ist.

II.

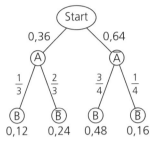

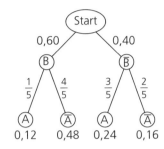

Beispiel:
Bei einem Test war je eine Algebra- und eine Geometrieaufgabe zu bearbeiten. Von den Schülern und Schülerinnen lösten 12% beide Aufgaben und 16% keine der beiden Aufgaben richtig; die Geometrieaufgabe wurde insgesamt von 60% der Prüflinge richtig gelöst. Wie viel Prozent der Jugendlichen lösten die Algebraaufgabe richtig?

III.

	G	$\overline{G}$	
S	15%	16%	31%
$\overline{S}$	5%	64%	69%
	20%	80%	100%

G: is a college graduate
S: is in a supervisory position

The probability that a supervisor student at random graduated from college is

$$P_s(G) = \frac{P(S \cap G)}{P(S)} = \frac{15\%}{31\%} \approx 48\%.$$

IV. a)

	≦ 30	> 30	
⊕	20%	42%	62%
☹;–	20%	18%	38%
	40%	60%	100%

≦ 30: höchstens 30 Jahre alt
> 30: über 30 Jahre alt
⊕: positive Meinung
☹: negative oder keine Meinung

b)

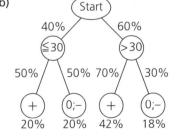

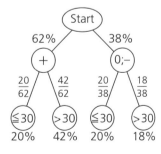

c) $\frac{42}{62} = \frac{21}{31} \approx 68\%$ der Zuschauer mit positiver Meinung waren älter als 30 Jahre.

Auch bei dieser Aufgabe können leistungsstärkere Jugendliche Verallgemeinerungen und Variationen entwickeln.

V. Aus der linken Hosentasche in die rechte:

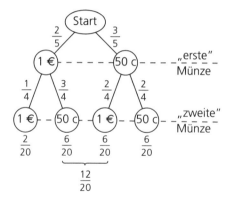

Rechte Hosentasche:

$$3 \times 1\ € \atop 4 \times 50\ c$$ ———————————————— Inhalt zu Beginn

$\frac{2}{20}$ $\frac{12}{20}$ $\frac{6}{20}$

$$5 \times 1\ € \atop 4 \times 50\ c$$ – – $$4 \times 1\ € \atop 5 \times 50\ c$$ – – $$3 \times 1\ € \atop 6 \times 50\ c$$ zusammen mit den beiden Münzen aus der linken Hosentasche

$\frac{5}{9}$ $\frac{4}{9}$ $\frac{4}{9}$ $\frac{5}{9}$ $\frac{3}{9}$ $\frac{6}{9}$

1 € – 50 c – 1 € – 50 c – 1 € – 50 c – – – – Entnahme einer Münze

$\frac{10}{180}$ + $\frac{48}{180}$ + $\frac{18}{180}$ = $\frac{76}{180}$ = $\frac{19}{45}$ ≈ 42%

Gregor nimmt mit einer Wahrscheinlichkeit von etwa 42% eine 1-€-Münze heraus.

L

1. a) $\frac{16}{33} \approx 48\%$ b) 100% c) $\frac{3}{20} = 15\%$ d) 0%

2. a) $1 - 0,8^4 \approx 59\%$ b) $0,8^3 \cdot 0,2 + 0,8^4 = 0,8^3 \approx 51\%$

   c) $0,8^3 \cdot 0,2 \approx 10\%$ d) $0,8^2 \cdot 0,2^2 \cdot 6 \approx 15\%$

3. a) $P(\text{„nur Franzi"}) = \frac{1}{20} \cdot \frac{17}{19} + \frac{17}{20} \cdot \frac{1}{19} = \frac{34}{380} = \frac{17}{190} \approx 8,9\%$

   b) $P(\text{„Franzi und Nico"}) = \frac{1}{20} \cdot \frac{1}{19} + \frac{1}{20} \cdot \frac{1}{19} = \frac{1}{190} \approx 0,5\%$

   c) $P(\text{„weder Ron noch Nico"}) = \frac{1}{20} \cdot \frac{17}{19} + \frac{17}{20} \cdot \frac{1}{19} + \frac{17}{20} \cdot \frac{16}{19} = \frac{18 \cdot 17}{20 \cdot 19} = \frac{153}{190} \approx 80,5\%$

   d) $P(\text{„mindestens ein Schmuggler"}) = 1 - \frac{17}{20} \cdot \frac{16}{19} = \frac{27}{95} \approx 28,4\%$

   e) $P(\text{„genau ein Schmuggler"}) = \left(\frac{1}{20} \cdot \frac{17}{19}\right) \cdot 3 + \left(\frac{17}{20} \cdot \frac{1}{19}\right) \cdot 3 = \frac{51}{190} \approx 26,8\%$

4. a) $1 - 0,97^n \geq 0,95$; $n \geq 98,35 \ldots$; Mindestanzahl: 99 Tiere.

   b)

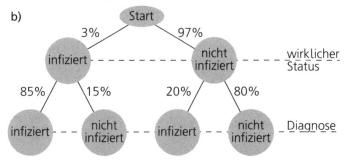

$$P_{\text{als nicht infiziert eingestuft}}(\text{„infiziert"}) = \frac{0,03 \cdot 0,15}{0,03 \cdot 0,15 + 0,97 \cdot 0,80} \approx 0,58\%$$

5.

	Frau	**M**ann	
„nimmt Rücksicht"	0,13	0,45	0,58
„nimmt keine Rücksicht"	0,27	0,15	0,42
	0,40	0,60	1,00

$P_F(\text{„nimmt keine Rücksicht"}) = \frac{0,27}{0,40} \approx 68\%$

6. a)

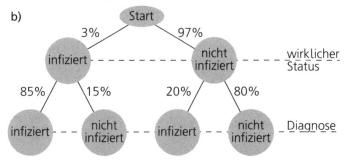

   b)

	Urne 1	Urne 2	
rot	20	15	35
weiß	20	25	45
	40	40	80

   c) $P(\text{„rot"}) = \frac{1}{2} \cdot \frac{1}{2} + \frac{1}{2} \cdot \frac{15}{40} = \frac{7}{16}$ bzw. $P(\text{„rot"}) = \frac{35}{80} = \frac{7}{16}$

     $P(\text{„rot und aus Urne 1"}) = \frac{1}{2} \cdot \frac{1}{2} = \frac{1}{4}$ bzw. $P(\text{„rot und aus Urne 1"}) = \frac{20}{80} = \frac{1}{4}$

     $P_{\text{rot}}(\text{„aus Urne 1"}) = \frac{\frac{1}{4}}{\frac{7}{16}} = \frac{4}{7} \approx 57\%$ bzw. $P_{\text{rot}}(\text{„aus Urne 1"}) = \frac{20}{35} = \frac{4}{7} \approx 57\%$

   d) $P(\text{„rot und aus Urne 2"}) = \frac{1}{2} \cdot \frac{15}{40} = \frac{3}{16}$ bzw. $P(\text{„rot und aus Urne 2"}) = \frac{15}{80} = \frac{3}{16}$

     $P_{\text{rot}}(\text{„aus Urne 2"}) = \frac{\frac{3}{16}}{\frac{7}{16}} = \frac{3}{7} \approx 43\%$ bzw. $P_{\text{rot}}(\text{„aus Urne 2"}) = \frac{15}{35} = \frac{3}{7} \approx 43\%$

     [oder: $P_{\text{rot}}(\text{„aus Urne 2"}) = 1 - P_{\text{rot}}(\text{„aus Urne 1"}) \approx 1 - 57\% = 43\%$]

Die Schüler und Schülerinnen suchen (z. B. in Partnerarbeit) zu jedem Buchstaben des Alphabets möglichst viele Fachbegriffe aus der Stochastik. Jeder der angegebenen Begriffe wird dann von den Schülern/Schülerinnen in Worten oder mithilfe eines Beispiels erklärt. So werden die besprochenen Lerninhalte durch diese offene Aufgabe wiederholt und gefestigt.

A	B
C	D
E	F
G	H
I	J
K	L
M	N
O	P
Q	R
S	T
U	V
W	X
Y	Z

Beispiele für mögliche Begriffe

Absolute Häufigkeit	Balkendiagramm, Baumdiagramm, Bedingte Wahrscheinlichkeit, Befragung
Chevalier de Méré	Daten, Diagramm, Dodekaeder
Ereignis, Ergebnis	Fakultät
Geburtstagsproblem, Gegenereignis, Gesetz der großen Zahlen, Glücksrad	Häufigkeit
Ikosaeder, Inverses Baumdiagramm, Irreführende Diagramme	J
Kombinatorik, Kreisdiagramm	Laplace-Glücksrad, Laplace-Münze, Laplace-Würfel, Laplace-Wahrscheinlichkeit, Los
Median, Mittelwert, Münze	Niete
Oder-Ereignis, Oktaeder	Pfadregeln, Population
Qualitativ, Quantitativ	Regressionsgerade, Relative Häufigkeit, Roulette
Säulendiagramm, Schätzwert, Sicheres Ereignis, Statistik, Stichprobe	Tabelle, Tetraeder, Treffer
Umfrage, Unmögliches Ereignis, Urne	Vierfeldertafel
Wahrscheinlichkeit, Würfel, Würfelschlange, Wurf	X-Achse
Y-Achse	Zählprinzip, Ziegenproblem, Ziehen mit/ohne Zurücklegen, Zufallsexperiment, Zweistufig

Émilie du Châtelet

geb. 17. 12. 1706 in Paris
gest. 10. 8. 1749 in Lunéville

Gabrielle Émilie du Châtelet wurde am 17. 12. 1706 in Paris geboren; sie war die Tochter von Louis Nicolas Le Tonnelier Baron de Breteuil, dem Protokollchef am Hof Ludwigs XIV., und seiner Frau Gabrielle-Anne de Froulay. Émilie de Breteuil war in eine Gesellschaft hineingeboren, in der man von Frauen erwartete, dass sie klug, geistreich und schön seien. Als Kind zeigte Émilie keinerlei Anzeichen des für Frauen ihrer gesellschaftlichen Stellung ausschlaggebenden Attributs der Schönheit. Ihr Vater schrieb von ihr: „Meine Jüngste ist ein wunderliches Geschöpf: Sie ist zweimal so groß wie andere Mädchen ihres Alters; sie ist stark wie ein Holzfäller … und hat riesige Füße, die man allerdings völlig vergisst, wenn man ihre enormen Hände sieht."

Überzeugt, dass Émilie nie einen Ehemann finden werde, ließen die Eltern ihr die bestmögliche Erziehung angedeihen. Sie lernte Englisch und Italienisch, aber auch Latein und las lateinische Autoren im Original. Bis sie mit 16 Jahren bei Hofe eingeführt wurde, hatte sie sich zu einer anziehenden, intelligenten, wohlgebildeten und schlagfertigen jungen Dame entwickelt, die fest entschlossen war, ihr Leben in die eigenen Hände zu nehmen. 1725 heiratete sie den Marquis Florent-Claude du Châtelet-Lomont; mit ihm hatte sie drei Kinder.

Des gesellschaftlichen Lebens überdrüssig, zog sie sich immer wieder zurück und widmete sich ihren Studien. Der Mathematiker de Mézières soll ihr Interesse für Mathematik und Naturwissenschaften geweckt haben. Ihre gesellschaftliche Stellung erlaubte es Émilie du Châtelet, bedeutende Wissenschaftler wie Pierre Louis de Maupertius und Alexis Claude Clairaut als Privatlehrer zu gewinnen; sie unterrichteten sie in Algebra und brachten ihr die Physik Newtons nahe. Clairauts gesammelte Unterrichtslektionen für die Marquise wurden später als seine *Eléments de géometrie* veröffentlicht.

In den dreißiger Jahren des 18. Jahrhunderts trafen sich die Pariser Wissenschaftler in Kaffeehäusern. Da achtbare Frauen hier keinen Zutritt hatten, verkleidete sich Émilie du Châtelet als Mann, um an den philosophischen Diskussionen teilnehmen zu können. 1733 lernte Émilie du Châtelet Voltaire kennen, der fünfzehn Jahre bei seiner „göttlichen Émilie" auf ihrem Schloss Cirey lebte. Dieses Schloss wurde zu einem Treffpunkt vor allem von Literaten und Wissenschaftlern.

Obwohl Emilie du Châtelet die Werke von Descartes studiert hatte, interessierte sie sich mehr für die Arbeiten von Leibniz und Newton. Ihre größte wissenschaftliche Leistung war die Übersetzung von Newtons in Latein abgefasstem Hauptwerk *Philosophiae naturalis principia mathematica* ins Französische und vor allem die Kommentierung dieses Werks. Sie hat den Inhalt in der Sprache der modernen Mathematik kommentiert und damit für die französischen Wissenschaftler des 18. und 19. Jahrhunderts erschlossen. Daneben hat Émilie du Châtelet weitere Werke (wie z. B. *Die Rede vom Glück*) veröffentlicht. Auch hat sie sich (ebenso wie Voltaire) an einem Wettbewerb der Akademie der Wissenschaften zum Thema *Über die Natur des Feuers* beteiligt. Der Preis wurde dann zwar nicht ihr, sondern Leonhard Euler und zwei weiteren Mitbewerbern zuerkannt, aber auf Betreiben Voltaires wurden die Arbeiten von Émilie du Châtelet und Voltaire zusammen mit denen der Preisträger veröffentlicht.
1749 starb Emilie du Châtelet kurz nach der Geburt einer Tochter an Kindbettfieber.

Die Schülerinnen und Schüler lernen Potenzfunktionen mit natürlichen Exponenten und deren Eigenschaften sowie Eigenschaften ihrer Graphen kennen.
Die Schülerinnen und Schüler haben bereits lineare und quadratische Funktionen und deren Eigenschaften kennen gelernt und erweitern nun das Spektrum dieser Funktionen um die ganzrationalen Funktionen. Sie legen dabei eine solide Basis für die Aufgaben und Fragestellungen in der Oberstufe.

- Der Graph ist die Parallele zur x-Achse durch den Punkt T $(0 \mid 3)$, aber ohne T.
- $f(2x) = (2x)^n = 2^n \cdot x^n = 2^n \cdot f(x)$: Der Funktionswert wird 2^n-mal so groß.
- Der Graph G_f ist punktsymmetrisch zum Ursprung, verläuft durch den II. und den IV. Quadranten und für alle Werte von $x \neq 0$ zwischen der x-Achse und dem Graphen der Funktion g: $g(x) = -x^3$; $D_g = \mathbb{R}$.

L

1.

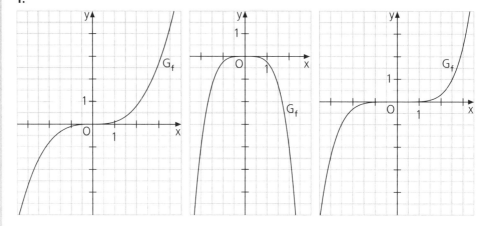

2. $O \in g$: $y = mx$

$R \in g$: $-9 = -3m$; $\mid : (-3)$ $m = 3$; also g: $y = 3x$

$T \in g$: L. S.: 9; R. S.: $3 \cdot 3 = 9$; L. S. = R. S. ✓

Die drei Punkte liegen auf der Geraden g: $y = 3x$.

Sie liegen auch auf dem Graphen G_f, da ihre Koordinaten jeweils die Gleichung

$y = \frac{x^2}{3}$ erfüllen: $-9 = \frac{(-3)^3}{3}$; $0 = 0$ bzw. $9 = \frac{3^3}{3}$. ✓

3. **a)** $y_P = f(0,5) = -0,5 \cdot 0,5^4 = -0,5^5 = -0,03125$; $P(0,5 \mid -0,03125)$

b) $0,01(x_P - 1)^6 = 0$; $x_P = 1$; $P(1 \mid 0)$

c) $27 = 3^n$; $n = 3$; f: $f(x) = x^3$; $D_f = \mathbb{R}$

4. **a)** (1) $0 = a \cdot 0$ gilt für jeden Wert von $a \in \mathbb{R} \setminus \{0\}$; (2) $3 = a \cdot 1$; $a = 3$;
f: $f(x) = 3x^n$; $n \in \mathbb{N}$; $D_f = \mathbb{R}$

b) (1) $4 = a \cdot 2^n$; (2) $0,25 = a \cdot (-1)^n$
Aus (1) folgt, dass a positiv ist; somit muss n wegen (2) gerade sein.
Also ist $0,25 = a$; eingesetzt in (1) ergibt dies $4 = 0,25 \cdot 2^n$; $\mid : 0,25$
$16 = 2^n$; $n = 4$; f: $f(x) = 0,25x^4$; $D_f = \mathbb{R}$

c) (1) $20\,000 = a \cdot (-10)^n$; (2) $-625 = a \cdot 5^n$
Aus (2) folgt, dass a negativ ist; somit muss n wegen (1) ungerade sein.
(2') $a = -625 : 5^n = -5^{4-n}$; eingesetzt in (1) ergibt dies $20\,000 = (-5^{4-n}) \cdot (-10)^n$;
$20\,000 = -5^4 \cdot 5^{-n} \cdot (-2^n) \cdot 5^n = -5^4 \cdot 5^{-n+n} \cdot (-2^n) = 625 \cdot 2^n$; $\mid : 625$
$32 = 2^n$; $n = 5$ eingesetzt in (2') $a = -5^{4-5} = -5^{-1} = -0,2$; f: $f(x) = -0,2 \cdot x^5$; $D_f = \mathbb{R}$

5. **a)** $x^5 = x^4$; $\mid -x^4$ $x^5 - x^4 = 0$; $x^4(x - 1) = 0$; $x_1 = 0$; $x_2 = 1$

b) $\frac{x^6}{49} = x^4$; $\mid -x^4$ $\frac{x^4}{49}(x^2 - 49) = 0$; $x_1 = 0$; $x_2 = 7$; $x_3 = -7$

c) $x^3 = x$; $\mid -x$ $x(x^2 - 1) = 0$; $x_1 = 0$; $x_2 = 1$; $x_3 = -1$

d) $x = 2x^2$; $\mid -2x^2$ $x(1 - 2x) = 0$; $x_1 = 0$; $x_2 = 0,5$

6. **a)** Flächeninhalt: $A_1 = r^2\pi = (2,4 \text{ cm})^2 \cdot \pi \approx 18 \text{ cm}^2$

b) $\frac{V}{4} = 0,32 \text{ dm}^3 : 4 = 0,08 \text{ dm}^3 = 80 \text{ cm}^3 = 8 \cdot 10^{-5} \text{ m}^3$;

$V_{\text{Kügelchen}} = \frac{4}{3} (2,5 \cdot 10^{-6} \text{ m})^3 \cdot \pi = 65,4498 \ldots \cdot 10^{-18} \text{ m}^3$

Anzahl der Tröpfchen: $n = (8 \cdot 10^{-5} \text{ m}^3) : (65,4498 \ldots \cdot 10^{-18} \text{ m}^3) \approx 1,222 \cdot 10^{12}$

c) Einzeloberflächeninhalt: $A_2 = 4 \cdot (2,5 \cdot 10^{-6} \text{ m})^2 \cdot \pi \approx 7,85 \cdot 10^{-11} \text{ m}^2$

Gesamtoberflächeninhalt: $A_3 = A_2 \cdot n \approx 96 \text{ m}^2$

d) $96 \text{ m}^2 : (18 \text{ cm}^2) \approx 53\,000$; A_3 ist etwa das 50 000-Fache von A_1.

Zweck dieser starken Vergrößerung der Oberfläche ist es, die Verdunstung (die proportional zum Oberflächeninhalt erfolgt) zu beschleunigen und damit die Deowirkung zu verstärken.

W

W1 Die Zahl 5 (bzw. −5) ist gleich dem 25-Fachen ihres Kehrwerts.
Die Zahl $\sqrt{2}$ (bzw. $-\sqrt{2}$) ist gleich dem Doppelten ihres Kehrwerts.
Die Zahl 2 (bzw. −2) ist gleich dem Vierfachen ihres Kehrwerts.

W2 Die Gleichungen b), c) und d) sind zwar über $\mathbb{Z}$, nicht aber über $\mathbb{N}$ lösbar.

W3 Die drei Gleichungen b), c) und d), also 60% der fünf Gleichungen, sind zwar über $\mathbb{R}$, nicht aber über $\mathbb{Q}$ lösbar.

$12 : (2^2 - 4^2) = -1$
$(6^2 - 6^3) : 6^2 = -5$
$\sqrt{54} : \sqrt{6} = 3$

115

Die Schüler und Schülerinnen wiederholen die Lösungsverfahren für quadratische Gleichungen (Anwendung der Lösungsformel; Zerlegung von quadratischen Polynomen in Linearfaktoren) sowie die Lösung von biquadratischen Gleichungen mithilfe von Substitutionen. Sie lernen das Verfahren der Polynomdivision kennen und üben es an zahlreichen Beispielen ein.

AH S. 29–30

Beim Lösen dieser Gleichungen soll der mathematische Blick geschult werden. Die Lösungsmenge (über der Grundmenge $\mathbb{R}$) kann meist durch Überlegen gefunden werden.

■ Ja; z. B. hat die Gleichung $x^3 - 3x^2 + 3x - 1 = 0$, also $(x - 1)^3 = 0$, d. h.
$(x - 1)(x - 1)(x - 1) = 0$ die drei gleichen positiven Lösungen $x_1 = x_2 = x_3 = 1$.
■ $1; -1; 3; -3; 5; -5; 15; -15$

L

1. a) $(x^3 - 10x^2 + 31x - 30) : (x - 3) = x^2 - 7x + 10$
$\underline{-(x^3 - 3x^2)}$
$\quad\quad -7x^2 + 31x$
$\quad\quad \underline{-(-7x^2 + 21x)}$
$\quad\quad\quad\quad 10x - 30$
$\quad\quad\quad\quad \underline{-(10x - 30)}$
$\quad\quad\quad\quad\quad\quad 0$

b) $(x^3 - x^2 - 19x - 5) : (x - 5) = x^2 + 4x + 1$
$\underline{-(x^3 - 5x^2)}$
$\quad\quad 4x^2 - 19x$
$\quad\quad \underline{-(4x^2 - 20x)}$
$\quad\quad\quad\quad x - 5$
$\quad\quad\quad\quad \underline{-(x - 5)}$
$\quad\quad\quad\quad\quad 0$

c) $(x^3 + 2x^2 + 25x + 50) : (x + 2) =$
$[x^2(x + 2) + 25(x + 2)] : (x + 2) =$
$[x^2(x + 2)] : (x + 2) + [25(x + 2)] : (x + 2) = x^2 + 25$

d) $(x^3 - 7x + 6) : (x - 1) = x^2 + x - 6$
$\underline{-(x^3 - x^2)}$
$\quad\quad x^2 - 7x$
$\quad\quad \underline{-(x^2 - x)}$
$\quad\quad\quad -6x + 6$
$\quad\quad\quad \underline{-(-6x + 6)}$
$\quad\quad\quad\quad\quad 0$

e) $(x^3 - 3x - 2) : (x + 1) = x^2 - x - 2$
$\underline{-(x^3 + x^2)}$
$\quad\quad -x^2 - 3x$
$\quad\quad \underline{-(-x^2 - x)}$
$\quad\quad\quad -2x - 2$
$\quad\quad\quad \underline{-(-2x - 2)}$
$\quad\quad\quad\quad\quad 0$

f) $(x^4 + 2x^2 + 1) : (x^2 + 1) = x^2 + 1$
$\underline{-(x^4 + x^2)}$
$\quad\quad x^2 + 1$
$\quad\quad \underline{-(x^2 + 1)}$
$\quad\quad\quad\quad 0$
Oder: $(x^4 + 2x^2 + 1) : (x^2 + 1) = (x^2 + 1)^2 : (x^2 + 1) = x^2 + 1$

2. a) $x^3 - x^2 - 12x = 0$; $x(x^2 - x - 12) = 0$; $x(x - 4)(x + 3) = 0$;
$L = \{-3; 0; 4\}$

b) $x^4 - 2x^2 + 1 = 0$; $(x^2 - 1)^2 = 0$;
$L = \{-1; 1\}$

c) $x^3 + 3x^2 + 2x = 0$; $x(x^2 + 3x + 2) = 0$; $x(x + 1)(x + 2) = 0$;
$L = \{-2; -1; 0\}$

d) $x + \sqrt{x} = 12$; $x + \sqrt{x} - 12 = 0$; $(\sqrt{x} + 4)(\sqrt{x} - 3) = 0$;
$\sqrt{x} + 4 = 0$: keine reelle Lösung
$\sqrt{x} = 3$; $x = 9$; $L = \{9\}$

e) $x^4 - 35x^2 + 216 = 0$; $(x^2 - 27)(x^2 - 8) = 0$;
$x^2 = 27$; $x_1 = 3\sqrt{3}$; $x_2 = -3\sqrt{3}$;
$x^2 = 8$; $x_3 = 2\sqrt{2}$; $x_4 = -2\sqrt{2}$;
$L = \{-3\sqrt{3}; -2\sqrt{2}; 2\sqrt{2}; 3\sqrt{3}\}$
Weitere Lösungsmöglichkeit mithilfe der Substitution $x^2 = y$, die auf die quadratische
Gleichung $y^2 - 35y + 216 = 0$ führt.

f) $x^3 - 9x = 0$; $x(x^2 - 9) = 0$; $L = \{-3; 0; 3\}$

g) $x^3 - 2x^2 + x - 2 = 0$; $x^2(x - 2) + 1 \cdot (x - 2) = 0$; $(x - 2)(x^2 + 1) = 0$;
$L = \{2\}$ (*Hinweis*: Über $G = \mathbb{R}$ ist stets $x^2 + 1 \geqq 1$, also $x^2 + 1 \neq 0$)

h) $9x^2 - 0{,}75x^3 = 0$; $x^2(9 - 0{,}75x) = 0$; $x_1 = 0$;
$9 - 0{,}75x = 0$; $| -9 \quad -0{,}75x = -9$; $| : (-0{,}75) \quad x_2 = 12$
$L = \{0; 12\}$

i) $x^4 + 4x^2 + 4 = 0$; $L = \{\}$, da $x^4 + 4x^2 + 4 \geqq 4$ für jeden Wert von $x \in \mathbb{R}$.

3. Beispiele für mögliche Gleichungen:

a) $(x + 2) \cdot x \cdot (x - 1) = 0$; $x^3 + x^2 - 2x = 0$

b) $(x + 0{,}5)(x + 0{,}25)(x - 4) = 0$; $x^3 - 3{,}25x^2 - 2{,}875x - 0{,}5 = 0$; $| \cdot 16$
$16x^3 - 52x^2 - 46x - 8 = 0$

c) $(x - 2)^2(x - 3) = 0$; $x^3 - 7x^2 + 16x - 12 = 0$

d) $(x - 1)^3 = 0$; $x^3 - 3x^2 + 3x - 1 = 0$

4. Ansatz: $f(x) = g(x)$. In allen sechs Teilaufgaben ist $D_f = \mathbb{R} = D_g$.

a) $x^3 - 2x^2 + 3 = -2x^2 + 11$; $| + 2x^2 - 3$
$x^3 = 8$; $x = 2 \in \mathbb{R}$; $f(2) = 8 - 8 + 3 = 3 = g(2)$; S (2 | 3)

b) $0{,}5x^3 = 13 - (x - 5)^2$; $0{,}5x^3 = 13 - x^2 + 10x - 25$; $| + x^2 - 10x + 12$
$0{,}5x^3 + x^2 - 10x + 12 = 0$; $| \cdot 2$
$x^3 + 2x^2 - 20x + 24 = 0$; $x_1 = 2$, da $2^3 + 2 \cdot 2^2 - 20 \cdot 2 + 24 = 40 - 40 = 0$ ist;

$(x^3 + 2x^2 - 20x + 24) : (x - 2) = x^2 + 4x - 12$
$\underline{-(x^3 - 2x^2)}$
$\qquad 4x^2 - 20x$
$\qquad \underline{-(4x^2 - 8x)}$
$\qquad\qquad -12x + 24$
$\qquad\qquad \underline{-(-12x + 24)}$
$\qquad\qquad\qquad 0$

$x^2 + 4x - 12 = 0$; $(x + 6)(x - 2) = 0$; $x_2 = -6 \in \mathbb{R}$; $x_3 = x_1 = 2 \in \mathbb{R}$;
$f(2) = 0{,}5 \cdot 2^3 = 4 = g(2)$; $S_1 = S_3$ (2 | 4);
$f(-6) = 0{,}5 \cdot (-6)^3 = -108 = g(-6)$; S_2 (-6 | -108)

c) $x^3 - 3x^2 + 4 = x + 1$; $| -x - 1$
$x^3 - 3x^2 - x + 3 = 0$; $x^2(x - 3) - 1 \cdot (x - 3) = 0$; $(x - 3)(x^2 - 1) = 0$;
$(x - 3)(x + 1)(x - 1) = 0$;
$x_1 = 3 \in \mathbb{R}$; $x_2 = -1 \in \mathbb{R}$; $x_3 = 1 \in \mathbb{R}$;
$g(3) = 3 + 1 = 4 = f(3)$; S_1 (3 | 4);
$g(-1) = -1 + 1 = 0 = f(-1)$; S_2 (-1 | 0);
$g(1) = 1 + 1 = 2 = f(1)$; S_3 (1 | 2)

d) $x^3 = x$; $| -x$
$x^3 - x = 0$; $x(x^2 - 1) = 0$; $x(x + 1)(x - 1) = 0$;
$x_1 = 0 \in \mathbb{R}$; $x_2 = -1 \in \mathbb{R}$; $x_3 = 1 \in \mathbb{R}$;
$g(0) = 0 = f(0)$; S_1 (0 | 0);
$g(-1) = -1 = f(-1)$; S_2 (-1 | -1);
$g(1) = 1 = f(1)$; S_3 (1 | 1)

e) $x^4 + x^2 = 2; |-2 \quad x^4 + x^2 - 2 = 0$; Substitution: $x^2 = u$;
   $u^2 + u - 2 = 0; (u + 2)(u - 1) = 0$;
   $u_1 = -2; x^2 = -2 < 0$: keine reellen Lösungen
   $u_2 = 1; x^2 = 1; x_1 = 1 \in \mathbb{R}; x_2 = -1 \in \mathbb{R}$;
   $S_1 (1 | 2), S_2 (-1 | 2)$

f) $(x - 1)^3 \cdot (x + 3) = (x - 1)(x + 3); |-(x - 1) \cdot (x + 3)$
   $(x - 1) \cdot (x + 3) \cdot [(x - 1)^2 - 1] = 0$;
   $x_1 = 1 \in \mathbb{R}; \quad x_2 = -3 \in \mathbb{R}$;
   $x^2 - 2x + 1 - 1 = 0; x(x - 2) = 0$;
   $x_3 = 0 \in \mathbb{R}; \quad\quad x_4 = 2 \in \mathbb{R}$;
   $g(1) = 0 = f(1); S_1 (1 | 0) \quad\quad g(-3) = 0 = f(-3); S_2 (-3 | 0)$
   $g(0) = -3 = f(0); S_3 (0 | -3); \quad g(2) = 5 = f(2); S_4 (2 | 5)$

W

$\sqrt[3]{\sqrt[3]{a^{18}}} = a^2$

$\sqrt[3]{a^{12}} = a^4$

$x = -2$

W1 $\overline{AB} = \sqrt{[(-4) - 0]^2 + (0 - 3)^2} \text{ LE} = \sqrt{16 + 9} \text{ LE} = 5 \text{ LE}$

W2 Darunter versteht man (kleine) negative Zahlen mit großem Betrag.
Beispiele: $-10\,000; -1\,000\,000$

W3 $y = -0{,}25(x^2 + 8x + 16) + 0{,}25 \cdot 16 + 6 = -0{,}25(x + 4)^2 + 10$; Scheitel S $(-4 | 10)$

Die Biographien der beiden Mathematiker Tartaglia und Cardano, die Einblicke in die Lebensweise des 16. Jahrhunderts vermitteln, könnten – z. B. nach Internetrecherchen als Kurzreferat – dargestellt werden.
Erfahrungsgemäß interessiert es Schülerinnen und Schüler dieser Altersstufe, dass es Lösungsverfahren auch für kubische Gleichungen gibt. Die Themenseite ist so gestaltet, dass die in drei Schritte unterteilte Herleitung der Lösungsformel für kubische Gleichungen für interessierte Schüler und Schülerinnen gut nachvollziehbar ist.

L

1. a) $u^3 = -14 + \sqrt{14^2 + (-3)^3} = -14 + \sqrt{169} = -14 + 13 = -1; u = -1;$

$v^3 = -14 - \sqrt{14^2 + (-3)^3} = -14 - \sqrt{169} = -14 - 13 = -27; v = -3;$

$x = u + v = -1 + (-3) = -4; x^3 - 9x + 28 = (x + 4)(x^2 - 4x + 7) = 0:$

Die Gleichung hat keine weiteren reellen Lösungen; über $G = \mathbb{R}$ ist $L = \{-4\}$.

b) $u^3 = -8 + \sqrt{8^2 + (-4)^3} = -8 + \sqrt{0} = -8; u = -2;$

$v^3 = -8 - \sqrt{8^2 + (-4)^3} = -8; v = -2;$

$x = u + v = -2 + (-2) = -4;$

$x^3 - 12x + 16 = (x + 4)(x^2 - 4x + 4) = (x + 4)(x - 2)^2 = 0; L = \{-4; 2\}$

2. $x = y + 3$

$(y + 3)^3 - 9(y + 3)^2 + 26(y + 3) - 24 = 0;$

$y^3 + 9y^2 + 27y + 27 - 9y^2 - 54y - 81 + 26y + 78 - 24 = 0;$

$y^3 - y = 0; y(y - 1)(y + 1) = 0; y_1 = 0; y_2 = 1; y_3 = -1.$

Hieraus folgt: $x_1 = 0 + 3 = 3; x_2 = 1 + 3 = 4; x_3 = -1 + 3 = 2; L = \{2; 3; 4\}$

120

Die Schülerinnen und Schüler lernen ganzrationale Funktionen kennen; sie wiederholen und vertiefen ihr Wissen über Nullstellen von Funktionen. Sie lernen, durch Überlegen und gezieltes Probieren herauszufinden, durch welche „Felder" der zu einer Funktion gehörende Graph verläuft, und erstellen nach diesen Überlegungen Funktionsgraphskizzen. Der Zahlenbereich ist bewusst nicht zu „komplex" gehalten.

- Ja; *Beispiel*: f: $f(x) = \sqrt{2}x^2 + x + 1$; $D_f = \mathbb{R}$
- In Frage kommen die Zahlen -24; -12; -8; -6; -4; -3; -2; -1; 1; 2; 3; 4; 6; 8; 12; 24. Allgemein: Als ganzzahlige Lösungen der Gleichung $x^3 + ax^2 + bx + c = 0$; $a, b \in \mathbb{Z}$; $c \in \mathbb{Z}\setminus\{0\}$, kommen die Teiler von $|c|$ und die Gegenzahlen dieser Teiler in Frage.
- Als „groß" kommt die Zahl $1\,000$, als „betragsgroß" kommen die Zahlen -100, $1\,000$ und $-10\,000$ in Frage.

L

1. Nullstellen: Ansatz: $f(x) = 0$

a) $0{,}4 - 0{,}5x = 0$; $|-0{,}4 \quad -0{,}5x = -0{,}4$; $|:(-0{,}5) \quad x = 0{,}8 \in D_f$

b) $\sqrt{2}(\sqrt{3} - x\sqrt{3}) = 0$; $\sqrt{6}(1 - x) = 0$; $x = 1 \in D_f$

c) $0{,}4 - 0{,}5x^2 = 0$; $x^2 = 0{,}8$ [vgl. a)]; $x_1 = \sqrt{0{,}8} = \frac{2}{5}\sqrt{5} \in D_f$; $x_2 = -\frac{2}{5}\sqrt{5} \notin D_f$

d) $2x^2 + 2x - 4 = 0$; $|:2 \quad x^2 + x - 2 = 0$; $(x + 2)(x - 1) = 0$;
$x_1 = -2 \in D_f$; $x_2 = 1 \in D_f$

e) $-0{,}5(2 - 0{,}5x)^2 = 0$; $2 - 0{,}5x = 0$; $x = 4 \in D_f$

f) $x^4 - 3x^2 - 4 = 0$; $(x^2 - 4)(x^2 + 1) = 0$;
$x^2 = 4$; $x_1 = 2 \notin D_f$; $x_2 = -2 \in D_f$ *Hinweis*: $x^2 + 1 \geqq 1$, also $x^2 + 1 \neq 0$.

g) $x^2(1 - x)(x + 1) = 0$; $x_1 = 0 \in D_f$; $x_2 = 1 \in D_f$; $x_3 = -1 \in D_f$

h) $2x(2x + 1)(1 - 2x) = 0$; $x_1 = 0 \in D_f$; $x_2 = -0{,}5 \notin D_f$; $x_3 = 0{,}5 \in D_f$

i) $0{,}25x^4 + 4x^2 = 0$; $x^2(0{,}25x^2 + 4) = 0$; $x_1 = 0 \in D_f$ $(0{,}25x^2 + 4 \geqq 4)$

j) $0{,}25x^4 - 4x^2 = 0$; $x^2(0{,}25x^2 - 4) = 0$; $x_1 = 0 \in D_f$;
$0{,}25x^2 - 4 = 0$; $|:0{,}25 \quad x^2 - 16 = 0$; $x_2 = 4 \notin D_f$; $x_3 = -4 \in D_f$

k) $x(x + 1)^2(x - 1)^2 = 0$; $x_1 = 0 \in D_f$; $x_2 = -1$ D_f ; $x_3 = 1 \in D_f$;

l) $(x + 1)(x - 2)(x + 3) = 0$; $x_1 = -1 \in D_f$; $x_2 = 2 \notin D_f$; $x_3 = -3 \in D_f$

2. a) $f(x_1) = f(2) = 2^3 + 2 \cdot 2^2 - 29 \cdot 2 + 42 = 8 + 8 - 58 + 42 = 58 - 58 = 0$ ✓

$$(x^3 + 2x^2 - 29x + 42) : (x - 2) = x^2 + 4x - 21$$
$$\underline{-(x^3 - 2x^2)}$$
$$\qquad 4x^2 - 29x$$
$$\qquad \underline{-(4x^2 - 8x)}$$
$$\qquad\qquad -21x + 42$$
$$\qquad\qquad \underline{-(-21x + 42)}$$
$$\qquad\qquad\qquad 0$$

$x^2 + 4x - 21 = 0$; $(x + 7)(x - 3) = 0$; $x_2 = -7 \in D_f$; $x_3 = 3 \in D_f$

b) $f(x_1) = f(-1) = (-1)^3 - 9 \cdot (-1)^2 - (-1) + 9 = -1 - 9 + 1 + 9 = 0$ ✓
$f(x) = x^2(x - 9) - (x - 9) = (x - 9)(x^2 - 1) = (x - 9)(x - 1)(x + 1) = 0$;
$x_2 = 9 \in D_f$; $x_3 = 1 \in D_f$

c) $f(x_1) = f(0{,}5) = 0{,}5^3 - 0{,}8 \cdot 0{,}5^2 + 0{,}17 \cdot 0{,}5 - 0{,}01 = 0{,}125 - 0{,}2 + 0{,}085 - 0{,}01 = 0{,}21 - 0{,}21 = 0$ ✓

$$(x^3 - 0{,}8x^2 + 0{,}17x - 0{,}01) : (x - 0{,}5) = x^2 - 0{,}3x + 0{,}02$$
$$\underline{-(x^3 - 0{,}5x^2)}$$
$$\qquad -0{,}3x^2 + 0{,}17x$$
$$\qquad \underline{-(-0{,}3x^2 + 0{,}15x)}$$
$$\qquad\qquad 0{,}02x - 0{,}01$$
$$\qquad\qquad \underline{-(0{,}02x - 0{,}01)}$$
$$\qquad\qquad\qquad 0$$

$x^2 - 0{,}3x + 0{,}02 = 0$; $(x - 0{,}2)(x - 0{,}1) = 0$; $x_2 = 0{,}2 \in D_f$; $x_3 = 0{,}1 \in D_f$

3. Jede der Nullstellen ist Element der Definitionsmenge $D_g = \mathbb{R}$.

	Vereinfachter Funktionsterm	Ansatz	Nullstelle	weitere Nullstellen
a)	$x^3 - 2x^2 + x = x(x^2 - 2x + 1) =$ $x(x - 1)^2$	$x(x - 1)^2 = 0$	$x_1 = 0$	$x_2 = 1$
b)	$-x^3 - 2x + x = -x^3 - x =$ $-x(x^2 + 1)$	$-x(x^2 + 1) = 0$	$x_1 = 0$	keine, da $x^2 + 1 \geq 1$, also $x^2 + 1 \neq 0$ ist
c)	$x^3 + x^2 - x - 1 =$ $x^2(x + 1) - (x + 1) =$ $(x + 1)(x^2 - 1)$	$(x + 1)(x^2 - 1) = 0$	$x_1 = -1$	$x_2 = 1$
d)	$-0{,}1(x^3 + 3x^2 + 4x + 12) =$ $-0{,}1[x^2(x + 3) + 4(x + 3)] =$ $-0{,}1(x + 3)(x^2 + 4)$	$-0{,}1(x + 3)(x^2 + 4)$ $= 0$	$x_1 = -3$	keine, da $x^2 + 4 \geq 4$, also $x^2 + 4 \neq 0$ ist
e)	$0{,}1x^3 - 0{,}7x^2 - 0{,}9x + 6{,}3 =$ $0{,}1x^2(x - 7) - 0{,}9(x - 7) =$ $0{,}1(x - 7)(x^2 - 9)$	$0{,}1(x - 7)(x^2 - 9)$ $= 0$	$x_1 = 7$	$x_2 = 3; x_3 = -3$
f)	$x^6 - 3x^4 + 2x^2 = x^2(x^4 - 3x^2 + 2)$ $= x^2(x^2 - 1)(x^2 - 2)$	$x^2(x^2 - 1)(x^2 - 2) = 0$	$x_1 = 0$	$x_2 = -1; x_3 = 1;$ $x_4 = \sqrt{2}; x_5 = -\sqrt{2}$

4. Ansatz: $f(x) = a$

a) $x^3 - x^2 - 2x + 3 = 1; | -1 \quad x^3 - x^2 - 2x + 2 = 0; x^2(x - 1) - 2(x - 1) = 0;$
$(x - 1)(x^2 - 2) = 0; x_1 = 1 \in D_f; \quad x^2 = 2; x_2 = \sqrt{2} \in D_f; \quad x_3 = -\sqrt{2} \in D_f$

b) $x^3 - x^2 - 2x = 40; | -40 \quad x^3 - x^2 - 2x - 40 = 0;$
$x_1 = 4$, da $4^3 - 4^2 - 2 \cdot 4 - 40 = 64 - 16 - 8 - 40 = 0$ ✓

$(x^3 - x^2 - 2x - 40) : (x - 4) = x^2 + 3x + 10$
$\underline{-(x^3 - 4x^2)}$
$\qquad 3x^2 - 2x$
$\qquad \underline{-(3x^2 - 12x)}$
$\qquad\qquad 10x - 40 \qquad\qquad x^2 + 3x + 10 = 0; D = 3^2 - 4 \cdot 10 = -31 < 0:$
$\qquad\qquad \underline{-(10x - 40)} \qquad\quad$ Es gibt keine weiteren Werte von $x \in D_f$ mit $f(x) = 40$.
$\qquad\qquad\qquad 0$

c) $x^4 - 6x^3 + x - 10 = -4; | + 4 \quad x^3(x - 6) + (x - 6) = 0;$
$(x - 6)(x^3 + 1) = 0; x_1 = 6 \in D_f; x^3 = -1; x_2 = -1 \in D_f$

d) $5x^4 + x^3 - 5x^2 - x = 0;$
$5x^2(x^2 - 1) + x(x^2 - 1) = 0; x(x^2 - 1)(5x + 1) = 0; x(x + 1)(x - 1)(5x + 1) = 0;$
$x_1 = 0 \in D_f; x_2 = -1 \in D_f; x_3 = 1 \in D_f; x_4 = -0{,}2 \in D_f$

5. Die Koordinaten der Achsenpunkte können bei fünf der acht Teilaufgaben durch Überlegen gefunden werden; bei den Teilaufgaben d), e) und g) ist zunächst eine Faktorisierung des Funktionsterms vorzunehmen:

d) $f(x) = (x + 3)(x - 1)(x - 4)$ **e)** $f(x) = (x^2 + 1)(x + 1)(x - 1)$ **g)** $f(x) = (x + 1)(x - 2)^2$

	Gemeinsame Punkte mit der x-Achse	Gemeinsamer Punkt mit der y-Achse
a)	$S_1(0 \mid 0); S_2(-2 \mid 0); S_3(1 \mid 0)$	$T = S_1(0 \mid 0)$
b)	$S_1(0 \mid 0); S_2(-1 \mid 0)$	$T = S_1(0 \mid 0)$
c)	$S_1(-3 \mid 0); S_2(1 \mid 0); S_3(4 \mid 0)$	$T(0 \mid 12)$
d)	$S_1(-3 \mid 0); S_2(1 \mid 0); S_3(4 \mid 0)$	$T(0 \mid 12)$
e)	$S_1(-1 \mid 0); S_2(1 \mid 0)$	$T(0 \mid -1)$
f)	$S_1(-2 \mid 0); S_2(1 \mid 0)$	$T(0 \mid 2)$
g)	$S_1(-1 \mid 0); S_2(2 \mid 0)$	$T(0 \mid 4)$
h)	$S_1(0 \mid 0); S_2(1{,}5 \mid 0)$	$T = S_1(0 \mid 0)$

AH S. 31–33

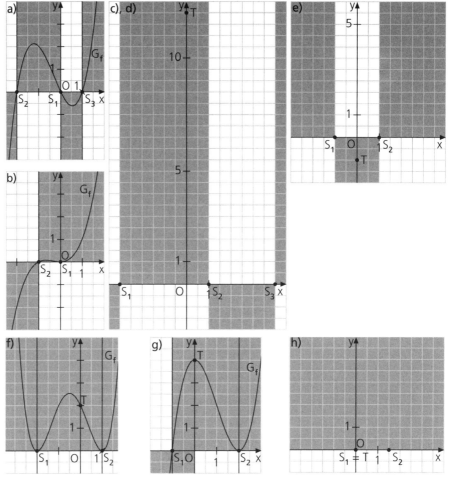

Die „Felder", durch die der Funktionsgraph verläuft, sind jeweils getönt.
„Steigen und Fallen" des Funktionsgraphen:

a) G_f steigt für etwa $-\infty < x < -1{,}2$ und für etwa $0{,}5 < x < \infty$;
G_f fällt für etwa $-1{,}2 < x < 0{,}5$

b) G_f steigt für etwa $-\infty < x < -0{,}7$ und für $0 < x < \infty$;
G_f fällt für etwa $-0{,}7 < x < 0$

f) G_f steigt für $-2 < x < -0{,}5$ und für $1 < x < \infty$;
G_f fällt für $-\infty < x < -2$ und für $-0{,}5 < x < 1$

g) G_f steigt für $-\infty < x < 0$ und für $2 < x < \infty$;
G_f fällt für $0 < x < 2$

6. a) $f(x) = x(x-1)(x-5) = x^3 - 6x^2 + 5x$; $a = -6$; $b = 5$; $c = 0$

b) $f(x) = (x+4)(x-2)(x-4) = x^3 - 2x^2 - 16x + 32$;
$a = -2$; $b = -16$; $c = 32$

c) $f(x) = (x-3)^3 = x^3 - 9x^2 + 27x - 27$; $a = -9$; $b = 27$; $c = -27$

d) $f(x) = (x-1)(x+1)(x-5) = x^3 - 5x^2 - x + 5$;
$a = -5$; $b = -1$; $c = 5$

7. Im Punkt S (1 | 0)
- schneidet G_{f_1} die x-Achse (einfache Nullstelle, also mit Vorzeichenwechsel)
- berührt G_{f_2} die x-Achse (doppelte Nullstelle, also ohne Vorzeichenwechsel)
- durchsetzt G_{f_3} die x-Achse berührend (dreifache Nullstelle, also mit Vorzeichenwechsel)
- berührt G_{f_4} die x-Achse besonders eng (vierfache Nullstelle, also ohne Vorzeichenwechsel).

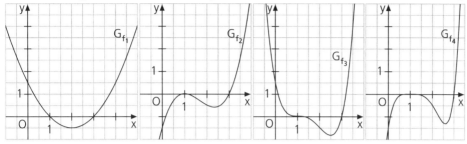

8. **a)**

	$-\infty < x < -2$	$x = -2$	$-2 < x < 0$	$x = 0$	$0 < x < 4$	$x = 4$	$4 < x < \infty$
f(x)	< 0	0	> 0	0	< 0	0	> 0

b)

	$-\infty < x < 4$	$x = 4$	$4 < x < \infty$
f(x)	> 0	0	> 0

c) $f(x) = -x^2(x - 10)$

	$-\infty < x < 0$	$x = 0$	$0 < x < 10$	$x = 10$	$10 < x < \infty$
f(x)	> 0	0	> 0	0	< 0

d)

	$-\infty < x < 1$	$x = 1$	$1 < x < 3$	$x = 3$	$3 < x < \infty$
f(x)	> 0	= 0	> 0	0	> 0

e) $f(x) = x^4(x + 1)$

	$-\infty < x < -1$	$x = -1$	$-1 < x < 0$	$x = 0$	$0 < x < \infty$
f(x)	< 0	0	> 0	0	> 0

f) $f(x) = x(x^2 - 4) = x(x + 2)(x - 2)$

	$-\infty < x < -2$	$x = -2$	$-2 < x < 0$	$x = 0$	$0 < x < 2$	$x = 2$	$2 < x < \infty$
f(x)	< 0	0	> 0	0	< 0	0	> 0

a)

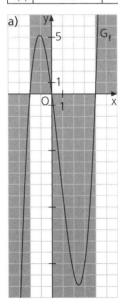

b)

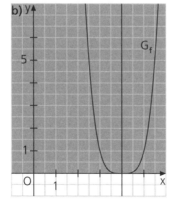

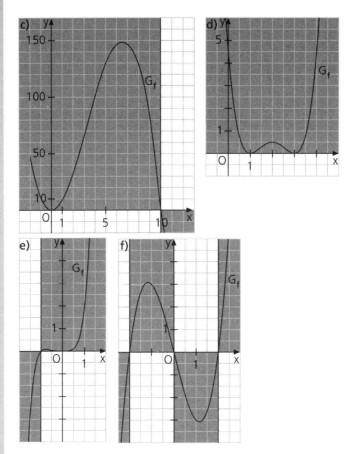

9. **a)** $D_f = \mathbb{R} = D_g$ und $f(0) = 0$ und $g(0) = 0$; also haben G_f und G_g miteinander den Punkt P gemeinsam. Für die Abszissen (weiterer) gemeinsamer Punkte von G_f und G_g gilt

$x(x - 2)(x - 4) = -x; \mid + x$

$x[(x - 2)(x - 4) + 1] = 0; \quad x_1 = x_P = 0;$

$x^2 - 6x + 8 + 1 = 0; \quad x^2 - 6x + 9 = 0; \quad (x - 3)^2 = 0;$

$x_2 = 3 \in \mathbb{R}; \quad f(3) = g(3) = -3; \quad Q\,(3 \mid -3):$

G_f und G_g haben miteinander außer P noch den Punkt $Q\,(3 \mid -3)$ gemeinsam.

b) $D_f = \mathbb{R} = D_g$ und $f(1) = 1 - 3 = -2$ und $g(1) = 3 - 6 + 1 = -2$; also haben G_f und G_g miteinander den Punkt P gemeinsam.

Für die Abszissen (weiterer) gemeinsamer Punkte von G_f und G_g gilt

$x^3 - 3x = 3x^2 - 6x + 1; \mid - 3x^2 + 6x - 1$

$x^3 - 3x^2 + 3x - 1 = 0; \quad (x - 1)^3 = 0; \quad x = x_P = 1 \in \mathbb{R}; \quad f(1) = g(1) = -2:$

G_f und G_g haben miteinander nur den Punkt P gemeinsam.

10. Es ist $D_f = \mathbb{R} = D_g$. Für die x-Koordinaten gemeinsamer Punkte gilt $f(x) = g(x)$.

a) $-x^2 + 2x - 1 = x^3 - 2x^2 + x; \mid - x^3 + 2x^2 - x$

$-x^3 + x^2 + x - 1 = 0; \mid \cdot (-1)$

$x^3 - x^2 - x + 1 = 0; \quad x^2(x - 1) - (x - 1) = 0;$

$(x - 1)(x^2 - 1) = 0; \quad (x - 1)(x + 1)(x - 1) = 0; \quad (x - 1)^2(x + 1) = 0; \quad x_1 = 1 \in \mathbb{R}; \quad x_2 = -1 \in \mathbb{R};$

$f(1) = -1 + 2 - 1 = 0 = g(1); \quad S_1\,(1 \mid 0)$

$f(-1) = -1 - 2 - 1 = -4 = g(-1); \quad S_2\,(-1 \mid -4)$

b) $x(x - 2)(x - 4) = 2x(x - 1)(x - 2); \mid - 2x(x - 1)(x - 2)$

$x(x - 2)[(x - 4) - 2(x - 1)] = 0;$

$x(x - 2)[-x - 2] = 0; \quad x_1 = 0; \quad x_2 = 2; \quad x_3 = -2;$

$f(0) = 0 = g(0); \quad S_1\,(0 \mid 0)$

$f(2) = 0 = g(2); \quad S_2\,(2 \mid 0)$

$f(-2) = -2 \cdot (-4) \cdot (-6) = -48 = g(-2); \quad S_3\,(-2 \mid -48)$

11. Die Faktorisierung des Funktionsterms f(x) einer ganzrationalen Funktion n-ten Grads kann höchstens n verschiedene Faktoren der Form ax + b mit $a \in \mathbb{R} \setminus \{0\}$ ergeben; f kann also höchstens n verschiedene Nullstellen besitzen.

12.

	$f_i(0) > 0$	$f_i(1) = 4$	$f_i(100) > 1\,000$	$f_i(-100) < -1\,000$	$f_i(-2) < 0$	$f_i(-1) = 0$
f_1	✓	✓	✓	✓	✓	✓
f_2	✓	✓			✓	✓
f_3	✓	✓	✓			
f_4	✓	✓	✓	✓		

Nur die Funktion f_1 erfüllt alle sechs Bedingungen.

13. **a)** Zylindervolumen: $V = r^2\pi h$. Nach dem 2. Strahlensatz gilt $\dfrac{r}{12\ \text{cm}} = \dfrac{12\ \text{cm} - h}{12\ \text{cm}}$, d. h.
$r = 12\ \text{cm} - h$, also $h = 12\ \text{cm} - r$ und somit $V(r) = r^2\pi(12\ \text{cm} - r)$.

b) Wenn $h = r$ ist, dann ist $h = 12\ \text{cm} - h$, also $2h = 12\ \text{cm}$ und somit $h = 6\ \text{cm} = r$; als Volumen ergibt sich $V(6\ \text{cm}) = 36\pi \cdot 6\ \text{cm}^3 = 216\pi\ \text{cm}^3 \approx 0{,}68\ \text{dm}^3$.

c) $V(r) = 216\pi\ \text{cm}^3$; $r^2\pi(12\ \text{cm} - r) = 216\pi\ \text{cm}^3$; $|: (-\pi)$
$r^3 - 12\ \text{cm} \cdot r^2 = -216\ \text{cm}^3$; $| + 216\ \text{cm}^3$ $r^3 - 12\ \text{cm} \cdot r^2 + 216\ \text{cm}^3 = 0$;
$(r - 6\ \text{cm})(r^2 - r \cdot 6\ \text{cm} - 36\ \text{cm}^2) = 0$; $r_1 = 6\ \text{cm}$ [vgl. b)]; $r^2 - r \cdot 6\ \text{cm} - 36\ \text{cm}^2 = 0$;
$D = (6\ \text{cm})^2 - 4 \cdot 1 \cdot (-36\ \text{cm}^2) = 5 \cdot 36\ \text{cm}^2$; $r_{2,3} = \dfrac{6\ \text{cm} \pm 6\sqrt{5}\ \text{cm}}{2} = 3\ \text{cm} \cdot (1 \pm \sqrt{5})$;
$r_2 = 3(1 + \sqrt{5})\ \text{cm} \approx 9{,}7\ \text{cm}$; $h_2 \approx 2{,}3\ \text{cm}$ $(r_3 < 0)$.

W

W1 $[(a + b) + \sqrt{2ab}] \cdot [(a + b) - \sqrt{2ab}] = (a + b)^2 - 2ab = a^2 + 2ab + b^2 - 2ab = a^2 + b^2$
W2 $P^*(-3\,|\,5)$, $P^{**}(-3\,|\,-5)$
W3 18

$x = 216$
$x = 1\,000$
$x = 2\sqrt{2}$

124

Die Schülerinnen und Schüler festigen und erweitern ihr Wissen über ganzrationale Funktionen. Sie untersuchen rechnerisch, ob der Graph einer vorgegebenen Funktion punktsymmetrisch zum Ursprung bzw. ob er achsensymmetrisch zur y-Achse ist.

- Der Graph einer ganzrationalen Funktion vierten Grads kann durch den Ursprung verlaufen; er kann aber nicht punktsymmetrisch zum Ursprung sein.
- Der Graph einer ganzrationalen Funktion dritten Grads kann nicht achsensymmetrisch zur y-Achse sein; er kann, muss aber nicht durch den Ursprung verlaufen.
- Wenn eine Funktion nicht den Term $f(x) = 0$ hat, kann ihr Graph nicht achsensymmetrisch zur x-Achse sein, da jedem Wert von $x \in D_f$ stets genau ein Wert von $y = f(x) \in W_f$ zugeordnet sein muss.

L

1.

	a)	b)	c)	d)	e)	f)
f ist	ganz-rational	ganz-rational	nicht ganz-rational	ganz-rational	nicht ganz-rational	nicht ganz-rational
Der Grad ist	1	2	–	4	–	–

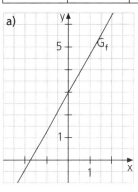

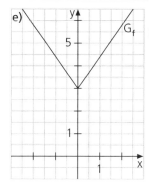

Die Graphen sind nicht gleich.

AH S. 34–35

2.

	Punktsymmetrie zum Ursprung: $f(-x) = -f(x)$	Achsensymmetrie zur y-Achse: $f(-x) = f(x)$	Schnittpunkt $(0 \mid f(0))$ mit der y-Achse
a)		x	O $(0 \mid 0)$
b)	x		
c)			
d)		x	O $(0 \mid 0)$
e)	x		
f)			
g)			
h)	x		
i)		x	T $(0 \mid 1)$

125

3.

	Näherungsfunktion g mit $D_g = \mathbb{R}$ und Term	Für $x \to \infty$ gilt	Für $x \to -\infty$ gilt
a)	$g(x) = -0{,}25x^4$	$f(x) \to -\infty$	$f(x) \to -\infty$
b)	$g(x) = 6x^3$	$f(x) \to \infty$	$f(x) \to -\infty$
c)	$g(x) = 8x^3$	$f(x) \to \infty$	$f(x) \to -\infty$
d)	$g(x) = x^5$	$f(x) \to \infty$	$f(x) \to -\infty$
e)	$g(x) = \sqrt{2}\,x^3$	$f(x) \to \infty$	$f(x) \to -\infty$
f)	$g(x) = 0{,}1x^6$	$f(x) \to \infty$	$f(x) \to \infty$

4.

	Näherungsfunktion g mit $D_g = \mathbb{R}$ und Term	Für $x \to \infty$ gilt	Für $x \to -\infty$ gilt
a)	$g(x) = x^4$	$f(x) \to \infty$	$f(x) \to \infty$
b)	$g(x) = -4x^3$	$f(x) \to -\infty$	$f(x) \to \infty$
c)	$g(x) = -x^6$	$f(x) \to -\infty$	$f(x) \to -\infty$
d)	$g(x) = 5x^5$	$f(x) \to \infty$	$f(x) \to -\infty$

5. *Examples*:

a) $f: f(x) = 2x^3 - 3x$; $D_f = \mathbb{R}$
b) $f: f(x) = -2x^3 + 3x$; $D_f = \mathbb{R}$
c) $f: f(x) = \frac{x^3}{4}$; $D_f = \mathbb{R}$
d) $f: f(x) = -\frac{x^3}{4}$; $D_f = \mathbb{R}$

6. Da G_f symmetrisch zur y-Achse ist, hat f auch die doppelte Nullstelle $x_{3,4} = 3$; also gilt
$f(x) = a[x - (-3)]^2(x - 3)^2$.
Da $T \in G_f$ ist, folgt $f(0) = -9$, d. h.
$a \cdot 3^2 \cdot (-3)^2 = -9$; $|: 81$ und somit $a = -\frac{1}{9}$.
Also ist $f: f(x) = -\frac{1}{9}(x + 3)^2(x - 3)^2$; $D_f = \mathbb{R}$.
G_f verläuft durch den III. und den IV. Quadranten.
G_f steigt für $-\infty < x < -3$ und für $0 < x < 3$;
G_f fällt für $-3 < x < 0$ und für $3 < x < \infty$.

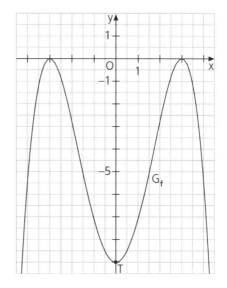

7. **a)** (1) Wenn $k = 0$ ist, ergibt sich $f(x) = x^3 - x^2 = x^2(x - 1)$, und die Funktion f hat die doppelte Nullstelle $x = 0$.
   (2) $f(x) = x^3 + (k - 1)x^2 - kx = x[x^2 + (k - 1)x - k] = x(x + k)(x - 1)$.
   Wenn $k = -1$ ist, ist $f(x) = x(x - 1)^2$, und f hat die doppelte Nullstelle $x = 1$.
   Andere Lösungsmöglichkeit:
   $D = (k - 1)^2 + 4k = k^2 - 2k + 1 + 4k = k^2 + 2k + 1 = (k + 1)^2$; es ist also $D = 0$, wenn $k = -1$ ist.

b) $f(0) = (k + 0{,}5) \cdot (-k) \cdot (-4) = 6$; $4k^2 + 2k = 6$; $|-6$
$4k^2 + 2k - 6 = 0$; $|: 2$ $2k^2 + k - 3 = 0$;
$k_{1,2} = \frac{-1 \pm \sqrt{1 + 24}}{4} = \frac{-1 \pm 5}{4}$; $k_1 = 1$; $k_2 = -\frac{3}{2}$;
$f_1(x) = 1{,}5(x - 1)(x^2 - 4)$; Näherungsterm: $f_1^*(x) = 1{,}5x^3$;
$f_2(x) = -1 \cdot [x - (-1{,}5)](x^2 - 4) = -(x + 1{,}5)(x^2 - 4)$;
Näherungsterm: $f_2^*(x) = -x^3$;
für $x \to -\infty$ gilt $f_1(x) \to -\infty$ und $f_2(x) \to \infty$:
Die Funktion f_2 (nicht aber die Funktion f_1) erfüllt somit die angegebenen Bedingungen; also ist $k = -1{,}5$
und $f: f(x) = -(x + 1{,}5)(x^2 - 4)$; $D_f = \mathbb{R}$.

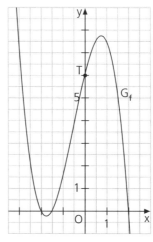

8. $f: f(x) = k(x - a)(x + a) = k(x^2 - a^2); a \in \mathbb{R}^+; k \in \mathbb{R}; D_f = \mathbb{R}$

$f(-x) = k[(-x)^2 - a^2] = k(x^2 - a^2) = f(x)$; also ist G_f symmetrisch zur y-Achse.

Da $f(0) = 3$ ist, ergibt sich $k \cdot (-a^2) = 3$ (1)

$A_{AST} = \frac{1}{2} \cdot 2a \cdot 3 = 18; \quad 3a = 18; | : 3 \quad a = 6 \in \mathbb{R}^+$ eingesetzt in (1)

$k \cdot (-36) = 3; | : (-36) \quad k = -\frac{1}{12} \in \mathbb{R}; f: f(x) = -\frac{1}{12}(x^2 - 36) = 3 - \frac{x^2}{12}; D_f = \mathbb{R}$

9. Koordinaten der Schnittpunke:

$x^3 - 3x^2 + 4 = x + 1; | -x - 1$

$x^3 - 3x^2 - x + 3 = 0;$

$x^2(x - 3) - (x - 3) = 0;$

$(x - 3)(x^2 - 1) = 0; (x - 3)(x - 1)(x + 1) = 0;$

$x_1 = 3; x_2 = 1; x_3 = -1;$

Eingesetzt in die Geradengleichung ergibt sich

$y_1 = 3 + 1 = 4; P_1 (3 | 4)$

$y_2 = 1 + 1 = 2; P_2 (1 | 2)$

$y_3 = -1 + 1 = 0; P_3 (-1 | 0)$

Streckenlängen:

$\overline{P_1 P_2} = \sqrt{[1 - (-1)]^2 + (2 - 0)^2} = \sqrt{4 + 4} = 2\sqrt{2};$

$\overline{P_2 P_3} = \sqrt{(3 - 1)^2 + (4 - 2)^2} = \sqrt{4 + 4} = 2\sqrt{2};$

Die Strecken $[P_1 P_2]$ und $[P_2 P_3]$ sind gleich lang; P_2 ist der Mittelpunkt der Strecke $[P_1 P_3]$.

Vermutung: Der Graph G_f ist punktsymmetrisch bezüglich des Zentrums P_2.

10. a) $f_a(x) = 0; -\frac{1}{3} x^3 - \frac{1}{a} x = 0; -\frac{1}{3} x\left(x^2 + \frac{3}{a}\right) = 0;$

$x_1 = 0; \quad x^2 + \frac{3}{a} = 0; | - \frac{3}{a} \quad x^2 = -\frac{3}{a}$

Wenn $a > 0$ ist, hat die Gleichung $x^2 = -\frac{3}{a}$ keine reelle Lösung; wenn $a < 0$ ist, hat die Gleichung $x^2 = -\frac{3}{a}$ zwei (verschiedene) reelle Lösungen. Daraus folgt:

Für $a > 0$ hat f_a genau eine Nullstelle, nämlich $x = 0$; für $a < 0$ hat f_a die drei

Nullstellen $x_1 = 0; x_2 = \sqrt{-\frac{3}{a}}$ und $x_3 = -\sqrt{-\frac{3}{a}}$.

b) $f: f(x) = ax^3 + bx; D_f = \mathbb{R}$

$f(3) = 0; \quad$ (1) $27a + 3b = 0; | : 3 \quad$ (1') $9a + b = 0$

$f(2) = \frac{10}{3}; \quad$ (2) $8a + 2b = \frac{10}{3}; | : 2 \quad$ (2') $4a + b = \frac{5}{3}$

$\qquad\qquad\qquad\qquad\qquad\qquad$ (1') $-$ (2') $5a = -\frac{5}{3}; | : 5 \quad a = -\frac{1}{3}$

$\qquad\qquad\qquad\qquad\qquad\qquad$ eingesetzt in (1')

$\qquad\qquad\qquad\qquad\qquad\qquad -3 + b = 0; | + 3 \qquad\qquad b = 3$

$f(x) = -\frac{1}{3} x^3 + 3x$

$A_{UFO} = \frac{1}{2} \cdot 3 \cdot \frac{10}{3}$ FE $= 5$ FE;

$\sphericalangle$ UOF: $\tan \alpha = \frac{\frac{10}{3}}{2} = \frac{5}{3}; \alpha \approx 59°; \quad \sphericalangle$ FUO: $\tan \beta = \frac{\frac{10}{3}}{3 - 2} = \frac{10}{3}; \beta \approx 73°;$

$\sphericalangle$ OFU: $\gamma = 180° - (\alpha + \beta) \approx 180° - 132° = 48°$

11.

	f_1	f_2	f_3	f_4	f_5	f_6
	①	⑥	②	③	⑤	④
a)	nach oben geöffnete Parabel; G_{f_1} schneidet die y-Achse im Punkt T (0 I −4).	f_2 hat die dreifache Nullstelle x = 1.	G_{f_3} ist achsensymmetrisch zur y-Achse und schneidet die y-Achse im Punkt T* (0 I 4).	G_{f_4} schneidet die y-Achse in P (0 I −1) und die x-Achse im Punkt S (−1 I 0).	$f_5(x) =$ $(x + 1)(x − 2)^2$; f_5 hat die einfache Nullstelle x = −1 und die doppelte Nullstelle x = 2.	f_6 hat die einfache Nullstelle x = 0 und die dreifache Nullstelle x = 2.
b)	G_{f_1} verläuft durch alle vier Quadranten.	G_{f_2} verläuft durch die Quadranten III., IV. und I., aber nicht durch II.: $f_2^*(x) =$ $(−x − 1)^3 =$ $−(x +1)^3$	G_{f_3} verläuft durch alle vier Quadranten.	G_{f_4} verläuft durch die Quadranten II., III. und IV., aber nicht durch I.: $f_4^*(x) =$ $−(−x)^3 − 1 =$ $x^3 − 1$	G_{f_5} verläuft durch die Quadranten III., II. und I., aber nicht durch IV.: $f_5^*(x) =$ $(−x)^3 − 3(−x)^2 + 4$ $= −x^3 − 3x^2 + 4$	G_{f_6} verläuft durch die Quadranten II., IV. und I., aber nicht durch III.: $f_6^*(x) =$ $(−x)(−x − 2)^3 =$ $x(x + 2)^3$
c)		$f_2^{**}(x) =$ $−(x − 1)^3$			$f_5^{**}(x) =$ $−x^3 + 3x^2 − 4$	$f_6^{**}(x) =$ $−x(x − 2)^3$

12. a)

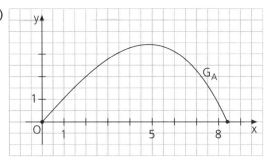

b) Individual contributions

c) A(x) = 0; −0,015x³ + 1,058x = 0; x(−0,015x² + 1,058) = 0; x_1 = 0;
−0,015x² + 1,058 = 0; I −1,058
−0,015x² = −1,058; I : (−0,015)
x² = 70,53 … ; $x_2 ≈ 8,4$ ($x_3 ≈ −8,4 ∉ D_A$)

d) Individual answers [$x_H ≈ 4,8$; A(x_H) ≈ 3,4]

W

W1 $\log_{10}(4x^2 + 1) = 0$; $4x^2 + 1 = 1$; $x^2 = 0$; $x = 0 ∈ G$; $L = \{0\}$

W2   sin x = cos x; I : cos x
tan x = 1;
$x ∈ \{… − \frac{7}{4}\pi; − \frac{3}{4}\pi; \frac{1}{4}\pi; \frac{5}{4}\pi; …\}$; $L = \{\frac{\pi}{4}\}$

W3   L = {(3; 2; 1)}

$T_{12} = \{1; 2; 3; 4; 6; 12\}$
$T_{12} ∩ T_{15} = \{1; 3\}$
$T_6 ∪ T_5 = \{1; 2; 3; 5; 6\}$

127

1. a) k_1: $x^2 + y^2 = 1$; k_2: $x^2 + y^2 = 4$; k_3: $x^2 + y^2 = 10$; k_4: $x^2 + y^2 = 16$

b) Um die Kreislinie k zu erhalten, wird die Kreislinie k*: $x^2 + y^2 = 16$ mit Mittelpunkt O (0 | 0) und Radiuslänge 4 um 2 Einheiten nach rechts und 3 Einheiten nach oben verschoben; deshalb hat k die Gleichung $(x - 2)^2 + (y - 3)^2 = 16$. Dieselbe Gleichung ergibt sich auch aus dem rechtwinkligen Dreieck MAP nach dem Satz von Pythagoras.

Jedem Wert von x ($-2 < x < 6$) werden zwei Punkte der Kreislinie k zugeordnet; also ist k kein Funktionsgraph.

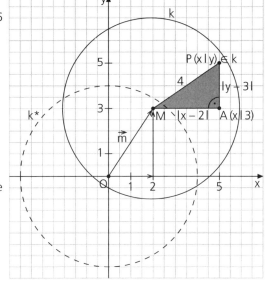

c) k_1: $(x - 1)^2 + (y + 2)^2 = 1$;
k_2: $(x - 1)^2 + (y + 2)^2 = 4$;
k_3: $(x - 1)^2 + (y + 2)^2 = 10$;
k_4: $(x - 1)^2 + (y + 2)^2 = 16$

2. M (1 | 4); r = 5
V ∈ k, da $(5 - 1)^2 + (7 - 4)^2$
$= 16 + 9 = 25$ ist.
I ∈ k, da $(4 - 1)^2 + (8 - 4)^2$
$= 9 + 16 = 25$ ist.
E ∈ k, da $(1 - 1)^2 + (9 - 4)^2$
$= 0 + 25 = 25$ ist.
R ∉ k, da $(0 - 1)^2 + (-3 - 4)^2$
$= 1 + 49 = 50 \neq 25$ ist.

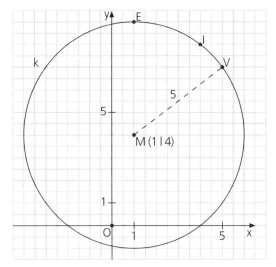

3. Der Kreis mit Mittelpunkt O wird in y-Richtung im Verhältnis $\frac{b}{a}$ gestaucht, wenn b < a ist, bzw. gestreckt, wenn b > a ist.
Kreis k_1: $x^2 + y^2 = a^2$; $| -x^2$
$y^2 = a^2 - x^2$; y > 0: $y = \sqrt{a^2 - x^2}$
Ellipse E: $y = \frac{b}{a} \sqrt{a^2 - x^2}$;
$y^2 = \frac{b^2}{a^2} (a^2 - x^2) = b^2 - \frac{b^2}{a^2} x^2$; $| : b^2$
$\frac{y^2}{b^2} = 1 - \frac{x^2}{a^2}$; $| + \frac{x^2}{a^2}$
$\frac{x^2}{a^2} + \frac{y^2}{b^2} = 1$

4. Ellipsengleichung: $\frac{x^2}{16} + \frac{y^2}{4} = 1$

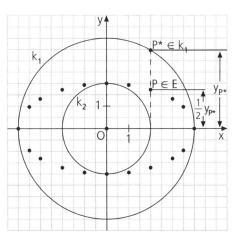

L

1. a) $y_A = f(2) = (-2)^3 = -8$

   b) $-0.5x^4 = 8; | : 0.5$
   $x^4 = 16;$
   $x = \pm 2;$ da $x_B < 0$ ist, gilt $x_B = -2.$

   c) $8 = \frac{1}{4} \cdot 2^n; | \cdot 4$
   $2^n = 32 = 2^5;$
   $n = 5$

   d) $a \cdot (-3)^2 = 8; | : 9$
   $a = \frac{8}{9}$

2. a) $p = -4 \cdot 2 = -8; P(2 | -8)$
   z. B. $p^* = -10; P^*(2 | -10)$ liegt „unterhalb" von G_f
   $p^{**} = 0; P^{**}(2 | 0)$ liegt „oberhalb" von G_f

   b) $4p^3 = 13.5; | : 4$
   $p^3 = \frac{27}{8} = \left(\frac{3}{2}\right)^3;$
   $p = \frac{3}{2}, P(1.5 | 13.5)$
   z. B. $p^* = 2; P^*(2 | 13.5)$ liegt „unterhalb" von G_f
   $p^{**} = -2; P^{**}(-2 | 13.5)$ liegt „oberhalb" von G_f

   c) $p = 2 \cdot (4 - 3)^3 = 2; P(4 | 2)$
   z. B. $p^* = -1; P^*(4 | -1)$ liegt „unterhalb" von G_f
   $p^{**} = 6; P^{**}(4 | 6)$ liegt „oberhalb" von G_f

   d) $\frac{1}{p} = 0.125 = \frac{1}{8};$
   $p = 8; P(8 | 0.125)$
   z. B. $p^* = 1; P^*(1 | 0.125)$ liegt „unterhalb" von G_f
   $p^{**} = -2; P^{**}(-2 | 0.125)$ liegt „oberhalb" von G_f

3. a) $x^6 = x^4;$ $x^4(x^2 - 1) = 0;$ $x^4(x - 1)(x + 1) = 0;$
   $x_1 = 0;$ $x_2 = 1;$ $x_3 = -1$

   b) $0.75x^2 = 1.5x^3; | : 0.75$
   $x^2 - 2x^3 = 0;$ $x^2(1 - 2x) = 0;$
   $x_1 = 0;$ $x_2 = \frac{1}{2}$

   c) $3x^3 + 6x^2 = 0;$
   $3x^2(x + 2) = 0;$
   $x_1 = 0;$ $x_2 = -2$

   d) $x^n - x^{n+2} = 0;$ $x^n(1 - x^2) = 0;$
   $x^n(1 - x)(1 + x) = 0; n \in \mathbb{N}:$
   $x_1 = 0;$ $x_2 = 1;$ $x_3 = -1$

   e) $x^2(x^2 + 25) = 0;$ $x^2 + 25 \neq 0:$
   $x = 0$

   f) $x^n + x^{n+1} = 0;$ $x^n(1 + x) = 0; n \in \mathbb{N}:$
   $x_1 = 0;$ $x_2 = -1$

   g) $(x - 2)^3 = 2x - 4;$ $(x - 2)^3 = 2(x - 2); | -2(x - 2)$
   $(x - 2)[(x - 2)^2 - 2] = 0;$
   $(x - 2)(x - 2 - \sqrt{2})(x - 2 + \sqrt{2}) = 0;$
   $x_1 = 2;$ $x_2 = 2 + \sqrt{2};$ $x_3 = 2 - \sqrt{2}$

   h) $\frac{x^4}{125} = 8x; \cdot 125$
   $x^4 = 1\,000\,x; | -1\,000\,x$
   $x(x^3 - 1\,000) = 0;$
   $x_1 = 0;$ $x_2 = 10$

Angepasst an die einzelnen Unterkapitel 5.1 bis 5.4 finden sich im Unterkapitel 5.5 Standardaufgaben, aber auch vernetzte Aufgaben und Aufgabentypen, die dazu beitragen, ein solides Grundwissen für die Oberstufe zu sichern. Dies gilt in besonderem Maße für die *Weiteren Aufgaben.*

4. a) $(x^3 + 1) : (x + 1) = x^2 - x + 1$
$\underline{-(x^3 + x^2)}$
$\qquad -x^2$
$\qquad \underline{-(-x^2 - x)}$
$\qquad\qquad x + 1$
$\qquad\qquad \underline{-(x + 1)}$
$\qquad\qquad\qquad 0$

b) $(x^3 - 8) : (x - 2) = x^2 + 2x + 4$
$\underline{-(x^3 - 2x^2)}$
$\qquad 2x^2$
$\qquad \underline{-(2x^2 - 4x)}$
$\qquad\qquad 4x - 8$
$\qquad\qquad \underline{-(4x - 8)}$
$\qquad\qquad\qquad 0$

c) $(x^3 - 3x^2 - 2x + 6) : (x - 3) = x^2 - 2$
$\underline{-(x^3 - 3x^2)}$
$\qquad\qquad 0 - 2x + 6$
$\qquad\qquad \underline{-(-2x + 6)}$
$\qquad\qquad\qquad 0$

d) $(5x^6 - 6x^4 + 1) : (x^2 - 1) = 5x^4 - x^2 - 1$
$\underline{-(5x^6 - 5x^4)}$
$\qquad -x^4$
$\qquad \underline{-(-x^4 + x^2)}$
$\qquad\qquad -x^2 + 1$
$\qquad\qquad \underline{-(-x^2 + 1)}$
$\qquad\qquad\qquad 0$

e) $(x^3 - 4x^2 - 3x + 12) : (x - 4) = x^2 - 3$
$\underline{-(x^3 - 4x^2)}$
$\qquad\qquad 0 - 3x + 12$
$\qquad\qquad \underline{-(-3x + 12)}$
$\qquad\qquad\qquad 0$

f) $(x^3 - 21x + 20) : (x - 1) = x^2 + x - 20$
$\underline{-(x^3 - x^2)}$
$\qquad x^2 - 21x$
$\qquad \underline{-(x^2 - x)}$
$\qquad\qquad -20x + 20$
$\qquad\qquad \underline{-(-20x + 20)}$
$\qquad\qquad\qquad 0$

5. a) $L = \{-1; 0; 4\}$

b) $L = \{-\sqrt{3}; \sqrt{3}\}$

c) $x^3 + 7x^2 + 12x = x(x^2 + 7x + 12) = x(x + 3)(x + 4) = 0$;
$L = \{-4; -3; 0\}$

d) $L = \{-2; 2\}$

e) $L = \{\}$, da für jeden Wert von $x \in G$ stets $x^4 + x^2 + 4 \geqq 4$ ist.

f) $(x^2 - 1)(x^2 - 4) = (x - 1)(x + 1)(x - 2)(x + 2) = 0$;
$L = \{-2; -1; 1; 2\}$

g) $x^3 + 10x^2 + 31x + 30 = 0$
Durch Probieren findet man $x_1 = -2$
$[(-2)^3 + 10 \cdot (-2)^2 + 31 \cdot (-2) + 30 = -8 + 40 - 62 + 30 = 0$ ✓].

Ebenfalls durch Probieren findet man $x_2 = -5$:
$[(-5)^3 + 10 \cdot (-5)^2 + 31 \cdot (-5) + 30 = -125 + 250 - 155 + 30 = 0 \checkmark]$
und $x_3 = -3$
$[(-3)^3 + 10 \cdot (-3)^2 + 31 \cdot (-3) + 30 = -27 + 90 - 93 + 30 = 0 \checkmark]$.
$L = \{-5; -3; -2\}$

h) $x^4 - 25x^2 + 60x - 36 = 0$
Durch Probieren findet man $x_1 = 2$
$[2^4 - 25 \cdot 2^2 + 60 \cdot 2 - 36 = 16 - 100 + 120 - 36 = 0 \checkmark]$.

$$(x^4 - 25x^2 + 60x - 36) : (x - 2) = x^3 + 2x^2 - 21x + 18$$
$$\underline{-(x^4 - 2x^3)}$$
$$\qquad 2x^3 - 25x^2$$
$$\qquad \underline{-(2x^3 - 4x^2)}$$
$$\qquad\qquad -21x^2 + 60x$$
$$\qquad\qquad \underline{-(-21x^2 + 42x)}$$
$$\qquad\qquad\qquad 18x - 36$$
$$\qquad\qquad\qquad \underline{-(18x - 36)}$$
$$\qquad\qquad\qquad\qquad 0$$

$x^3 + 2x^2 - 21x + 18 = 0$
Durch Probieren findet man $x_2 = 1$
$[1^3 + 2 \cdot 1^2 - 21 \cdot 1 + 18 = 0 \checkmark]$
und $x_3 = 3$
$[3^3 + 2 \cdot 3^2 - 21 \cdot 3 + 18 = 27 + 18 - 63 + 18 = 0 \checkmark]$.
$(x - 1)(x - 3) = x^2 - 4x + 3$

$$(x^3 + 2x^2 - 21x + 18) : (x^2 - 4x + 3) = x + 6; \; x_4 = -6;$$
$$\underline{-(x^3 - 4x^2) + 3x}$$
$$\qquad +6x^2 - 24x + 18$$
$$\qquad \underline{-(6x^2 - 24x + 18)}$$
$$\qquad\qquad 0$$

$L = \{-6; 1; 2; 3\}$

i) $x^3 - 3x^2 + 4x - 2 = 0$
Durch Probieren findet man $x_1 = 1$
$[1^3 - 3 \cdot 1^2 + 4 \cdot 1 - 2 = 0 \checkmark]$

$$(x^3 - 3x^2 + 4x - 2) : (x - 1) = x^2 - 2x + 2$$
$$\underline{-(x^3 - x^2)}$$
$$\qquad -(2x^2 + 4x}$$
$$\qquad \underline{-(-2x^2 + 2x)}$$
$$\qquad\qquad 2x - 2$$
$$\qquad\qquad \underline{-(2x - 2)}$$
$$\qquad\qquad\qquad 0$$

Es gibt keine weiteren reellen Lösungen, da die Diskriminante D der Gleichung $x^2 - 2x + 2 = 0$ den Wert $4 - 8 = -4$ hat, also negativ ist. $L = \{1\}$

j) $4x^3 - 11x^2 - 19x - 4 = 0$
Durch Probieren findet man $x_1 = -1$
$[4 \cdot (-1)^3 - 11 \cdot (-1)^2 - 19 \cdot (-1) - 4 = -4 - 11 + 19 - 4 = 0 \checkmark]$.

$$(4x^3 - 11x^2 - 19x - 4) : (x + 1) = 4x^2 - 15x - 4$$
$$\underline{-(4x^3 + 4x^2)}$$
$$\qquad -15x^2 - 19x$$
$$\qquad \underline{-(-15x^2 - 15x)}$$
$$\qquad\qquad -4x - 4$$
$$\qquad\qquad \underline{-(-4x - 4)}$$
$$\qquad\qquad\qquad 0$$

$4x^2 - 15x - 4 = 0$; $x_{2,3} = \dfrac{15 \pm \sqrt{225 + 64}}{8} = \dfrac{15 \pm 17}{8}$; $x_2 = 4$; $x_3 = -\dfrac{1}{4}$;
$L = \{-1; -\dfrac{1}{4}; 4\}$

k) $x^3 - 21x - 20 = 0$

Durch Probieren findet man $x_1 = -1$

$[(-1)^3 - 21 \cdot (-1) - 20 = 0 \checkmark]$.

$\quad (x^3 - 21x - 20) : (x + 1) = x^2 - x - 20$

$\quad \underline{-(x^3 + x^2)}$

$\qquad\quad -x^2 - 21x$

$\qquad\quad \underline{-(-x^2 - x)}$

$\qquad\qquad\quad -20x - 20$

$\qquad\qquad\quad \underline{-(-20x - 20)}$

$\qquad\qquad\qquad\qquad 0$

$x^2 - x - 20 = 0$; $(x + 4)(x - 5) = 0$; $x_2 = -4$; $x_3 = 5$

$L = \{-4; -1; 5\}$

l) $x^4 - 5x^2 = 36$; $\quad x^4 - 5x^2 - 36 = 0$;

$(x^2 - 9)(x^2 + 4) = 0$;

$(x - 3)(x + 3)(x^2 + 4) = 0$;

$x_1 = 3$; $x_2 = -3$; da für $x \in \mathbb{R}$ stets $x^2 + 4 \geqq 0$ gilt, ist $L = \{-3; 3\}$.

m) $x^4 - 9\frac{1}{9}x^2 + 1 = (x^2 - 9)\left(x^2 - \frac{1}{9}\right) = (x - 3)(x + 3) \cdot \left(x - \frac{1}{3}\right)\left(x + \frac{1}{3}\right) = 0$;

$x_1 = 3$; $\quad x_2 = -3$; $\quad x_3 = \frac{1}{3}$; $\quad x_4 = -\frac{1}{3}$;

$L = \{-3; -\frac{1}{3}; \frac{1}{3}; 3\}$

n) $(x^3 - 27)(x^3 + 1) = 0$;

$x_1 = 3$; $\quad x_2 = -1$;

$L = \{-1; 3\}$

6. *Beispiele*:

a) $2x + 3 = 0$

b) $(x - 2)(x + 3) = x^2 + x - 6 = 0$

c) $(2x + 3)^2 = 4x^2 + 12x + 9 = 0$

d) $x(x - 2)(x + 5) = x^3 + 3x^2 - 10x = 0$

e) $x^2(x - 2) = x^3 - 2x^2 = 0$

f) $(2x + 3)^3 = 8x^3 + 36x^2 + 54x + 27 = 0$

7. $x^3 - 1 = (x - 1)^2$;

$(x - 1)(x^2 + x + 1) = (x - 1)^2$; $| -(x - 1)^2$

$(x - 1)(x^2 + x + 1 - x + 1) = 0$;

$(x - 1)(x^2 + 2) = 0$;

$x_1 = 1 \in \mathbb{R}^+$; für $x \in \mathbb{R}^+$ ist stes $x^2 + 2 > 2$.

Somit haben die Graphen G_f und G_g miteinander nur den Punkt $S\,(1 \mid 0)$ gemeinsam.

8. a) $x - \frac{1}{8}x^3 = \frac{1}{4}x^2$; $| \cdot (-8)$

$\quad -8x + x^3 = -2x^2$; $| +2x^2$

$\quad x^3 + 2x^2 - 8x = 0$;

$\quad x(x^2 + 2x - 8) = 0$;

$\quad x \cdot (x + 4)(x - 2) = 0$;

$\quad x_1 = 0 \in \mathbb{R}$; $\quad x_2 = -4 \in \mathbb{R}$; $\quad x_3 = 2 \in \mathbb{R}$

G_f und G_g haben miteinander die drei Punkte $S_1\,(0 \mid 0)$, $S_2\,(-4 \mid 4)$ und $S_3\,(2 \mid 1)$ gemeinsam.

b) $x^3 - 27x + 54 = x^3$; $| -x^3$

$\quad -27x + 54 = 0$;

$\quad x = 2 \in \mathbb{R}$

G_f und G_g haben miteinander (nur) den Punkt $S\,(2 \mid 8)$ gemeinsam.

129

c) $\frac{x+2}{x} = 6 - 2x; | \cdot x$

$x + 2 = 6x - 2x^2; | -6x + 2x^2$

$2x^2 - 5x + 2 = 0;$

$x_{1,2} = \frac{5 \pm \sqrt{25 - 16}}{4} = \frac{5 \pm 3}{4};$

$x_1 = 2 \in \mathbb{R} \setminus \{0\}; \quad x_2 = \frac{1}{2} \in \mathbb{R} \setminus \{0\}$

G_f und G_g haben miteinander die beiden Punkte $S_1 (2 \mid 2)$ und $S_2 (\frac{1}{2} \mid 5)$ gemeinsam.

9. a) $x_1 = 0; \quad x_2 = 1$

b) $x_1 = 0; \quad x_2 = 4$

c) $x^4 - 15x^2 - 16 = (x^2 - 16)(x^2 + 1) = (x - 4)(x + 4)(x^2 + 1) = 0;$

$x_1 = 4; \quad x_2 = -4; \quad$ für $x \in \mathbb{R}$ ist stets $x^2 + 1 \geqq 1.$

d) $x^3 - 6,5x^2 + 11x - 4 = 0$

Durch Probieren findet man $x_1 = 2$

$[2^3 - 6,5 \cdot 2^2 + 11 \cdot 2 - 4 = 8 - 26 + 22 - 4 = 0 \checkmark].$

$(x^3 - 6,5x^2 + 11x - 4) : (x - 2) = x^2 - 4,5x + 2$

$\underline{-(x^3 - 2x^2)}$

$\quad -4,5x^2 + 11x$

$\quad \underline{-(-4,5x^2 + 9x)}$

$\qquad\qquad 2x - 4$

$\qquad\qquad \underline{-(2x - 4)}$

$\qquad\qquad\qquad 0$

$x^2 - 4,5x + 2 = 0;$

$x_{2,3} = \frac{4,5 \pm \sqrt{4,5^2 - 8}}{2} = \frac{4,5 \pm 3,5}{2};$

$x_2 = 4; \quad x_3 = 0,5$

Nullstellen: $x_1 = 2; \quad x_2 = 4; \quad x_3 = 0,5$

10. a) Für $a_1 = 0$ und für $a_2 = 1$ besitzt f jeweils genau eine Nullstelle; der Funktionsterm lautet dann $f(x) = x^3$ bzw. $f(x) = (x - 1)^3.$

b) Für $a = -1$ besitzt f jeweils genau zwei Nullstellen; der Funktionsterm lautet dann $f(x) = (x + 1)(x - 1)(x + 1) = (x + 1)^2 \cdot (x - 1).$

11. a) $f(x) = x(x - 2,5)^2 = x^3 - 5x^2 + 6,25x;$

$a = -5; b = 6,25; c = 0$

b) $f(x) = (x + 1)(x - 0,5)(x - 4) =$

$= (x^2 + 0,5x - 0,5)(x - 4) =$

$= x^3 - 3,5x^2 - 2,5x + 2;$

$a = -3,5; b = -2,5; c = 2$

c) $f(x) = (x - 1)(x - 1)(x + 1) =$

$= (x - 1)(x^2 - 1) =$

$= x^3 - x^2 - x + 1;$

$a = -1; b = -1; c = 1$

d) $x_1 = 1; \quad x_2 = 2 \cdot 1 = 2; \quad x_3 = 1 + 2 = 3$

$f(x) = (x - 1)(x - 2)(x - 3) =$

$= (x^2 - 3x + 2)(x - 3) =$

$= x^3 - 6x^2 + 11x - 6;$

$a = -6; b = 11; c = -6$

12. a) $f(x) = -0,5(x + 2)(x - 2)(x + 3)$

x	x < -3	x = -3	-3 < x < -2	x = -2	-2 < x < 2	x = 2	x > 2
f(x)	> 0	0	< 0	0	> 0	0	< 0

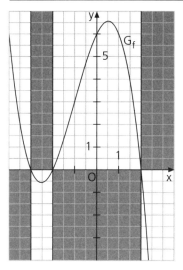

b) $f(x) = \frac{4}{3}x^3 - 3x = \frac{1}{3} \cdot x \cdot (4x^2 - 9) = \frac{1}{3} \cdot x \cdot (2x + 3)(2x - 3)$

x	x < -1,5	x = -1,5	-1,5 < x < 0	x = 0	0 < x < 1,5	x = 1,5	x > 1,5
f(x)	< 0	0	> 0	0	< 0	0	> 0

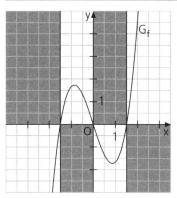

c) $f(x) = x^3 - 3x^2 + 4 = (x - 2)(x^2 - x - 2) = (x - 2)(x + 1)(x - 2) = (x + 1)(x - 2)^2$

x	x < -1	x = -1	-1 < x < 2	x = 2	x > 2
f(x)	< 0	0	> 0	0	> 0

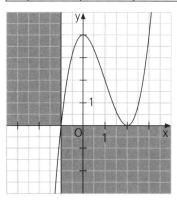

13. $f(-x) = -f(x)$ für jeden Wert von $x \in D_f$: der Graph von f ist punktsymmetrisch zum Ursprung

$f(-x) = f(x)$ für jeden Wert von $x \in D_f$: der Graph von f ist achsensymmetrisch zur y-Achse

	a)	b)	c)	d)	e)	f)	g)	h)	i)
G_f ist punktsymmetrisch zum Ursprung				x				x	
G_f ist achsensymmetrisch zur y-Achse		x				x	x		x

14. Es sind jeweils vier Beispiele für Eigenschaften angegeben.

a) $f: f(x) = x^3; D_f = \mathbb{R}$
Die Funktion f besitzt die dreifache Nullstelle $x = 0$.
Für $x \to \infty$ gilt $f(x) \to \infty$, und für $x \to -\infty$ gilt $f(x) \to -\infty$.
Der Graph G_f ist punktsymmetrisch zum Ursprung.
G_f verläuft nur durch den III. und den I. Quadranten.

b) $f: f(x) = x^6; D_f = \mathbb{R}$
Die Funktion f hat die sechsfache Nullstelle $x = 0$.
Für $x \to \infty$ gilt $f(x) \to \infty$, und für $x \to -\infty$ gilt $f(x) \to \infty$.
Der Graph G_f ist achsensymmetrisch zur y-Achse.
G_f verläuft nur durch den II. und den I. Quadranten.

c) $f: f(x) = x^4 + x^2 = x^2(x^2 + 1); D_f = \mathbb{R}$
Die Funktion f hat die doppelte Nullstelle $x = 0$ (und sonst keine weiteren Nullstellen).
Für $x \to \infty$ gilt $f(x) \to \infty$, und für $x \to -\infty$ gilt $f(x) \to \infty$.
Der Graph G_f ist achsensymmetrisch zur y-Achse.
G_f verläuft nur durch den II. und den I. Quadranten.

d) $f: f(x) = -x^5; D_f = \mathbb{R}$
Die Funktion f hat die fünffache Nullstelle $x = 0$.
Für $x \to \infty$ gilt $f(x) \to -\infty$, und für $x \to -\infty$ gilt $f(x) \to \infty$.
Der Graph G_f ist punktsymmetrisch zum Ursprung.
G_f verläuft nur durch den II. und den IV. Quadranten.

e) $f: f(x) = x^3 + 6x^2 + 9x + 4 = (x + 4)(x + 1)^2; D_f = \mathbb{R}$
Die Funktion f hat die doppelte Nullstelle $x_1 = -1$ und die einfache Nullstelle $x_2 = -4$.
Für $x \to \infty$ gilt $f(x) \to \infty$, und für $x \to -\infty$ gilt $f(x) \to -\infty$.
G_f verläuft durch den III., den II. und den I. Quadranten.
G_f hat die Achsenpunkte $S_1 (-1 \mid 0)$, $S_2 (-4 \mid 0)$ und $T (0 \mid 4)$.

15.

$g: x \mapsto g(x); D_g = \mathbb{R}$	a)	b)	c)	d)	e)	f)
$g(x)$	x^3	$3x^3$	$-2x^3$	$2x^5$	$0{,}5x^3$	$-2x^5$
$f(x) \to \infty$ für $x \to \infty$	×	×		×	×	
$f(x) \to -\infty$ für $x \to \infty$			×			×
$f(x) \to \infty$ für $x \to -\infty$			×			×
$f(x) \to -\infty$ für $x \to -\infty$	×	×		×	×	

16. a)

	Graph	Funktion
(1)	a	f_3
(2)	b	f_1
(3)	c	f_2

130

Begründung:

zu (1): Nur f_3 hat die doppelte Nullstelle $x = 0$ (und die einfache Nullstelle $x = 3$)

zu (2): Nur f_1 hat drei (einfache) Nullstellen [$f_1(x) = x^3 - 9x = x(x^2 - 9) = x(x + 3)(x - 3)$].

zu (3): Nur f_2 hat die doppelte Nullstelle $x = 3$ (und die einfache Nullstelle $x = 0$).

Oder: Für betragskleine Werte von x gilt $f_1(x) \approx 9x$, $f_2(x) \approx -9x$ und $f_3(x) \approx -3x^2$; in der Nähe des Ursprungs muss also G_{f_1} etwa wie die Gerade mit der Gleichung $y = 9x$ (Graph b), G_{f_2} etwa wie die Gerade mit der Gleichung $y = 9x$ (Graph c) und G_{f_3} etwa wie die Parabel mit der Gleichung $y = -3x^2$ (Graph a) verlaufen.

b) $f(x) = -x^3 + 9x - x(x - 3)^2 + x^2(x - 3) =$
$= -x^3 + 9x - x^3 + 6x^2 - 9x + x^3 - 3x^2 =$
$= -x^3 + 3x^2 = -x^2(x - 3)$; Nullstellen: $x_1 = 0 \in D_f$; $x_2 = 3 \in D_f$.

Wegen $f(x) = -x^2(x - 3) = -f_3(x)$ und $D_f = D_{f_3}$ kann man G_f durch Spiegelung von G_{f_3} an der x-Achse erhalten.

17. a) Da $P \in G_f$ ist, gilt $-27 = -\frac{1}{9} \cdot 3^n$; $| : \left(-\frac{1}{9}\right)$. Aus $3^n = 243 = 3^5$ ergibt sich $n = 5$.

b) $A \in G_f : \mathrm{I} \quad 8 + 4a + 2b + c = 0 ; | -8 \qquad \mathrm{I'} \quad 4a + 2b + c = -8$
$B \in G_f : \mathrm{II} \quad 1 + a + b + c = -2; | -1 \qquad \mathrm{II'}\ a + b + c = -3$
$C \in G_f : \mathrm{III} \quad -1 + a - b + c = 6; | +1 \qquad \mathrm{III'}\ a - b + c = /$
$\mathrm{III'} - \mathrm{II'} \quad -2b = 10; | : (-2) \qquad b = -5$
$\mathrm{I'} - \mathrm{II'} \quad 3a + b = -5$; setzt man $b = -5$ in diese Gleichung ein, so ergibt sich $a = 0$.
Setzt man $a = 0$ und $b = -5$ in die Gleichung $\mathrm{II'}$ ein, so ergibt sich $0 - 5 + c = -3$; $| + 5$ und somit $c = 2$. Also ist $a = 0$; $b = -5$; $c = 2$ und $f(x) = x^3 - 5x + 2$.

c) Ansatz: $f(x) = a(x - 1)^2(x + 0{,}5)$.
Da $T \in G_f$ ist, gilt $a \cdot (-1)^2 \cdot 0{,}5 = 2$; $0{,}5a = 2$; $| : 0{,}5$
$a = 4$, also $f(x) = 4(x - 1)^2 (x + 0{,}5)$.

d) Ansatz: $f(x) = a(x - 2)^2(x + 2)^2$ [f besitzt auch die doppelte Nullstelle $x = -2$]
Da $T \in G_f$ ist, gilt $a \cdot (-2)^2 \cdot 2^2 = -4$; $16a = -4$; $| : 16 \quad a = -0{,}25$, also
$f(x) = -0{,}25(x - 2)^2(x + 2)^2$.

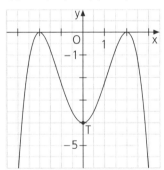

18. $f(x) = x(x^2 - 2x + 1) = x(x - 1)^2$;

G_f hat also mit der x-Achse die Punkte $O\ (0 \mid 0)$ und $A\ (1 \mid 0)$ gemeinsam.

Wertetabelle:

x	−1	0	0,5	1	2	2,5
f(x)	−4	0	0,125	0	2	5,625

Gemeinsame Punkte von G_f und P:
$x(x - 1)^2 = -(x^2 - 2x + 1)$;
$x(x - 1)^2 = -(x - 1)^2$; $| + (x - 1)^2$
$(x - 1)^2(x + 1) = 0$;
$x_1 = 1$; $A\ (1 \mid 0)$
$x_2 = -1$; $B\ (-1 \mid -4)$

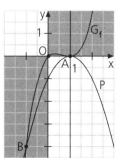

19. a) $f(x) = ax^2(x - b)$; $a \neq 0$; $b > 10$; Rechnung ohne Benennungen:

$f(0) = 0$; hieraus kann man keine Information für a bzw. b entnehmen.

$f(10) = -1,6$:   I $\quad 100a(10 - b) = -1,6$

$f(5) = -0,5$ II $25a(5 - b) = -0,5$

$I : II \quad \dfrac{100a(10 - b)}{25a(5 - b)} = \dfrac{-1,6}{-0,5}; \dfrac{4(10 - b)}{5 - b} = 3,2; I \cdot (5 - b)$

$40 - 4b = 16 - 3,2b; I -40 + 3,2b$

$-0,8b = -24; I : (-0,8)$

$b = 30$ eingesetzt in I $100a(10 - 30) = -1,6; -2\,000a = -1,6; I : (-2\,000)$

$a = 0,0008$; $f(x) = 0,0008\,x^2(x - 30)$

Ergebnis mit Benennungen: $f(x) = 0,0008$ cm$^{-2} \cdot x^2 \cdot (x - 30$ cm$)$.

b) $f(8) = 0,0008 \cdot 8^2 (8 - 30) \approx -1,13$.

Die Durchbiegung beträgt etwa 1,13 cm.

20. $s(x) = f(x) + g(x) =$

$\qquad = -x^3 + x^2 + 4 + x^3 + x^2 - 2x + 2 =$

$\qquad = 2x^2 - 2x + 6 =$

$\qquad = 2\left(x^2 - x + \dfrac{1}{4}\right) - 2 \cdot \dfrac{1}{4} + 6 =$

$\qquad = 2\left(x - \dfrac{1}{2}\right)^2 + 5,5$:

Für $x = \dfrac{1}{2} \in \mathbb{R}_0^+$ wird s minimal; der minimale Funktionswert (das „Minimum" der Funktion) ist 5,5.

21. Nullstellen: $f(x) = 0$; $-x^3 + 4x = 0$; $-x(x^2 - 4) = 0$; $-x(x + 2)(x - 2) = 0$.

Die Funktion f besitzt drei (einfache) Nullstellen: $x_1 = -2$; $x_2 = 0$; $x_3 = 2$.

a) Es ist $f(-x) = -(-x)^3 + 4 \cdot (-x) = x^3 - 4x = -f(x)$ für jeden Wert von $x \in D_f = \mathbb{R}$; also ist G_f punktsymmetrisch zum Ursprung.

b) $3x = -x^3 + 4x$; $I + x^3 - 4x$ $\qquad x^3 - x = 0$; $x(x^2 - 1) = 0$;

$x_1 = -1$; $x_2 = 0$; $x_3 = 1$ $\qquad A_1(-1 | -3)$, $A_2(0 | 0)$, $A_3(1 | 3)$

c) $A_{S_1S_3B} = \dfrac{1}{2} \cdot 4 \cdot 3$ FE $= 6$ FE

$U_{S_1S_3B} = \overline{S_1S_3} + \overline{S_3B} + \overline{BS_1} = 4$ LE $+ 3$ LE $+ \sqrt{(-2 - 2)^2 + (0 - 3)^2}$ LE $=$

$\qquad = 7$ LE $+ \sqrt{16 + 9}$ LE $= 7$ LE $+ 5$ LE $= 12$ LE

d) Näherungsfunktion: $f^*(x) = -x^3$.

Für $x \to \infty$ gilt $f(x) \to -\infty$, und für $x \to -\infty$ gilt $f(x) \to \infty$.

W1 Der (gerade Kreis-)Zylinder

W2

Größe des Winkels	30°	45°	210°	330°
Bogenmaß	$\dfrac{\pi}{6} \approx 0,52$	$\dfrac{\pi}{4} \approx 0,79$	$\dfrac{7\pi}{6} \approx 3,67$	$\dfrac{11\pi}{6} \approx 5,76$

W3 Nach dem 2. Strahlensatz gilt $8 : (x + 8) = 4 : 5$

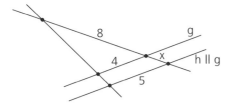

$x_1 = 6$; $x_2 = -6$

$x = 3$

$x = -2$

131

Vor allem die Aufgaben
I., V. und VI. fördern
die Fähigkeit des
Argumentierens und
Begründens.

L

I. **a)** Individuelle Beiträge

b) $f(-1-h) = (-1-h+1)^4 - 6 = (-h)^4 - 6 = h^4 - 6;$
$f(-1+h) = (-1+h+1)^4 - 6 = h^4 - 6 = f(-1-h)$

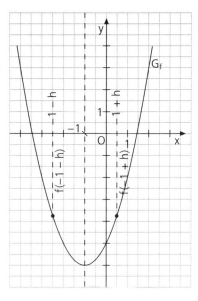

II. **a)** $S(1 \mid a^2 - 6a)$

b) Für die y-Koordinate des Scheitels gilt
$y = a^2 - 6a = (a^2 - 6a + 9) - 9 = (a-3)^2 - 9.$
Für $a* = 3$ liegt der Parabelscheitel am
tiefsten:
$f*(x) = 4(x-1)^2 + 9 - 18; \; f*(x) = 4(x-1)^2 - 9;$
$S*(1 \mid -9)$
Schnittpunkte von G_{f*} mit der x-Achse:
$4(x-1)^2 - 9 = 0; \mid + 9$
$4(x-1)^2 = 9; \mid : 4 \quad (x-1)^2 = 2,25;$
$x - 1 = \pm 1,5; \mid + 1 \quad x_{1,2} = \pm 1,5 + 1;$
$x_1 = 2,5; \; x_2 = -0,5 \quad S_1(2,5 \mid 0), \; S_2(-0,5 \mid 0)$
$A_{S_1 S_2 S*} = \frac{1}{2} \cdot 3 \cdot 9 \; FE = 13,5 \; FE$

III. **a)** Substitution: $x^2 = u; \quad u^2 - 15u - 16 = 0; \; (u-16)(u+1) = 0; \; u_1 = 16; \; u_2 = -1;$
$x^2 = u_1 = 16; \quad x_1 = 4 \in G; \; x_2 = -4 \in G$
$x^2 = u_2 = -1:$ keine reellen Lösungen
$L = \{-4; 4\}$

b) $x^2 - 2 + \frac{1}{x^2} = 0; \mid \cdot x^2 \quad x^4 - 2x^2 + 1 = 0; \; (x^2-1)^2 = 0; \; x^2 = 1; \; x_1 = 1 \in G; \; x_2 = -1 \in G;$
$L = \{-1; 1\}$

c) Substitution: $x + \frac{1}{x} = u; \; u^2 - 4u + 4 = 0; \; (u-2)^2 = 0; \; u = 2$
$x + \frac{1}{x} = 2; \mid \cdot x \quad x^2 + 1 = 2x; \mid -2x \quad x^2 - 2x + 1 = 0; \; (x-1)^2 = 0; \; x = 1 \in G$
$L = \{1\}$

IV. $k = -16:$
$x^4 - 18x^2 + 81 + 16 = 0; \; x^4 - 18x^2 + 97 = 0; \; D = (-18)^2 - 4 \cdot 1 \cdot 97 = 324 - 388 = -64 < 0:$
f_{-16} besitzt keine Nullstellen.

$k = 0:$
$x^4 - 18x^2 + 81 - 0 = 0; \; x^4 - 18x^2 + 81 = 0; \; (x^2-9)^2 = 0; \; x^2 - 9 = 0; \; x_1 = 3 \in D_{f_0}; \; x_2 = -3 \in D_{f_0}:$
f_0 besitzt zwei Nullstellen: $x_1 = 3$ und $x_2 = -3.$

$k = 1:$
$x^4 - 18x^2 + 81 - 1 = 0; \; x^4 - 18x^2 + 80 = 0; \; (x^2-10)(x^2-8) = 0;$
$x^2 = 10; \; x_1 = \sqrt{10} \in D_{f_1}; \; x_2 = -\sqrt{10} \in D_{f_1};$
$x^2 = 8; \; x_3 = \sqrt{8} = 2\sqrt{2} \in D_{f_1}; \; x_4 = -\sqrt{8} = -2\sqrt{2} \in D_{f_1}:$
f_1 besitzt vier Nullstellen: $x_1 = \sqrt{10}; \; x_2 = -\sqrt{10}; \; x_3 = 2\sqrt{2}; \; x_4 = -2\sqrt{2}$

$k = 81:$
$x^4 - 18x^2 + 81 - 81 = 0; \; x^4 - 18x^2 = 0; \; x^2(x^2 - 18) = 0;$
$x^2 = 0; \; x_1 = 0 \in D_{f_{81}};$
$x^2 = 18; \; x_2 = \sqrt{18} = 3\sqrt{2} \in D_{f_{81}}; \; x_3 = -\sqrt{18} = -3\sqrt{2} \in D_{f_{81}}:$
f_{81} besitzt drei Nullstellen: $x_1 = 0; \; x_2 = 3\sqrt{2}; \; x_3 = -3\sqrt{2}$

$k = 121:$
$x^4 - 18x^2 + 81 - 121 = 0; \; x^4 - 18x^2 - 40 = 0; \; (x^2 - 20)(x^2 + 2) = 0;$
$x^2 = 20; \; x_1 = \sqrt{20} = 2\sqrt{5} \in D_{f_{121}}; \; x_2 = -\sqrt{20} = -2\sqrt{5} \in D_{f_{121}};$
$x^2 + 2 = 0:$ keine reellen Lösungen, da stets $x^2 + 2 \geq 2$ ist:
f_{121} besitzt zwei Nullstellen: $x_1 = 2\sqrt{5}; \; x_2 = -2\sqrt{5}$

Substitution: $x^2 = u$

$u^2 - 18u + 81 - k = 0$; $D = (-18)^2 - 4 \cdot 1 \cdot (81 - k) = 324 - 324 + 4k = 4k$;

$k = 0$: $u = 9$;

$k > 0$: $u_{1,2} = \dfrac{18 \pm \sqrt{4k}}{2} = \dfrac{18 \pm 2\sqrt{k}}{2} = 9 \pm \sqrt{k}$;

$k < 0$: $u \notin \mathbb{R}$

k	k < 0	k = 0	0 < k < 81	k = 81	k > 81
Anzahl der Nullstellen	0	2	4	3	2

V.

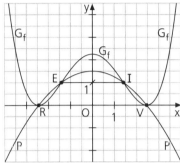

a) $p(x) = -\dfrac{1}{4} x^2 + \dfrac{3}{2}$; $p(-x) = -\dfrac{1}{4}(-x)^2 + \dfrac{3}{2} = -\dfrac{1}{4} x^2 + \dfrac{3}{2} = p(x)$;

$f(x) = [p(x)]^2$; $f(-x) = [p(-x)]^2 = [p(x)]^2 = f(x)$

Sowohl die Parabel P wie auch der Graph G_f ist achsensymmetrisch zur y-Achse.

b) Gemeinsame Punkte von P und G_f:

$\left(-\dfrac{1}{4} x^2 + \dfrac{3}{2}\right)^2 = -\dfrac{1}{4} x^2 + \dfrac{3}{2}$; $\left| -\left(-\dfrac{1}{4} x^2 + \dfrac{3}{2}\right)\right.$

$\left(-\dfrac{1}{4} x^2 + \dfrac{3}{2}\right)\left(-\dfrac{1}{4} x^2 + \dfrac{3}{2} - 1\right) = 0$;

$\left(-\dfrac{1}{4} x^2 + \dfrac{3}{2}\right)\left(-\dfrac{1}{4} x^2 + \dfrac{1}{2}\right) = 0$;

$-\dfrac{1}{4} x^2 + \dfrac{3}{2} = 0$; $\left| -\dfrac{3}{2} \right.$

$-\dfrac{1}{4} x^2 = -\dfrac{3}{2}$; $| \cdot (-4)$

$x^2 = 6$; $x_1 = \sqrt{6} \in D_f$; $x_2 = -\sqrt{6} \in D_f$;

$f(\sqrt{6}) = 0$; $f(-\sqrt{6}) = 0$;

$V(\sqrt{6} \,|\, 0)$, $R(-\sqrt{6} \,|\, 0)$

$-\dfrac{1}{4} x^2 + \dfrac{1}{2} = 0$; $\left| -\dfrac{1}{2} \right.$

$-\dfrac{1}{4} x^2 = -\dfrac{1}{2}$; $| \cdot (-4)$

$x^2 = 2$; $x_3 = \sqrt{2} \in D_f$; $x_4 = -\sqrt{2} \in D_f$;

$f(\sqrt{2}) = 1$; $f(-\sqrt{2}) = 1$;

$I(\sqrt{2} \,|\, 1)$, $E(-\sqrt{2} \,|\, 1)$

Beispiele für Eigenschaften des Vierecks VIER:

- Das Viereck VIER ist ein gleichschenkliges Trapez;
- die beiden Parallelseiten sind $2\sqrt{6}$ LE bzw. $2\sqrt{2}$ LE lang;
- die Trapezhöhe beträgt 1 LE;
- die y-Achse ist Symmetrieachse des Trapezes.

$A_{VIER} = \dfrac{2\sqrt{6} + 2\sqrt{2}}{2} \cdot 1\ \text{FE} = (\sqrt{6} + \sqrt{2})\ \text{FE} \approx 3{,}86\ \text{FE}$

Da das Trapez gleichschenklig ist, gibt es einen Punkt M (den Umkreismittelpunkt), der von allen vier Eckpunkten gleich weit entfernt ist.

M liegt

1) auf der y-Achse (der Symmetrieachse des Vierecks) und

2) auf der Mittelsenkrechten der Strecke [VI] (bzw. der Strecke [ER].

Der Kreis k mit Mittelpunkt M und $r = \overline{MV}$ verläuft durch die vier Punkte V, I, E und R, ist also der Umkreis des Vierecks VIER.

VI. a) Man betrachtet jeweils das konstante Glied:

	$f_1(x)$	$f_2(x)$	$f_3(x)$	$f_4(x)$
Konstantes Glied	$1 \cdot (-2)^2 = 4$	$(-1)^2 \cdot 2 = 2$	$1^2 \cdot (-2) = -2$	$(-1) \cdot 2^2 = -4$
Funktionsterm	(4)	(1)	(2)	(3)

b) und c)

	$-\infty < x < -1$	$x = -1$	$-1 < x < 2$	$x = 2$	$2 < x < \infty$
$f_1(x)$	< 0	0	> 0	0	> 0

G_{f_1} verläuft nicht durch den IV. Quadranten.

	$-\infty < x < -2$	$x = -2$	$-2 < x < 1$	$x = 1$	$1 < x < \infty$
$f_2(x)$	< 0	0	> 0	0	> 0

G_{f_2} verläuft nicht durch den IV. Quadranten.

	$-\infty < x < -1$	$x = -1$	$-1 < x < 2$	$x = 2$	$2 < x < \infty$
$f_3(x)$	< 0	0	< 0	0	> 0

G_{f_3} verläuft nicht durch II. Quadranten.

	$-\infty < x < -2$	$x = -2$	$-2 < x < 1$	$x = 1$	$1 < x < \infty$
$f_4(x)$	< 0	0	< 0	0	> 0

G_{f_4} verläuft nicht durch den II. Quadranten.

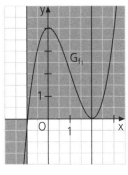
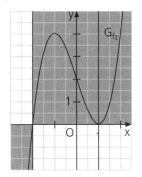
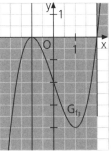
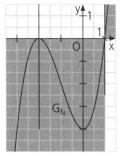

d) $g(x) = f_1(x) - f_2(x) = (x + 1)(x - 2)^2 - (x - 1)^2(x + 2) =$

$= (x + 1)(x^2 - 4x + 4) - (x^2 - 2x + 1)(x + 2) =$

$= x^3 - 4x^2 + 4x + x^2 - 4x + 4 - x^3 - 2x^2 + 2x^2 + 4x - x - 2$

$= -3x^2 + 3x + 2 = -3\left[x^2 - x + \left(\frac{1}{2}\right)^2\right] + \frac{3}{4} + 2 = -3\left(x - \frac{1}{2}\right)^2 + 2\frac{3}{4}:$

Die Funktion g nimmt für $x = \frac{1}{2} \in D_g$ ihren größten Wert, nämlich $2\frac{3}{4}$, an.

L

1. a) $x^2 + 1$ **b)** $3x^2 + 7x - 16$ **c)** $x^3 - 2x^2 - 3x + 10$ **d)** $x^2 - x + 1$

2. a) Man substituiert $x^2 = u$ und erhält $2u^2 - 5u - 12 = 0$; $u_1 = 4$; $u_2 = -1,5 < 0$.
$x_{1,2}^2 = 4$; $x_1 = 2$; $x_2 = -2$ $x_{3,4}^2 = -1,5$: keine reellen Lösungen
Lösungsmenge: $L = \{-2; 2\}$

b) Man substituiert $x^2 = u$; $u^2 - 109u + 900 = 0$; $(u - 100)(u - 9) = 0$.
$u_1 = 100$; $x_1^2 = 100$; $x_{11} = 10$; $x_{12} = -10$; $u_2 = 9$; $x_2^2 = 9$; $x_{21} = 3$; $x_{22} = -3$
Lösungsmenge: $L = \{-10; -3; 3; 10\}$

3. a) $0,5(x + 5)(x^2 - 4) = 0$; $L = \{-5; -2; 2\}$

b) $x^2(x + 2)(x - 1) = 0$; $L = \{-2; 0; 1\}$

c) $(x + 2)(x^2 - 4x + 5) = 0$; $L = \{-2\}$

4.

Bedingung wird erfüllt von	(1)	(2)	(3)	(4)	(5)
f_1	x	x	x	x	x
f_2	x		x	x	x
f_3	x	x	x	x	
f_4	x	x	x		x

Von den vier Funktionen f_1 bis f_4 erfüllt nur f_1 alle fünf Bedingungen.

5. $f(0) = f(0) \cdot f(0)$; $f(0) = [f(0)]^2$, also [wegen $f(0) > 0$] $f(0) = 1$
$f(2) = f(1 + 1) = f(1) \cdot f(1) = [f(1)]^2$; $[f(1)]^2 = 9$, also [wegen $f(1) > 0$] $f(1) = 3$
$f(3) = f(2 + 1) = f(2) \cdot f(1) = 9 \cdot 3 = 27$
$f(4) = f(2 + 2) = f(2) \cdot f(2) = 9 \cdot 9 = 81$
oder $f(4) = f(3 + 1) = f(3) \cdot f(1) = 27 \cdot 3 = 81$

6. a) $f(x) \approx 4x^4$ **b)** $f(x) \approx 0,2x^6$ **c)** $f(x) \approx 2x^3$ **d)** $f(x) \approx -2x^3$

7. Es ist stets $f(-x) = \frac{1}{9}(-x)^3 - \frac{4}{3}(-x) = -\frac{1}{9}x^3 + \frac{4}{3}x = -\left(\frac{1}{9}x^3 - \frac{4}{3}x\right) = -f(x)$;
also ist G_f punktsymmetrisch zum Ursprung O $(0 \mid 0)$.

a) Nullstellen: $\frac{1}{9}x^3 - \frac{4}{3}x = 0$; $\frac{1}{9}x(x^2 - 12) = 0$; $x_1 = 0$; $x_2 = 2\sqrt{3}$; $x_3 = -2\sqrt{3}$.
Näherungsterm: $f(x) \approx \frac{1}{9}x^3$. Für $x \to \infty$ gilt $f(x) \to \infty$; für $x \to -\infty$ gilt $f(x) \to -\infty$.

b) $\frac{1}{9}x^3 - \frac{4}{3}x = -\frac{1}{3}x$; $\mid \cdot 9$ $x^3 - 9x = 0$; $x(x^2 - 9) = 0$; $x_1 = 0$; $x_2 = 3$; $x_3 = -3$;
$S_1 (0 \mid 0)$, $S_2 (3 \mid -1)$, $S_3 (-3 \mid 1)$

c)

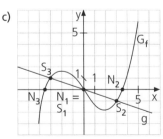

x	0	±1	±2	±3	±4	±5
f(x)	0	$\mp 1\frac{2}{9}$	$\mp 1\frac{7}{9}$	∓ 1	$\pm 1\frac{7}{9}$	$\pm 7\frac{2}{9}$

d) f^*: $f^*(x) = \frac{1}{9}(-x)^3 - \frac{4}{3}(-x) = -\frac{1}{9}x^3 + \frac{4}{3}x$; $D_{f^*} = \mathbb{R}$

8. Nullstellen der Funktion f: $f(x) = 0{,}5(x + 3)x(x - 1)^2$; $D_f = \mathbb{R}$:
einfache Nullstellen: $x_1 = -3$; $x_2 = 0$;
doppelte Nullstelle: $x_{3,4} = 1$.

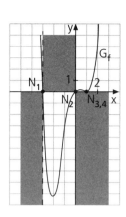

	$x < -3$	$x = -3$	$-3 < x < 0$	$x = 0$	$0 < x < 1$	$x = 1$	$x > 1$
$x + 3$	< 0	0	> 0	> 0	> 0	> 0	> 0
x	< 0	< 0	< 0	0	> 0	> 0	> 0
$(x - 1)^2$	> 0	> 0	> 0	> 0	> 0	0	> 0
$f(x)$	> 0	0	< 0	0	> 0	0	> 0

Der Graph G_f kann also *nicht* durch die drei getönten
„Felder" verlaufen:

Kapitel 6

Augustin Louis Cauchy
geb. 21. 8. 1789 in Paris
gest. 23. 5. 1857 in Sceaux bei Paris

Augustin Louis Cauchy verbrachte seine Jugendjahre während der Zeit der französischen Revolution in einem Dorf in der Nähe der Güter des Marquis de Laplace, der schon frühzeitig die mathematische Begabung des jungen Cauchy erkannte. Durch seinen Vater, der Sekretär des Senats in Paris war, lernte Cauchy den Mathematiker Lagrange kennen, der ihm riet, sich zunächst eine gute Allgemeinbildung zu verschaffen. Der Vater folgte dieser Empfehlung und setzte sich dafür ein, dass sein Sohn eine gute literarische Bildung erhielt.

1805 trat Cauchy in die École Polytechnique und nach zwei Jahren in die staatliche Ingenieurschule ein. Er wollte Ingenieur werden und war nach Beendung seines Studiums auch einige Zeit als Ingenieur tätig. Im Selbststudium befasste er sich mit Werken von Lagrange und von Laplace.
1811 legte er der Akademie der Wissenschaften eine Arbeit über reguläre Polyeder vor. Dieser ersten Veröffentlichung folgten weitere über mathematische und physikalische Themen, für die er teilweise auch Auszeichnungen erhielt. Nachdem er bis 1813 als Ingenieur tätig gewesen war, eröffnete erst der Sturz Napoleons dem konservativen Cauchy die Möglichkeit von Lehrpositionen an den Pariser Hochschulen und der Mitgliedschaft bei der Akademie der Wissenschaften. 1816 wurde er Professor an der École Polytechnique und Mitglied der Akademie der Wissenschaften.
Die meisten seiner über 800 Veröffentlichungen beschäftigen sich mit Themen der Analysis. Seine Lehrbücher *Cours d'analyse de l'École Polytechnique* und *Leçons sur le calcul infinitésimal* wurden in mehrere Sprachen übersetzt und zählten für Jahrzehnte zu den mathematischen Standardwerken.

Einen Einschnitt in Cauchys Leben bedeutete die Julirevolution 1830. Da Cauchy im Widerspruch zur neuen Regierung stand, emigrierte er zunächst nach Turin, dann nach Prag. Dort unterrichtete er den Herzog von Bordeaux, den Kronprinzen des gestürzten Bourbonenkönigs Karl X.
1838 kehrte Cauchy nach Paris zurück und wurde 1848 Professor der Mathematischen Astronomie an der Sorbonne. Er verfasste weitere Arbeiten zu unterschiedlichen Gebieten der Mathematik und den Anwendungen der Mathematik (z. B. Optik, Elastizitätstheorie, Himmelsmechanik) und zählt mit seinem Gesamtwerk zu den produktivsten Mathematikern aller Zeiten.
Cauchy verwendete als erster den Begriff der Stetigkeit und definierte auch als erster das bestimmte Integral als Grenzwert von Summen. Seine grundlegenden Beiträge zur Funktionentheorie wurden später von Riemann und Weierstraß weiterentwickelt.

Cauchy war streng katholisch und stand den revolutionären Ideen von 1848 ablehnend gegenüber. Er gehörte zu den Gründern des Institut Catholique, das der Höheren Schulbildung diente.
Cauchy starb am 23. 5. 1857 in Sceaux bei Paris.

In diesem Kapitel soll in besonderem Maß eine solide Grundlage für die Arbeit in der Ober-stufe gelegt werden. Beim Überblick über die bekannten Funktionstypen und deren Graphen werden spezielle Eigenschaften von Funktionen und deren Graphen wiederholt, z. B.:

- Nullstellen von Funktionen
- Symmetrieverhalten von Funktionsgraphen
- Verlauf von Funktionsgraphen

Die Schülerinnen und Schüler üben, besondere Eigenschaften von Funktionsgraphen bereits durch Überlegen zu erkennen und dann den Graphverlauf zu skizzieren; dabei verwenden sie auch das *Felderabstreichen*. Sie trainieren algebraische Verfahren und festigen ihr Grundwissen.

Die ausführlich vorgerechneten Musterbeispiele sollen helfen, Lücken zu schließen, zu Eigentätigkeit anregen und beim Durcharbeiten Grundkenntnisse festigen.

134

- ■ Höchstens n verschiede Nullstellen
- ■ Ja; *Beispiel*: Der Graph der Funktion f: $f(x) = x^2 + 1$; $D_f = \mathbb{R}^+$, verläuft ganz im I. Quadranten.
- ■ Ja; *Beispiel*: Der Graph der Funktion f: $f(x) = \dfrac{x^2}{1 + x^2}$; $D_f = \mathbb{R}$, verläuft nur durch den II. und den I. Quadranten.
- ■ Ja; *Beispiel*: Die Funktion f: $f(x) = \dfrac{x^2 + 4}{1 + x^2}$; $D_f = \mathbb{R}$
- ■ Nein
- ■ Nein

135

- ■ Ja; Beispiel: $\varphi = 45°$: $\sin 45° = \dfrac{\sqrt{2}}{2} = \cos 45°$
- ■ Für jeden Winkel $x = \dfrac{\pi}{2} \cdot (2k + 1)$; $k \in \mathbb{Z}$, ist tan x nicht definiert.
- ■ Funktionen, bei denen sich alle Funktionswerte in gleichen festen Abständen wiederholen, nennt man periodische Funktionen.
- ■ $2^x = 10^{x \log 2}$, d. h. $k = \log 2 \approx 0,3010$
- ■ $n \geq 13$. Wie oft muss ein Laplace-Spielwürfel mindestens geworfen werden, damit mit einer Wahrscheinlichkeit von mindestens 90% mindestens einmal eine Sechs geworfen wird?
- ■ Ja; *Beispiel*: $(\sqrt{3})^2 = 3 \in \mathbb{Q}$

L

140

AH S.31–35

1. Die Funktionsgleichungen stellen Parabeln dar; S ist jeweils der Parabelscheitel.

a) $y = x^2 - 6x + 8 = (x - 3)^2 - 1$; S $(3 \mid -1)$

b) $y = 4 - x - 0,25x^2 = -0,25(x^2 + 4x + 4) + 1 + 4 = -0,25(x + 2)^2 + 5$; S $(-2 \mid 5)$

c) $y = -0,5x^2 + 2x - 2 = -0,5(x^2 - 4x + 4) + 2 - 2 = -0,5(x - 2)^2$; S $(2 \mid 0)$

d) $y = 3x^2 + 12x = 3(x^2 + 4x + 4) - 12 = 3(x + 2)^2 - 12$; S $(-2 \mid -12)$

e) $y = x^2 + x + 0,25 = (x + 0,5)^2$; S $(-0,5 \mid 0)$

f) $y = 4x^2 + 8$; S $(0 \mid 8)$

2. P: $y = ax^2 + bx + c$

a) $m_{AB} = \dfrac{5 - 4}{0 - 1}$; AB: $y = -x + 5$; C $\notin$ AB, da $8 \neq 1 + 5$ ist.

A $\in$ P: I $\quad a + b + c = 4$

B $\in$ P: II $\quad c = 5$

C $\in$ P: III $a - b + c = 8$

I $-$ III $\quad 2b = -4$; $\mid$: 2 $\quad b = -2$

$b = -2$ und $c = 5$ eingesetzt in I: $\quad a - 2 + 5 = 4$; $\mid -3 \quad a = 1$

$y = x^2 - 2x + 5$

b) $m_{AB} = \frac{2-0}{1-0} = 2$; AB: $y = 2x$; $C \notin AB$, da $2 \neq -4$ ist.

$A \in P$: I $c = 0$

$B \in P$: II $a + b + c = 2$; da $c = 0$: II' $a + b = 2$

$C \in P$: III $4a - 2b + c = 2$; da $c = 0$ ist: III' $4a - 2b = 2$; | : 2 III'' $2a - b = 1$

II' + III'' $3a = 3$; | : 3 $a = 1$

$a = 1$ eingesetzt in II' ergibt $1 + b = 2$; | -1 $b = 1$

$y = x^2 + x$

c) $m_{AB} = \frac{12-0}{1-(-1)} = 6$; AB: $y = 6x + t$; $A \in AB$; $0 = -6 + t$; $t = 6$; AB: $y = 6x + 6$;

$C \notin AB$, da $8 \neq 18 + 6 = 24$ ist.

$A \in P$: I $a - b + c = 0$

$B \in P$: II $a + b + c = 12$

$C \in P$: III $9a + 3b + c = 8$

II $-$ I $2b = 12$; | : 2 $b = 6$ eingesetzt in I und in III

I' $a - 6 + c = 0$; | $+6 - c$ II' $a = 6 - c$ eingesetzt in III

$9(6 - c) + 3 \cdot 6 + c = 8$; $54 - 9c + 18 + c = 8$; | -72

$-8c = -64$; | : (-8) $c = 8$

Aus II' ergibt sich $a = 6 - 8 = -2$

$y = -2x^2 + 6x + 8$

d) $m_{AB} = \frac{1-5}{-2-2} = 1$; AB: $y = x + t$; $A \in AB$; $5 = 2 + t$; | -2 $t = 3$; AB: $y = x + 3$;

$C \notin AB$, da $5 \neq -4 + 3$ ist.

$A \in P$: I $4a + 2b + c = 5$

$B \in P$: II $4a - 2b + c = 1$

$C \in P$: III $16a - 4b + c = 5$

I $-$ II $4b = 4$; | : 4 $b = 1$

$b = 1$ eingesetzt in I ergibt $4a + 2 + c = 5$; | -2 I' $4a + c = 3$;

$b = 1$ eingesetzt in III ergibt $16a - 4 + c = 5$; | $+4$ III' $16a + c = 9$;

III' $-$ I' $12a = 6$; | : 12 $a = 0,5$ eingesetzt in I': $2 + c = 3$; | -2 $c = 1$

$y = 0,5x^2 + x + 1$

3. a) $y = 8 - 4x^2 = -4(x^2 - 2) = -4[x - (-\sqrt{2})](x - \sqrt{2})$

Die Parabel ist nach unten geöffnet und enger als die Normalparabel; sie schneidet die y-Achse im Scheitel T $(0 \mid 8)$ und die x-Achse in den Punkten $N_1 (-\sqrt{2} \mid 0)$ und $N_2 (\sqrt{2} \mid 0)$.

b) $y = 2x^2 + x - 1 = (2x - 1)(x + 1) = 2(x - 0,5)[x - (-1)]$

Die Parabel ist nach oben geöffnet und enger als die Normalparabel. Sie schneidet die y-Achse im Punkt T $(0 \mid -1)$ und die x-Achse in den Punkten $N_1 (0,5 \mid 0)$ und $N_2 (-1 \mid 0)$.

c) $y = -\frac{1}{3}x^2 + \frac{2\sqrt{3}}{3}x - 1 = -\frac{1}{3}(x^2 - 2\sqrt{3}x + 3) = -\frac{1}{3}(x - \sqrt{3})(x - \sqrt{3})$

Die Parabel ist nach unten geöffnet und weiter als die Normalparabel. Sie berührt die x-Achse im Scheitel S $(\sqrt{3} \mid 0)$ und schneidet die y-Achse im Punkte T $(0 \mid -1)$.

d) $y = 10x - 5x^2 = -5x(x - 2) = -5(x - 0)(x - 2)$

Die Parabel ist nach unten geöffnet und enger als die Normalparabel. Sie verläuft durch den Ursprung und den x-Achsenpunkt N $(2 \mid 0)$.

e) $y = -2x^2 - 5x - 2 = -2(x^2 + 2,5x + 1) = -2[x - (-2)][(x - (-0,5)]$.

Die Parabel ist nach unten geöffnet und enger als die Normalparabel. Sie schneidet die y-Achse im Punkt T $(0 \mid -2)$ und die x-Achse in den Punkten $N_1 (-2 \mid 0)$ und $N_2 (-0,5 \mid 0)$.

f) $y = 0,5x^2 - x + 0,5 = 0,5(x^2 - 2x + 1) = 0,5(x - 1)(x - 1)$

Die Parabel ist nach oben geöffnet und weiter als die Normalparabel. Sie schneidet die y-Achse im Punkt T $(0 \mid 0,5)$ und berührt die x-Achse im Parabelscheitel S $(1 \mid 0)$.

4. **a)** $x = 4 \in D_f$ **b)** $x = -\sqrt{2} \in D_f$ **c)** h hat keine Nullstelle

    d) $x_1 = 1 \in D_i$; $x_2 = -2 \in D_i$ **e)** $x_1 = 5 \in D_j$; $x_2 = -5 \in D_j$

    f) $x = \log_3 2 = \dfrac{\log 2}{\log 3} \in D_f$ **g)** l hat keine Nullstelle   **h)** $x = 0 \in D_m$

5. Die Definitionsmenge ist jeweils $\mathbb{R}$.

    a) $f(x) = x^3 - 4x^2 - x + 4 = x^2(x - 4) - (x - 4) = (x - 4)(x^2 - 1) = (x - 4)(x + 1)(x - 1)$
      Nullstellen: $x_1 = -1$; $x_2 = 1$; $x_3 = 4$

x	$x < -1$	$x = -1$	$-1 < x < 1$	$x = 1$	$1 < x < 4$	$x = 4$	$x > 4$
Wert des Terms $x + 1$	< 0	0	> 0	> 0	> 0	> 0	> 0
Wert des Terms $x - 1$	< 0	< 0	< 0	0	> 0	> 0	> 0
Wert des Terms $x - 4$	< 0	< 0	< 0	< 0	< 0	0	> 0
Wert des Terms $f(x)$	< 0	0	> 0	0	< 0	0	> 0

    b) $g(x) = 2x^3 + 4x^2 - 26x + 20$; $x_1 = 1$ ist Nullstelle, da
      $2 \cdot 1^3 + 4 \cdot 1^2 - 26 \cdot 1 + 20 = 26 - 26 = 0$ ✓

$$(2x^3 + 4x^2 - 26x + 20) : (x - 1) = 2x^2 + 6x - 20$$
$$\underline{-(2x^3 - 2x^2)}$$
$$6x^2 - 26x$$
$$\underline{-(6x^2 - 6x)}$$
$$-20x + 20$$
$$\underline{-(-20x + 20)}$$
$$0$$

      Weitere Nullstellen: $2x^2 + 6x - 20 = 0$; $2(x^2 + 3x - 10) = 2(x + 5)(x - 2) = 0$;
      $x_2 = -5$; $x_3 = 2$
      $g(x) = 2(x - 1)(x + 5)(x - 2)$

x	$x < -5$	$x = -5$	$-5 < x < 1$	$x = 1$	$1 < x < 2$	$x = 2$	$x > 2$
Wert des Terms $x + 5$	< 0	0	> 0	> 0	> 0	> 0	> 0
Wert des Terms $x - 1$	< 0	< 0	< 0	0	> 0	> 0	> 0
Wert des Terms $x - 2$	< 0	< 0	< 0	< 0	< 0	0	> 0
Wert des Terms $f(x)$	< 0	0	> 0	0	< 0	0	> 0

    c) $h(x) = x^5 - 9x^3 = x^3(x^2 - 9) = x^3(x + 3)(x - 3)$
      Nullstellen: $x_1 = 0$; $x_2 = -3$; $x_3 = 3$

x	$x < -3$	$x = -3$	$-3 < x < 0$	$x = 0$	$0 < x < 3$	$x = 3$	$x > 3$
Wert des Terms $x + 3$	< 0	0	> 0	> 0	> 0	> 0	> 0
Wert des Terms x^3	< 0	< 0	< 0	0	> 0	> 0	> 0
Wert des Terms $x - 3$	< 0	< 0	< 0	< 0	< 0	0	> 0
Wert des Terms $f(x)$	< 0	0	> 0	0	< 0	0	> 0

d) $i(x) = x^3 - 12x - 16$; $x_1 = 4$ ist Nullstelle, da $4^3 - 12 \cdot 4 - 16 = 64 - 48 - 16 = 0$ ✓

$$(x^3 - 12x - 16) : (x - 4) = x^2 + 4x + 4$$
$$\underline{-(x^3 - 4x^2)}$$
$$4x^2 - 12x$$
$$\underline{-\ (4x^2 - 16x)}$$
$$4x - 16$$
$$\underline{-\ (4x - 16)}$$
$$0$$

Weitere Nullstelle: $x^2 + 4x + 4 = 0$; $(x + 2)^2 = 0$; $x_2 = -2$

$i(x) = (x - 4)(x + 2)^2$

x	x < -2	x = -2	-2 < x < 4	x = 4	x > 4
Wert des Terms $(x + 2)^2$	> 0	0	> 0	> 0	> 0
Wert des Terms $x - 4$	< 0	< 0	< 0	0	> 0
Wert des Terms $f(x)$	< 0	0	< 0	0	> 0

a)

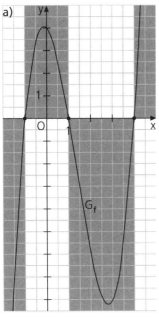

c)

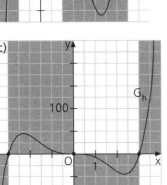

b)

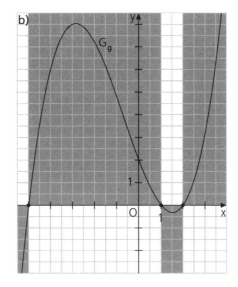

d)

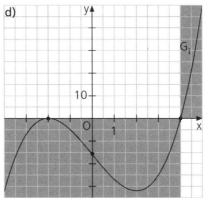

6. a) Wenn $O \in G_f$ ist, gilt $0 + 0 - 0 + a = 0$, also $a = 0$.

   b) Wenn $P \in G_f$ ist, gilt $1^3 + 1^2 - 6 \cdot 1 + a = 5$; $-4 + a = 5$; $|+4$ $a = 9$.

7. a) $a = 0 = b$, also $f(x) = x^3 + 2x$

b) $f(0) = b = 0$; $f(-2) = (-2)^3 + a \cdot (-2)^2 + 2 \cdot (-2) + b = 4$;
$-8 + 4a - 4 + 0 = 4$; $4a - 12 = 4$; $| + 12 \quad 4a = 16$; $| : 4 \quad a = 4$;
also $f(x) = x^3 + 4x^2 + 2x$

8. a) $x^4 - 2x^3 - 3x^2 + 6x = x^3(x - 2) - 3x(x - 2) = x(x - 2)(x^2 - 3)$;
$g(x) = x(x - 2) = x^2 - 2x$

b)
$$\begin{array}{l}
(x^4 - 3x^3 + 6x^2 - 12x + 8) : (x^2 + 4) = x^2 - 3x + 2 = g(x)\\
\underline{-(x^4 + \qquad\ 4x^2)}\\
\qquad \underline{-3x^3 + 2x^2 - 12x}\\
\qquad \underline{-(-3x^2 - \qquad 12x)}\\
\qquad\qquad\qquad \underline{2x^2 + \qquad 8}\\
\qquad\qquad\qquad -(2x^2 + \qquad 8)\\
\qquad\qquad\qquad\qquad\qquad\ 0
\end{array}$$

9. $f(x) = \dfrac{a(x + 2)(x - 3)}{x(x - 1)}$;

$f(2) = \dfrac{a(2 + 2)(2 - 3)}{2 \cdot (2 - 1)} = \dfrac{-4a}{2} = -2a = 2$; also $a = -1$

$f(x) = -\dfrac{(x + 2)(x - 3)}{x(x - 1)} = \dfrac{-x^2 + x + 6}{x^2 - x}$

10. a) $d = 2(a + 1) + 4 - [2(a - 1) + 4] = 2a + 2 + 4 - 2a + 2 - 4 = 4$

b) $d = (a + 1)^2 + 2 - [(a - 1)^2 + 2] = a^2 + 2a + 1 + 2 - a^2 + 2a - 1 - 2 = 4a$

c) $d = (a + 1)^3 - (a - 1)^3 = a^3 + 3a^2 + 3a + 1 - a^3 + 3a^2 - 3a + 1 = 6a^2 + 2$

d) $d = 2(a + 1)^2 - 2(a - 1)^2 = 2a^2 + 4a + 2 - 2a^2 + 4a - 2 = 8a$

In den Abbildungen zu a) und c) wurde jeweils $a = 0,5$ gewählt:

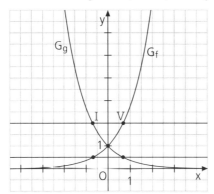

11. a) $f(-1) = -1 + 1 - a - b = 3$; $-a - b = 3$ (1)
$f(2) = 8 + 4 + 2a - b = 1$; $| - 12 \quad 2a - b = -11$ (2)
$(2) - (1) \quad 3a = -14$; $| : 3 \quad a = -\dfrac{14}{3}$ eingesetzt in $(2) -\dfrac{28}{3} - b = -11$; $| + b + 11$
$b = \dfrac{5}{3}$; $ab = -\dfrac{70}{9}$

Der Text könnte lauten: Welchen Wert hat das Produkt der beiden Koeffizienten a und b, wenn der Graph der Funktion f: $f(x) = x^3 + x^2 + ax - b$; $D_f = \mathbb{R}$, durch die Punkte A $(-1 \mid 3)$ und B $(2 \mid 1)$ verläuft?

b) $f(3) = 2 \cdot 3 + 1 - f(4) = 7 - 2 = 5$;
$f(2) = 2 \cdot 2 + 1 - f(3) = 5 - 5 = 0$

c) $f(1 - x) - f(x) = [(1 - x)^2 - (1 - x) + 1] - (x^2 - x + 1) =$
$1 - 2x + x^2 - 1 + x + 1 - x^2 + x - 1 = 0$

141

d) $f(x) - f(x + 1) = 3$; $f(x + 1) = f(x) - 3$;
$f(2) = f(1) - 3 = 4 - 3 = 1$
$f(3) = 1 - 3 = -2$
$f(4) = -2 - 3 = -5$
$f(5) = -5 - 3 = -8$
$f(6) = -8 - 3 = -11$
$f(7) = -11 - 3 = -14$
$f(8) = -14 - 3 = -17$
$f(9) = -17 - 3 = -20$
$f(10) = -20 - 3 = -23$

e) $x = 7$: $f(9) = 14 + f(7)$ (1)
$x = 5$: $f(7) = 10 + f(5)$ (2)
$x = 3$: $f(5) = 6 + f(3)$ (3) eingesetzt in (2)
$f(7) = 10 + 6 + f(3)$ eingesetzt in (1)
$f(9) = 14 + 10 + 6 + f(3)$; $| - f(3)$
$f(9) - f(3) = 30$

12. $A \in G_f$: I $\frac{a}{b} = -1$; $| \cdot b$ $B \in G_f$: II $\frac{-4 + a}{16 + b} = 0$, also $a = 4$; eingesetzt in I
$\frac{4}{a} = -1$, also $b = -4$; $f(x) = \frac{x + 4}{x^2 - 4}$; $D_f = \mathbb{R} \setminus \{-2, 2\}$

a) Senkrechte Asymptoten: $x = 2$ und $x = -2$

$$\lim_{x \to \pm\infty} \frac{x + 4}{x^2 - 4} = \lim_{x \to \pm\infty} \frac{\frac{1}{x} + \frac{4}{x^2}}{1 - \frac{4}{x^2}} = \frac{0}{1} = 0$$

Waagrechte Asymptote: $y = 0$

b)

	$-\infty < x < -4$	$x = -4$	$-4 < x < -2$	$-2 < x < 2$	$2 < x < \infty$
$x + 4$	< 0	0	> 0	> 0	> 0
$x^2 - 4$	> 0	> 0	> 0	< 0	> 0
$f(x)$	< 0	0	> 0	< 0	> 0

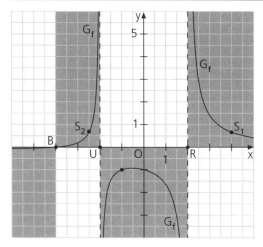

c) $A = \frac{1}{2} \cdot 4 \cdot |y_S| = \frac{4}{3}$; $|y_S| = \frac{2}{3}$
(1) $\frac{x + 4}{x^2 - 4} = \frac{2}{3}$; $| \cdot 3(x^2 - 4)$ $3x + 12 = 2x^2 - 8$; $| - 3x - 12$
$2x^2 - 3x - 20 = 0$; $x_{1,2} = \frac{3 \pm \sqrt{9 - 4 \cdot 2 \cdot (-20)}}{4} = \frac{3 \pm \sqrt{169}}{4} = \frac{3 \pm 13}{4}$; $x_1 = 4$; $x_2 = -\frac{5}{2}$
$S_1 (4 | \frac{2}{3})$ bzw. $S_2 (-\frac{5}{2} | \frac{2}{3})$
(2) $\frac{x + 4}{x^2 - 4} = -\frac{2}{3}$; $| \cdot 3(x^2 - 4)$ $3x + 12 = -2x^2 + 8$; $| + 2x^2 - 8$
$2x^2 + 3x + 4 = 0$; $x_{3,4} = \frac{-3 \pm \sqrt{9 - 32}}{4} = \frac{-3 \pm \sqrt{-23}}{4} \notin D_f$

d) $\frac{x+4}{x^2-4} = mx - 1; \; | \cdot (x^2 - 4)$

$x + 4 = (mx - 1) \cdot (x^2 - 4);$

$x + 4 = mx^3 - 4mx - x^2 + 4; \; | -x - 4$

$mx^3 - x^2 - 4mx - x = 0;$

$x(mx^2 - x - 4m - 1) = 0;$

(1) $x_1 = 0; \; y_1 = f(0) = -1$

(2) $mx^2 - x - (4m + 1) = 0;$

$\quad D = 1 + 4m(4m + 1) = 16\,m^2 + 4m + 1 = \left(4m + \frac{1}{2}\right)^2 + \frac{3}{4} > 0;$

$\quad m = 0: \; 0x^2 - x - (0 + 1) = 0; \quad x_2 = -1; \quad y_2 = f(-1) = -1;$

$\quad m \neq 0: \; x_{2,3} = \frac{1 \pm \sqrt{D}}{2m}; \quad x_2 = 0 = x_1$ für $D = 1$, d. h. für (m = 0 und für $m = -\frac{1}{4}$)

m	$m < -\frac{1}{4}$	$m = -\frac{1}{4}$	$-\frac{1}{4} < m < 0$	m = 0	m > 0
Anzahl der gemeinsamen Punkte	3	2	3	2	3

13. a)

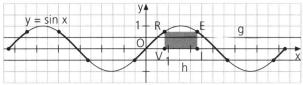

$L = [-2\pi; -\frac{11\pi}{6}] \cup [-\frac{7\pi}{6}; -\frac{5\pi}{6}] \cup [-\frac{\pi}{6}; \frac{\pi}{6}] \cup [\frac{5\pi}{6}; \frac{7\pi}{6}] \cup [\frac{11\pi}{6}; 2\pi]$

b) $A_{VIER} = \left(\frac{3\pi}{4} - \frac{\pi}{4}\right) \cdot \frac{\sqrt{2}}{2} \text{ cm}^2 = \frac{\pi}{4}\sqrt{2} \text{ cm}^2 \approx 1,11 \text{ cm}^2$

Anteil: etwa $\frac{1,11}{2} \approx 56\%$

14.

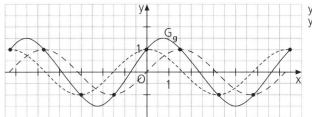

y = sin x: − − − − −
y = cos x: - - - - - - - - -

$\sin x + \cos x = 1$; durch Überlegen findet man $x_1 = -2\pi; \; x_2 = -\frac{3\pi}{2}; \; x_3 = 0; \; x_4 = \frac{\pi}{2}; \; x_5 = 2\pi.$

$\sin x + \cos x = -1$; durch Überlegen findet man $x_1 = -\pi; \; x_2 = -\frac{\pi}{2}; \; x_3 = \pi; \; x_4 = \frac{3\pi}{2}$

15.

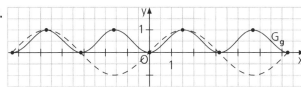

y = sin x: − − − − − −
y = (sin x)²: ———————

$(\sin x)^2 = 1; \; \sin x = 1; \; x_1 = -\frac{3\pi}{2}; \; x_2 = \frac{\pi}{2}$ bzw.

$\quad\quad \sin x = -1; \; x_3 = -\frac{\pi}{2}; \; x_4 = \frac{3\pi}{2}$

$(\sin x)^2 = 0; \; \sin x = 0; \; x_5 = -2\pi; \; x_6 = -\pi; \; x_7 = 0; \; x_8 = \pi; \; x_9 = 2\pi$

Für $-\pi < x < 0$ und für $\pi < x < 2\pi$ verläuft G_g oberhalb der Sinuskurve.

16. Spiegelt man einen Punkt P (u I v) an der Winkelhalbierenden des I. und III. Quadranten, so erhält man als Spiegelpunkt P* (v I u) [die y-Koordinate (x-Koordinate) des Punkts P wird zur x-Koordinate (y-Koordinate) des Punkts P*]. Also ist I* (0,25 I −2), N* (0,5 I −1), V* (1 I 0), E* (2 I 1), R* (4 I 2) und S* (8 I 3); P* (2^a I a).

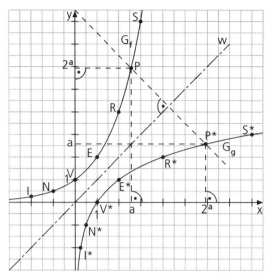

Aus $x = 2^y$ folgt $y = \log_2 x$.

17. a) $f(2) = a \cdot b^2 = 0{,}95$ (1) $f(6) = a \cdot b^6 = 4{,}85$ (2)

$\dfrac{a \cdot b^6}{a \cdot b^2} = \dfrac{4{,}85}{0{,}95}$; $b^4 = 5{,}105 \dots$; $b = 1{,}503 \dots \approx 1{,}50$ eingesetzt in (1)

$a \cdot 2{,}26 = 0{,}95$; $a \approx 0{,}42$; also gilt näherungsweise $f(x) = 0{,}42 \cdot 1{,}50^x$.

b) 1990: $f(0) \approx 0{,}42$; prozentuale Abweichung: $\dfrac{0{,}02}{0{,}40} = 5\%$

1994: $f(4) \approx 0{,}42 \cdot 1{,}50^4 \approx 2{,}13$; prozentuale Abweichung: $\dfrac{0{,}02}{2{,}15} \approx 1\%$

2008: $f(18) \approx 0{,}42 \cdot 1{,}50^{18} \approx 621$; prozentuale Abweichung: $\dfrac{605}{15{,}65} \approx 3\,900\%$

18. Die Funktionen f, g und k sind exponentiell zunehmend, die Funktionen h, i und j exponentiell abnehmend.

19. a)

Platonischer Körper	reguläres Tetraeder	Würfel	reguläres Oktaeder	reguläres Dodekaeder	reguläres Ikosaeder
Anzahl m der Flächen	4	6	8	12	20
P(„1")	$\frac{1}{4}$	$\frac{1}{6}$	$\frac{1}{8}$	$\frac{1}{12}$	$\frac{1}{20}$
Mindestanzahl N der Würfe	11	17	23	35	59

Allgemein:

$1 - [1 - P(„1")]^n \geqq 0{,}95$; $| - 1$

$-[1 - P(„1")]^n \geqq -0{,}05$; $| \cdot (-1)$

$[1 - P(„1")]^n \leqq 0{,}05$;

$n \log[1 - P(„1")] \leqq \log 0{,}05$; $| : \log[1 - P(„1")]$

$n \geqq \dfrac{\log 0{,}05}{\log [1 - (P(„1")]}$

Tetraeder: $1 - \left(\dfrac{3}{4}\right)^n \geqq 0{,}95$; $n \geqq \dfrac{\log 0{,}05}{\log 0{,}75} = 10{,}41 \dots$; $N = 11$

Würfel: $1 - \left(\dfrac{5}{6}\right)^n \geqq 0{,}95$; $n \geqq \dfrac{\log 0{,}05}{\log \frac{5}{6}} = 16{,}43 \dots$; $N = 17$

Oktaeder: $1 - \left(\dfrac{7}{8}\right)^n \geqq 0{,}95$; $n \geqq \dfrac{\log 0{,}05}{\log \frac{7}{8}} = 22{,}43 \dots$; $N = 23$

142

Dodekaeder: $1 - \left(\frac{11}{12}\right)^n \geq 0{,}95$; $n \geq \dfrac{\log 0{,}05}{\log \frac{11}{12}} = 34{,}42 \ldots$; $N = 35$

Ikosaeder: $1 - \left(\frac{19}{20}\right)^n \geq 0{,}95$; $n \geq \dfrac{\log 0{,}05}{\log \frac{19}{20}} = 58{,}40 \ldots$; $N = 59$

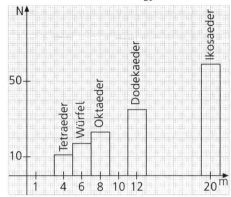

b) $p = P(\text{„}1\text{"}) = \frac{1}{m}$

Tetraeder: $f(n) = \left(\frac{3}{4}\right)^{n-1} \cdot \frac{1}{4}$

Würfel: $f(n) = \left(\frac{5}{6}\right)^{n-1} \cdot \frac{1}{6}$

Oktaeder: $f(n) = \left(\frac{7}{8}\right)^{n-1} \cdot \frac{1}{8}$

Dodekaeder: $f(n) = \left(\frac{11}{12}\right)^{n-1} \cdot \frac{1}{12}$

Ikosaeder: $f(n) = \left(\frac{19}{20}\right)^{n-1} \cdot \frac{1}{20}$

n	1	2	3	4	5	6
Tetraeder	0,25	0,19	0,14	0,11	0,08	0,06
Würfel	0,17	0,14	0,12	0,10	0,08	0,07
Oktaeder	0,13	0,11	0,10	0,08	0,07	0,06
Dodekaeder	0,08	0,08	0,07	0,06	0,06	0,05
Ikosaeder	0,05	0,05	0,05	0,04	0,04	0,04

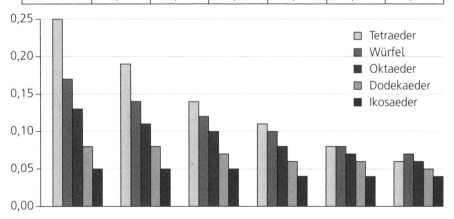

20. a) Es werden pro Monat n Geräte verkauft;

$n(x) = 6{,}25 \cdot 10^{10} \cdot x^{-4}$; $x > 75$

Herstellungskosten (in €) für n Geräte:

$75 \cdot n(x) = 75 \cdot 6{,}25 \cdot 10^{10} \cdot x^{-4}$

Gewinn (in €):

$g(x) = x \cdot 6{,}25 \cdot 10^{10} \cdot x^{-4} - 75 \cdot 6{,}25 \cdot 10^{10} \cdot x^{-4} =$

$= 6{,}25 \cdot 10^{10} \cdot x^{-4} \, (x - 75)$

b)

x	80	90	100	110	120
Gewinn (in €)	7 629	14 289	15 625	14 941	13 563

Beim Verkauf von 100 Geräten ist der Gewinn am größten. Werden weniger als 100 Geräte verkauft, so ist der Gewinn erwartungsgemäß geringer; aber auch dann, wenn mehr als 100 Geräte verkauft werden, sinkt der Gewinn.

W

W1 $(142,80 \ € : 119) \cdot 100 = 120 \ €$; $142,80 \ € - 120 \ € = 22,80 \ €$

W2 I $h^2 = (8 \text{ cm})^2 - x^2$
II $h^2 = (5 \text{ cm})^2 - (10 \text{ cm} - x)^2 = 25 \text{ cm}^2 - 100 \text{ cm}^2 + 20 \text{ cm} \cdot x - x^2$
Aus I und II folgt:
$20 \text{ cm} \cdot x - 75 \text{ cm}^2 - x^2 = 64 \text{ cm}^2 - x^2$; I $+ x^2 + 75 \text{ cm}^2$
$20 \text{ cm} \cdot x = 139 \text{ cm}^2$; I : (20 cm)
$x = 6,95 \text{ cm}$; eingesetzt in I: $h^2 = 64 \text{ cm}^2 - (6,95 \text{ cm})^2 = 15,6975 \text{ cm}^2$;
$h \approx 3,96 \text{ cm}$; Länge der gemeinsamen Sehne: etwa $2 \cdot 3,96 \text{ cm} = 7,92 \text{ cm}$

W3 $m_g = 2 = \tan \varphi$; $\varphi \approx 63,43°$; $m_h = 3 = \tan \varepsilon$; $\varepsilon \approx 71,57°$
Größe jedes der spitzen Schnittwinkel: $\delta = 71,57° - 63,43° = 8,14°$
Oder: $\tan \delta = \frac{3-2}{1+3\cdot2} = \frac{1}{7}$; $\delta \approx 8,13°$

$\log_2 512 = 9$
$2\log 100 = 4$
$\log_{0,1} 100 = -2$

Z

Kopiervorlagen zur Lösung von Gleichungen und zur Nullstellenbestimmung auf den folgenden Seiten

Ermittle jeweils die Lösungsmenge.

I. $x^2 - 5x + 6 = 0$; $G = \mathbb{R}$

II. $\sqrt{x - 2} = 6$; $G = [2; \infty[$

III. $x^3 = 512$; $G = \mathbb{R}$

IV. $4^x - 256 = 0$; $G = \mathbb{R}$

V. $x + 2 + \frac{1}{x} = 0$; $G = \mathbb{R} \setminus \{0\}$

VI. $3 \cdot 2^x = 3\,072$; $G = \mathbb{R}$

VII. $x^2 - x - 12 = 0$; $G = \mathbb{R}$

VIII. $x(x^2 + 3x - 10) = 0$; $G = \mathbb{R}$

IX. $\frac{3^x - 1}{3^x + 1} = 0$; $G = \mathbb{R}$

X. $\frac{28 - 7x^2}{28 + 7x^2} = 2$; $G = \mathbb{R}$

XI. $x = \frac{4}{x}$; $G = \mathbb{R} \setminus \{0\}$

XII. $x^2 + x^4 = -4$; $G = \mathbb{R}$

XIII. $x^3 - x^2 - 4 = 0$; $G = \mathbb{R}^+$

XIV. $10^{3x} + 2 = 1\,002$; $G = \mathbb{R}$

XV. $\sqrt{x^2 - 5x} = 6$; $G = \mathbb{R} \setminus]0; 5[$

$\{\ \}; \{-1\}; \{0\}; \{1\}; \{2\}; \{4\}; \{8\}; \{10\}; \{38\}; \{-3; 4\}; \{-2; 2\}; \{2; 3\}; \{-4; 9\}; \{-5; 0; 2\}$

I. $\{2; 3\}$

II. $\{38\}$

III. $\{8\}$

IV. $\{4\}$

V. $\{-1\}$

VI. $\{10\}$

VII. $\{-3; 4\}$

VIII. $\{-5; 0; 2\}$

IX. $\{0\}$

X. $\{-2; 2\}$

XI. $\{-2; 2\}$

XII. $\{\ \}$

XIII. *Hinweis:* $x^3 - x^2 - 4 = (x - 2)(x^2 + x + 2)$; $\{2\}$

XIV. $\{1\}$

XV. $\{-4; 9\}$

Nullstellen von Funktionen

Ermitteln Sie für jede der folgenden Funktionen sämtliche Nullstellen möglichst durch Überlegen.

f: $f(x) = x \cdot 2^x$; $D_f = \mathbb{R}$	f: $f(x) = (x-3)\log(x-1)$; $D_f = {]}1; \infty[$	f: $f(x) = \dfrac{x^2 - 4}{x}$; $D_f = \mathbb{R}\setminus\{0\}$	**džoker** Kroatisch/Serbisch	f: $f(x) = x^2 - 49$; $D_f = \mathbb{R}$	f: $f(x) = x^2(1 - \log x)^2$; $D_f = \mathbb{R}^+$
f: $f(x) = \dfrac{x^3 - 8}{x - 1}$; $D_f = \mathbb{R}\setminus\{1\}$	f: $f(x) = x \cdot \sin x$; $D_f = [-3\pi; 2\pi[$	**JOKER** Englisch	f: $f(x) = (1 - x^2)2^{3-x}$; $D_f = \mathbb{R}$	f: $f(x) = 2 \cdot 2^x - 1$; $D_f = \mathbb{R}$	f: $f(x) = 1 - 0{,}5x - 0{,}5x^2$; $D_f = \mathbb{R}$
f: $f(x) = x \cdot \cos x$; $D_f = [-3\pi; 2\pi[$	f: $f(x) = (x + 2)\log(x^2)$; $D_f = \mathbb{R}\setminus\{0\}$	f: $f(x) = \dfrac{x^2 + x - 20}{x^2 + 1}$; $D_f = \mathbb{R}$	f: $f(x) = \dfrac{2x^2 + 2}{x^2}$; $D_f = \mathbb{R}\setminus\{0\}$	f: $f(x) = x(0{,}25x^2 + 1)$; $D_f = \mathbb{R}$	**COMODIN** Spanisch
f: $f(x) = x^2 - 6x + 8$; $D_f = \mathbb{R}$	**JOLLY** Italienisch	f: $f(x) = \dfrac{x}{x + 2} + \dfrac{x}{x - 2}$; $D_f = \mathbb{R}\setminus\{-2; 2\}$	f: $f(x) = x^3 - 2x^2 + x$; $D_f = \mathbb{R}$	f: $f(x) = \dfrac{\log(x^2)}{x}$; $D_f = \mathbb{R}\setminus\{0\}$	f: $f(x) = 2^x(2^x - 8)$; $D_f = \mathbb{R}\setminus\{0\}$
f: $f(x) = x^3 - 27$; $D_f = \mathbb{R}$	f: $f(x) = 1 - \dfrac{2}{x} + \dfrac{1}{x^2}$; $D_f = \mathbb{R}\setminus\{0\}$	f: $f(x) = x \cdot 3^{x-3}$; $D_f = \mathbb{R}$	f: $f(x) = \dfrac{1}{x} - \dfrac{1}{x - 2}$; $D_f = \mathbb{R}\setminus\{0; 2\}$	**COKER** Türkisch	f: $f(x) = \dfrac{6}{x} - \dfrac{3}{x^2}$; $D_f = \mathbb{R}\setminus\{0\}$
IOCULATOR Lateinisch	f: $f(x) = \log\dfrac{x + 3}{2x}$; $D_f = \mathbb{R}\setminus[-3; 0]$	f: $f(x) = x^3 + x^2 - 12x$; $D_f = \mathbb{R}$	f: $f(x) = \log\dfrac{2x}{x - 1}$; $D_f = \mathbb{R}\setminus[0; 1]$	f: $f(x) = (x + 1)(x^2 + 4)$; $D_f = \mathbb{R}$	f: $f(x) = (2 - 2^x)\sin(2x)$; $D_f = {]}-\pi; \pi]$

Nullstellen von Funktionen

Lösungen

0	2; 3	−2; 2	**džoker** Kroatisch/Serbisch	−7; 7	10
2	−3π; −2π; −π; 0; π	**JOKER** Englisch	−1; 1	−1	−2; 1
−2,5π; −1,5π; −0,5π; 0; 0,5π; 1,5π	−2; −1; 1	−5; 4	0; 1	0	**COMODIN** Spanisch
2; 4	**JOLLY** Italienisch	0	—	−1; 1	3
3	1	0	—	**COKER** Türkisch	0,5
IOCULATOR Lateinisch	3	−4; 0; 3	−1	−1	−0,5; 0; 1; 0,5π; π

Nullstellen von Funktionen

Ermiteln Sie für jede der folgenden Funktionen sämtliche Nullstellen möglichst durch Überlegen.

	JOKER Englisch	dzoker Kroatisch/Serbisch		COKER Türkisch	COMODIN Spanisch
IOCULATOR Lateinisch	JOLLY Italienisch				

Nicht nur bei sogenannten Intelligenztests, sondern auch auf den Rätselseiten von Zeitungen und Zeitschriften werden häufig einige Glieder einer Zahlenfolge vorgegeben; es sollen dann weitere „passende" Folgenglieder gefunden werden. Erfahrungsgemäß macht es Kindern und Jugendlichen, aber auch Erwachsenen, Spaß, solche „mathematischen Rätsel" zu lösen.

Beim Lösen gehen die Personen meist davon aus, dass es für die vorgelegte Aufgabe genau eine Lösung gibt. Es lässt sich aber z. B. die Folge 1; 2; 4; ... ebenso als Folge mit dem allgemeinen Glied $a_n = 2^{n-1}$; $n \in \mathbb{N}$, also als die Folge 1; 2; 4; 8; 16; ... fortsetzen wie auch als Folge mit dem Bildungsgesetz $a_1 = 1$; $a_{n+1} = a_n + n$; $n \in \mathbb{N}$, also als die Folge 1; 2; 4; 7; 11; ... . Dieses Problem sollte in diesem Zusammenhang thematisiert werden.

Die Schülerinnen und Schüler könnten z. B. bei Aufgabe 3. Terme für das jeweilige allgemeine Glied finden, aber auch in Gruppenarbeit Bildungsgesetze für Zahlenfolgen entwickeln und dann etwa die ersten vier Folgenglieder ihren Mitschülern und Mitschülerinnen vorlegen und sie ein mögliches Bildungsgesetz herausfinden lassen.

Das allgemeine Glied bei Teilaufgabe 3. d) ist ganz bewusst in schwierigerer Darstellung gewählt.

Spezielle Zahlenfolgen, z. B. arithmetische und geometrische Zahlenfolgen, Folgen von Quadratzahlen und von Fibonaccizahlen usw., wurden in früheren Jahrgangsstufen bereits angesprochen und werden auf dieser Themenseite in Erinnerung gebracht.

Im Zusammenhang mit Grenzwertüberlegungen und mit der Bestimmung von Grenzwerten benutzt man zur Veranschaulichung Zahlenfolgen und speziell auch Nullfolgen. Dieser Tatsache soll z. B. Aufgabe 7. Rechnung tragen.

1.

	a_n	a_1	a_2	a_3	a_4	a_5
a)	$(-1)^n$	-1	1	-1	1	-1
b)	$\dfrac{1}{n^2}$	1	$\dfrac{1}{4}$	$\dfrac{1}{9}$	$\dfrac{1}{16}$	$\dfrac{1}{25}$
c)	$3 - n$	2	1	0	-1	-2
d)	$\dfrac{n}{n+1}$	$\dfrac{1}{2}$	$\dfrac{2}{3}$	$\dfrac{3}{4}$	$\dfrac{4}{5}$	$\dfrac{5}{6}$
e)	$2 \cdot 1{,}5^{n-1}$	2	3	$4{,}5$	$6{,}75$	$10{,}125$
f)	$\sqrt[n]{4}$	4	2	$\sqrt[3]{4} \approx 1{,}59$	$\sqrt[4]{4} = \sqrt{2} \approx 1{,}41$	$\sqrt[5]{4} \approx 1{,}32$

2.

	a_1	a_2	a_3	a_4	a_5
a)	10	-10	10	-10	10
b)	1	2	5	26	677
c)	2	1	$\dfrac{1}{2}$	$\dfrac{1}{4}$	$\dfrac{1}{8}$

3. a) $a_n = n^3$ b) $a_1 = 1$; $a_{n+1} = a_n + n + 1$ c) $a_n = 2^n - 1$

    d) $a_n = (-1)^n \cdot (3 - 2n) - 2^{4-2n}[\sin(2^{n-3}\pi)]^2 \cdot (-1)^n$

4.

	a_1	a_2	a_3	a_4	a_5
a)	10	35	60	85	110
b)	8	3	-2	-7	-12
c)	100	150	200	250	300
d)	0	$-\pi$	-2π	-3π	-4π

143

5.

	a_1	a_2	a_3	a_4	a_5
a)	10	20	40	80	160
b)	8	4	2	1	0,5
c)	100	−10	1	−0,1	0,01
d)	$\sqrt{2}$	−2	$2\sqrt{2}$	−4	$4\sqrt{2}$

6. 1; 1; 2; 3; 5; 8; 13; 21; 34; 55; 89; 144; 233; 377; 610

7. a) $\frac{1}{n^2} < \frac{1}{1\,000}$; $| \cdot 1\,000\,n^2$ $\quad\quad$ $\frac{1}{n^2} < \frac{1}{1\,000\,000}$; $| \cdot 10^6\,n^2$
$\quad\quad$ $1\,000 < n^2$; $n \in \mathbb{N}$: $\quad\quad\quad\quad$ $10^6 < n^2$;
$\quad\quad$ $n \geqq 32$ $\quad\quad\quad\quad\quad\quad\quad\quad$ $n > 10^3$; $n \in \mathbb{N}$:
$\quad\quad\quad\quad\quad\quad\quad\quad\quad\quad\quad\quad\quad\quad$ $n \geqq 1\,001$

b) $\frac{1}{n+1} < \frac{1}{1\,000}$; $| \cdot 1\,000\,(n+1)$ $\quad$ $\frac{1}{n+1} < \frac{1}{10^6}$; $| \cdot 10^6(n+1)$
$\quad\quad$ $1\,000 < n+1$; $\quad\quad\quad\quad\quad\quad$ $10^6 < n+1$;
$\quad\quad$ $n > 999$; $n \in \mathbb{N}$: $\quad\quad\quad\quad\quad$ $n > 999\,999$; $n \in \mathbb{N}$:
$\quad\quad$ $n \geqq 1\,000$ $\quad\quad\quad\quad\quad\quad\quad\quad$ $n \geqq 1\,000\,000 \cdot$

c) $\frac{1}{\sqrt{n}} < \frac{1}{1\,000}$; $| \cdot 10^3 \cdot \sqrt{n}$ $\quad\quad$ $\frac{1}{\sqrt{n}} < \frac{1}{10^6}$; $| \cdot 10^6 \cdot \sqrt{n}$

$\quad\quad$ $1\,000 < \sqrt{n}$; $|$ quadrieren $\quad$ $10^6 < \sqrt{n}$; $|$ quadrieren
$\quad\quad$ $n > 10^6$; $n \in \mathbb{N}$: $\quad\quad\quad\quad\quad$ $n > 10^{12}$; $n \in \mathbb{N}$:
$\quad\quad$ $n \geqq 1\,000\,001$ $\quad\quad\quad\quad\quad$ $n \geqq 1\,000\,000\,000\,001$

d) $\left(\frac{1}{2}\right)^n < \frac{1}{10^3}$; $| \cdot 2^n \cdot 10^3$ $\quad\quad$ $\left(\frac{1}{2}\right)^n < \frac{1}{10^6}$; $| \cdot 2^n \cdot 10^6$
$\quad\quad$ $2^n > 1\,000$; $n \in \mathbb{N}$: $\quad\quad\quad\quad$ $2^n > 10^6$; $n \in \mathbb{N}$:
$\quad\quad$ $n \geqq 10$ $\quad\quad\quad\quad\quad\quad\quad\quad\quad$ $n \geqq 20$

e) $\frac{4}{n+3} < \frac{1}{10^3}$; $| \cdot (n+3) \cdot 10^3$ $\quad$ $\frac{4}{n+3} < \frac{1}{10^6}$; $| (n+3) \cdot 10^6$
$\quad\quad$ $4\,000 < n+3$; $n \in \mathbb{N}$: $\quad\quad\quad$ $4\,000 < n+3$; $n \in \mathbb{N}$:
$\quad\quad$ $n \geqq 3\,998$ $\quad\quad\quad\quad\quad\quad\quad\quad$ $n \geqq 3\,999\,998$

In diesem Unterkapitel beschäftigen sich die Jugendlichen mit Grenzwerten; sie lernen die neue Schreibweise kennen und wenden sie bei der Ermittlung von Grenzwerten für $x \to +\infty$ und für $x \to -\infty$ an. Zur Veranschaulichung können sie x eine Zahlenfolge durchlaufen lassen.

Sie verwenden in diesem Zusammenhang auch die Begriffe *konvergent* und *divergent* und können Sachverhalte wie z. B. *die Funktion f konvergiert für x gegen unendlich gegen 2* geometrisch veranschaulichen und auch die Bedeutung einer waagrechten Asymptote erklären.

- Ja; z. B. besitzt der Graph der Funktion f: $f(x) = \frac{2}{x^2 - 1}$; $D_f = \mathbb{R}\setminus\{-1; 1\}$, zwei senkrechte Asymptoten.
- Es ist $f(x) = \frac{u(x)}{v(x)}$ Wenn der Grad des Polynoms u(x) niedriger als der Grad des Polynoms v(x) ist, hat G_f die x-Achse als waagrechte Asymptote.
- Es ist $f(x) = \frac{u(x)}{v(x)}$. Wenn der Grad des Polynoms u(x) gleich dem Grad des Polynoms v(x) ist, hat G_f eine waagrechte Asymptote, die zur x-Achse parallel ist.

146

AH S.38

 L

1. a) Für x > 101 bzw. für x > 1 001

b) Für x > 2 000 bzw. für x > 2 000 000

2. a) $f(x) = \frac{x}{x-4} = \frac{x-4+4}{x-4} = \frac{x-4}{x-4} + \frac{4}{x-4} = 1 + \frac{4}{x-4}$; $\lim\limits_{x \to \pm\infty} f(x) = 1$

(1) x > 4: $1 + \frac{4}{x-4} - 1 = \frac{4}{x-4} < \frac{1}{100}$; I · 100 (x − 4) x − 4 > 400; I + 4 x > 404

(2) x < 4: $1 - \left(1 + \frac{4}{x-4}\right) = -\frac{4}{x-4} < \frac{1}{100}$; I · 100 (x − 4) x − 4 < −400; I + 4 x < −396

b) $f(x) = \frac{x+5}{x-1} = \frac{x-1+6}{x-1} = \frac{x-1}{x-1} + \frac{6}{x-1} = 1 + \frac{6}{x-1}$; $\lim\limits_{x \to \pm\infty} f(x) = 1$

(1) x > 1: $1 + \frac{6}{x-1} - 1 = \frac{6}{x-1} < \frac{1}{100}$; I · 100 (x − 1) x − 1 > 600; I + 1 x > 601

(2) x < 1: $1 - \left(1 + \frac{6}{x-1}\right) = -\frac{6}{x-1} < \frac{1}{100}$; I · 100 (x − 1) x − 1 < −600; I + 1 x < −599

c) $f(x) = \frac{2x+3}{x} = \frac{2x}{x} + \frac{3}{x} = 2 + \frac{3}{x}$; $\lim\limits_{x \to \pm\infty} f(x) = 2$

(1) x > 0: $2 + \frac{3}{x} - 2 = \frac{3}{x} < \frac{1}{100}$; I · 100x x > 300

(2) x < 0: $2 - \left(2 + \frac{3}{x}\right) = -\frac{3}{x} < \frac{1}{100}$; I · 100x x < −300

d) $f(x) = \frac{x^2+2}{x^2+1} = \frac{x^2+1+1}{x^2+1} = \frac{x^2+1}{x^2+1} + \frac{1}{x^2+1} = 1 + \frac{1}{x^2+1}$; $\lim\limits_{x \to \pm\infty} f(x) = 1$

$x^2 + 1 > 0$: $1 + \frac{1}{x^2+1} - 1 = \frac{1}{x^2+1} < \frac{1}{100}$; I · 100 ($x^2$ + 1)

$x^2 + 1 > 100$; I − 1 $x^2 > 99$; (1) $x > \sqrt{99} \approx 9{,}95$; (2) $x < -\sqrt{99} \approx -9{,}95$

3. a) $\frac{x}{x-4} = \frac{1}{1-\frac{4}{x}}$; $\lim\limits_{x \to \pm\infty} f(x) = \frac{1}{1-0} = 1$; a = 1; $D_{f\,max} = \mathbb{R}\setminus\{4\}$

Gleichung der horizontalen Asymptote: y = 1

b) $\frac{x+5}{x-1} = \frac{1+\frac{5}{x}}{1-\frac{1}{x}}$; $\lim\limits_{x \to \pm\infty} f(x) = \frac{1+0}{1-0} = 1$; a = 1; $D_{f\,max} = \mathbb{R}\setminus\{1\}$

Gleichung der horizontalen Asymptote: y = 1

c) $\frac{2x+3}{x} = \frac{2+\frac{3}{x}}{1}$; $\lim\limits_{x \to \pm\infty} f(x) = \frac{2+0}{1} = 2$; a = 2; $D_{f\,max} = \mathbb{R}\setminus\{0\}$

Gleichung der horizontalen Asymptote: y = 2

d) $\frac{x^2+2}{x^2+1} = \frac{1+\frac{2}{x^2}}{1+\frac{1}{x^2}}$; $\lim\limits_{x \to \pm\infty} f(x) = \frac{1+0}{1+0} = 1$; a = 1; $D_{f\,max} = \mathbb{R}$

Gleichung der horizontalen Asymptote: y = 1

4.

	$D_{f\,max}$	Für $x \to \infty$ gilt	für $x \to -\infty$ gilt	Horizontale Asymptote von G_f
a)	$\mathbb{R} \setminus \{0\}$	$f(x) \to 2$	$f(x) \to 2$	$y = 2$
b)	$\mathbb{R} \setminus \{-3\}$	$f(x) \to -2$	$f(x) \to -2$	$y = -2$
c)	$\mathbb{R}$	$f(x) \to \infty$	$f(x) \to 0$	$y = 0$
d)	$\mathbb{R} \setminus \{0\}$	$f(x) \to 0$	$f(x) \to 0$	$y = 0$
e)	$\mathbb{R}$	–	–	–
f)	$\mathbb{R}$	$f(x) \to 1$	$f(x) \to 1$	$y = 1$
g)	$\mathbb{R}$	$f(x) \to 0$	$f(x) \to 0$	$y = 0$
h)	$\mathbb{R} \setminus \{-1\}$	$f(x) \to \infty$	$f(x) \to -\infty$	–
i)	$\mathbb{R}$	$f(x) \to 0$	–	0
j)	$\mathbb{R} \setminus \{0\}$	$f(x) \to 1$	$f(x) \to 1$	$y = 1$

5. **a)** *Beispiel:* $f(x) = \dfrac{2}{x - 0,5}$

b) $4x = \dfrac{2}{x - 0,5} \mid \cdot (x - 0,5) \quad 4x^2 - 2x = 2; \mid -2 \quad 4x^2 - 2x - 2 = 0; \mid : 2$

$2x^2 - x - 1 = 0; \; x_{1,2} = \dfrac{1 \pm \sqrt{1 + 8}}{4} = \dfrac{1 \pm 3}{4}; \; x_1 = 1; \; x_2 = -0,5;$

$y_1 = 4 \cdot 1 = 4; \; y_2 = 4 \cdot (-0,5) = -2:$

$S_1 \,(1 \mid 4); \; S_2 \,(-0,5 \mid -2)$

$\overline{S_1 S_2} = \sqrt{(-0,5 - 1)^2 + (-2 - 4)^2} = \sqrt{2,25 + 36} = \sqrt{38,25} = \dfrac{3}{2}\sqrt{17} \approx 6,2$

c) Gleichung des Lots l zu g durch $O \,(0 \mid 0)$: $y = -0,25x$

$-0,25\,x = \dfrac{2}{x - 0,5} \mid \cdot (x - 0,5) \quad -0,25x^2 + 0,125x = 2; \mid -2$

$-0,25x^2 + 0,125x - 2 = 0; \; D = 0,125^2 - 4 \cdot (-0,25) \cdot (-2) = -1,984375 < 0:$

Das Lot l hat mit G_f keinen Punkt gemeinsam.

6.

	$D_{f\,max}$	Senkrechte Asymptote(n) von G_f	Nullstelle(n) von f	$\displaystyle\lim_{x \to \pm\infty} f(x)$	Waagrechte Asymptote von G_f
a)	$\mathbb{R} \setminus \{-1; 1\}$	$x = -1; \; x = 1$	–	0	$y = 0$
b)	$\mathbb{R}$	–	$x = 0$	0	$y = 0$
c)	$\mathbb{R} \setminus \{0\}$	$x = 0$	$x = -1$	$0,25$	$y = 0,25$
d)	$\mathbb{R} \setminus \{-1; 1\}$	$x = -1; \; x = 1$	$x = 0$	0	$y = 0$

Zu **a)** Da für jeden Wert von $x \in D_f$ stets $f(-x) = \dfrac{1}{(-x)^2 - 1} = \dfrac{1}{x^2 - 1} = f(x)$ ist, ist G_f achsensymmetrisch zur y-Achse.

Zu **b)** Da für jeden Wert von $x \in D_f$ stets $f(-x) = \dfrac{-x}{(-x)^2 + 1} = -\dfrac{x}{x^2 + 1} = -f(x)$ ist, ist G_f punktsymmetrisch zum Ursprung O.

Zu **d)** Da für jeden Wert von $x \in D_f$ stets $f(-x) = \dfrac{6 \cdot (-x)}{1 - (-x)^2} = -\dfrac{6x}{1 - x^2} = -f(x)$ ist, ist G_f punktsymmetrisch zum Ursprung O.

7. Da für jeden Wert von $x \in D_f$ stets $f(-x) = \dfrac{2 \cdot (-x)^2}{(-x)^2 + 1} = \dfrac{2x^2}{x^2 + 1} = f(x)$ ist, ist G_f achsensymmetrisch zur y-Achse.

a) Es ist $\dfrac{2x^2}{x^2 + 1} \geqq 0$, da $2x^2 \geqq 0$ und $x^2 + 1 > 0$ ist.

Ferner ist $\dfrac{2x^2}{x^2 + 1} = \dfrac{2(x^2 + 1) - 2}{x^2 + 1} = 2 - \dfrac{2}{x^2 + 1} < 2$, da $\dfrac{2}{x^2 + 1} > 0$ ist.

Wertemenge: $W_f = [0; 2[$

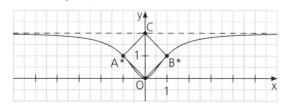

b) Gemeinsame Punkte von g und G_f: $\frac{2x^2}{x^2+1} = a$; $|\cdot(x^2+1)$ $2x^2 = ax^2 + a$; $|-ax^2$

$x^2(2-a) = a$; $|:(2-a)$ [wegen $0 < a < 2$ ist $2-a \neq 0$]

$x^2 = \frac{a}{2-a} > 0$, da $0 < a < 2$ ist.

Somit ist $x_1 = \sqrt{\frac{a}{2-a}}$; $y_1 = a$; $x_2 = -\sqrt{\frac{a}{2-a}}$; $y_2 = a$:

g und G_f haben miteinander für $0 < a < 2$ stets zwei Punkte, nämlich A $(-\sqrt{\frac{a}{2-a}} \mid a)$

und B $(\sqrt{\frac{a}{2-a}} \mid a)$, gemeinsam.

Für a = 1 ergeben sich die Punkte A* $(-1 \mid 1)$ und B* $(1 \mid 1)$.

Das Viereck A*OB*C ist ein Quadrat, da seine Diagonalen gleich lang sind und einander senkrecht halbieren.

Beispiele für Eigenschaften dieses Vierecks:

Alle vier Seiten sind gleich lang ($\sqrt{2}$ LE). Der Flächeninhalt beträgt 2 FE.

Die beiden Diagonalen sind gleich lang (2 LE).

Das Viereck ist sowohl achsen- wie auch punktsymmetrisch.

c) $\lim\limits_{x \to \pm\infty} f(x) = \lim\limits_{x \to \pm\infty} \frac{2x^2}{x^2+1} = \lim\limits_{x \to \pm\infty} \frac{2}{1+\frac{1}{x^2}} = 2$; $k = 2$

Gleichung der waagrechten Asymptote von G_f: $y = 2$.

$k - f(x) = 2 - \frac{2x^2}{x^2+1} < \frac{1}{50}$; $\frac{2x^2 + 2 - 2x^2}{x^2+1} < \frac{1}{50}$; $\frac{2}{x^2+1} < \frac{1}{50}$; $100 < x^2 + 1$; $x^2 > 99$

Für $x \in]-\infty; -3\sqrt{11}[$ und für $x \in]3\sqrt{11}; \infty[$ ist stets $k - f(x) < \frac{1}{50}$.

8. a) *Beispiel*: $f(x) = \frac{6x^2}{x^2+1}$; $D_f = \mathbb{R}$

b) *Beispiel*: $f(x) = x(16 - x^2)$

9.

	1. Figur	2. Figur	3. Figur	...	n-te Figur
T(n)	$\frac{5}{21}$	$\frac{9}{33}$	$\frac{13}{45}$	...	$\frac{5+(n-1)\cdot 4}{21+(n-1)\cdot 12} = \frac{1+4n}{9+12n}$

$\lim\limits_{n \to \infty} \frac{1+4n}{9+12n} = \lim\limits_{n \to \infty} \frac{\frac{1}{n}+4}{\frac{9}{n}+12} = \frac{4}{12} = \frac{1}{3} = t$;

$\frac{1}{3} - \frac{1+4n}{9+12n} < \frac{1}{1\,000}$; $\frac{3+4n-1-4n}{9+12n} < \frac{1}{1\,000}$; $\frac{2}{9+12n} < \frac{1}{1\,000}$; $|\cdot 1\,000 \cdot (9+12n)$

$2\,000 < 9 + 12n$; $|-9$ $12n > 1\,991$; $|:12$ $n > 165{,}91\overline{6}$; $n_{min} = 166$

W

W1 $m_h = -\frac{1}{2}$; $m_g = -\frac{1}{m_h} = 2$; $y = 2x + t$; $A \in g$: $-1 = 2 \cdot 2 + t$; $|-4$ $t = -5$; g: $y = 2x - 5$

W2 $(\log x)^2 - 4 \cdot \log x = 0$; $(\log x)(\log x - 4) = 0$;

$\log x_1 = 0$; $x_1 = 1 \in G$;

$\log x_2 = 4$; $x_2 = 10\,000 \in G$;

$L = \{1; 10\,000\}$

W3 $\overline{TN} = \overline{QI} = \sqrt{(15\text{ m})^2 + (8\text{ m})^2} = \sqrt{289}$ m $= 17$ m;

$U_{QUINT} = 15$ m $+ 8$ m $+ 10$ m $+ 17$ m $+ 10$ m $= 60$ m

$\sin\alpha - \cos(90° - \alpha) = 0$

$\cos\beta = 0{,}8$

$\cos\gamma = -0{,}8$

Bereits in der 9. Jahrgangstufe haben sich die Schülerinnen und Schüler beim Thema *Die allgemeine quadratische Funktion* mit dem Einfluss von Parametern im Funktionsterm auf den Funktionsgraphen auseinandergesetzt. In der 10. Jahrgangsstufe ging es im Unterkapitel *Die allgemeine Sinusfunktion und die allgemeine Kosinusfunktion* u. a. auch um den Einfluss von Parametern im Funktionsterm auf den Funktionsgraphen.

Im vorliegenden Unterkapitel wiederholen und vertiefen die Jugendlichen diese Vorkenntnisse. Die Themen *Verschieben von Funktionsgraphen, Strecken und Stauchen von Funktionsgraphen* und *Spiegeln von Funktionsgraphen an den Koordinatenachsen sowie am Ursprung* werden anhand von variantenreichen Aufgaben und im Zusammenhang mit allen bekannten Funktionstypen eingeübt, sodass in der Oberstufe sowohl in der Analysis wie auch in der Vektorrechnung auf soliden Kenntnissen zu diesen Themen aufgebaut werden kann.

150

> - *Beispiele*: f: $f(x) = 4 \cdot (\sin x)^2$; $D_f = \mathbb{R}$; g: $g(x) = 4 - x^2$; $D_g =]-1; 2]$
> - *Beispiele*: f: $f(x) = \dfrac{4}{1 + x^2}$; $D_f = \mathbb{R}$; g: $g(x) = 2x + 2$; $D_g =]-1; 1]$
> - *Beispiele*: f: $f(x) = 1 - x^3$; $D_f = \mathbb{R}$; g: $g(x) = \log_{10} x$; $D_g = \mathbb{R}^+$
> - *Beispiele*: f: $f(x) = 2^x$; $D_f = \mathbb{R}$; g: $g(x) = \dfrac{1}{x^2}$; $D_g = \mathbb{R} \setminus \{0\}$
> - *Beispiele*: f: $f(x) = x^2$; $D_f = \mathbb{R}$; g: $g(x) = (\log x)^2$; $D_g = \mathbb{R}^+$; h: $h(x) = |x|$; $D_h = \mathbb{R}$

L

1. **a)** A = 2 cm · 2 cm = 4 cm²

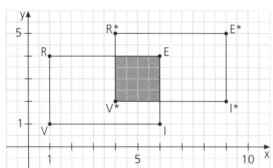

b)

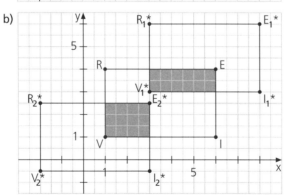

Beispiele:
(1) Man verschiebt das Rechteck VIER um 2 cm nach rechts und um 2 cm nach oben.
(2) Man verschiebt das Rechteck VIER um 3 cm nach links und um 1,5 cm nach unten.

2. a) O_1 (3 | 5), B_1 (4 | 5), S_1 (4 | 6), T_1 (2 | 6),
H_1 (2 | 4), A_1 (5 | 4), N_1 (5 | 7), D_1 (1 | 7),
E_1 (1 | 3), L_1 (6 | 3)

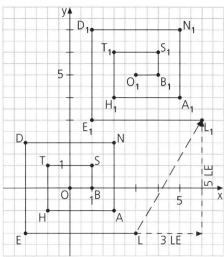

b) O_n (3n | 5n), B_n (1 + 3n | 5n), S_n (1 + 3n | 1 + 5n), T_n (−1 + 3n | 1 + 5n),
H_n (1 | 3n | 1 + 5n), A_n (2 + 3n | −1 + 5n), N_n (2 + 3n | 2 + 5n),
D_n (−2 + 3n | 2 + 5n), E_n (−2 + 3n | −2 + 5n), L_n (3 + 3n | −2 + 5n)

3. $A_{TOP} = \frac{1}{2} \cdot 4 \cdot 2$ FE = 4 FE; $\overline{OP} = \overline{TO} = 2\sqrt{2}$ LE; $U_{TOP} = (2 \cdot 2\sqrt{2} + 4)$ LE = $4(\sqrt{2} + 1)$ LE;
T_k (−2 | 2k), O (0 | 0), P_k (2 | 2k); $\overline{OP_k} = \overline{T_kO} = \sqrt{2^2 + (2k)^2}$ LE = $2\sqrt{1 + k^2}$ LE;
$A(k) = \frac{1}{2} \cdot 4 \cdot 2k$ FE = 4k FE; $U(k) = (2 \cdot 2\sqrt{1 + k^2} + 4)$ LE = $4(\sqrt{1 + k^2} + 1)$ LE

4.

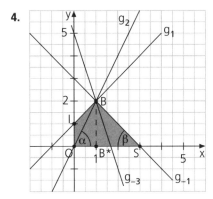

151

Alle vier Geraden verlaufen durch den Punkt B (1 | 2).

a) Für jeden Wert von b ∈ ℝ\{0} ist $f_b(1) = b + 2 − b = 2$; also liegt B (1 | 2) auf jeder
Geraden der Schar.

b) tan α = m_2 = 2; α ≈ 63,4°

c) Das Viereck hat die Ecken B (1 | 2), I (0 | 1), O (0 | 0) und S (3 | 0); dabei ist I der
Schnittpunkt von g_1 mit der y-Achse und S der Schnittpunkt von $g_{−1}$ mit der x-Achse.
∢ SOI = α* = 90°; α = 45°, da $m_{−1}$ = − 1 ist.
Die Geraden g_1 und $g_{−1}$ stehen aufeinander senkrecht, da $m_1 \cdot m_{−1}$ = − 1 ist; also ist
∢ IBS = γ = 90° und ∢ OIB = δ = 360° − (α* + β + γ) = 360° − (90° + 45° + 90°) =
360° − 225° = 135°.
$A_{BIOS} = A_{Trapez\ OB*BI} + A_{Dreieck\ B*SB} = \frac{2 + 1}{2} \cdot 1$ FE + $\frac{1}{2} \cdot 2 \cdot 2$ FE = 1,5 FE + 2 FE = 3,5 FE
Das Viereck BIOS ist kein Drachenviereck, weil z. B. $\overline{SB}$ (= $2\sqrt{2}$ LE) ≠ $\overline{OS}$ (= 3 LE) ist.

5. P: $f(x) = k(x + 1)(x − 1) = k(x^2 − 1)$; k ∈ ℝ\{0}
T_a ∈ P: a = k(0 + 1)(0 − 1) = − k, also k = − a
P_a: $f_a(x) = − a(x^2 − 1)$

$A_{Dreieck} = \frac{1}{2} \cdot 2 \cdot |a| = |a| = 10$;

Für $a_1 = 10$ bzw. für $a_2 = -10$ beträgt der Dreiecksflächeninhalt 10 FE.

$\overline{T_aN_1} = \overline{N_2T_a} = \sqrt{1^2 + a^2}$ LE $= \sqrt{1 + a^2}$ LE; $\overline{N_1N_2} = 2$ LE;

$U_{Dreieck} = (2 + 2\sqrt{1 + a^2})$ LE $= 2(1 + \sqrt{1 + a^2})$ LE;

$2(1 + \sqrt{1 + a^2}) = 8$; $|: 2 \quad 1 + \sqrt{1 + a^2} = 4$; $|-1 \quad \sqrt{1 + a^2} = 3$;

$1 + a^2 = 9$; $|-1 \quad a^2 = 8$; $|a| = 2\sqrt{2}$:

Für $a_3 = -2\sqrt{2}$ und für $a_4 = 2\sqrt{2}$ ist der Dreiecksumfang 8 LE lang.

6. P^*: $y = x^2 + ax + b$

a) $O \in P^*$: $b = 0$; $N \in P^*$: $1 + a = 0$; $|-1 \quad a = -1$, also P^*: $y = x^2 - x = x(x - 1)$

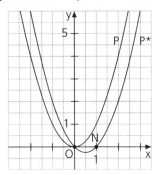

b) $T \in P^*$: $b = 1$; $S \in P^*$: $(-1)^2 + (-1)a + b = 0$; $b = 1$ eingesetzt ergibt

$1 - a + 1 = 0$; $|+a \quad a = 2$, also P^*: $y = x^2 + 2x + 1 = (x + 1)^2$.

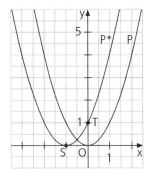

c) $A \in P^*$: $1 + a + b = 4$; $|-1 \quad (1) \; a + b = 3$;

$B \in P^*$: $(-1)^2 + (-1)a + b = 8$; $|-1 \quad (2) \; -a + b = 7$

$(1) + (2) \; 2b = 10$; $|: 2 \quad b = 5$ eingesetzt in (1)

$a + 5 = 3$; $|-5 \quad a = -2$, also P^*: $y = x^2 - 2x + 5$

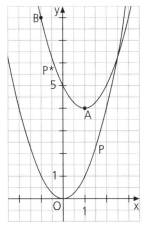

7. **a)** Wenn $\frac{k}{k+1} > 0$ ist, ist die Parabel nach oben geöffnet.

$\frac{k}{k+1} > 0$: (1) $k > 0$ $k + 1 > 0$, also $k > 0$, oder

(2) $k < 0$ $k + 1 < 0$, also $k < -1$

Wenn $\frac{k}{k+1} < 0$ ist, ist die Parabel nach unten geöffnet; dies trifft zu, wenn
$-1 < k < 0$ ist.

b) P_k ist weiter als die Normalparabel, wenn $\left| \frac{k}{k+1} \right| < 1$, also wenn $-1 < \frac{k}{k+1} < 1$ ist.

(1) $k + 1 > 0$; $-k - 1 < k$; $1 + k$ $2k > -1$; $1:2$ $k > -0,5$

$k < k + 1$; $1 - k$ $0 < 1$ (w)

(2) $k + 1 < 0$; $-k - 1 > k$; $1 + k$ $2k < -1$; $1:2$ $k < -0,5$

$k > k + 1$; $1 - k$ $0 > 1$ (f)

Ergebnis: P_k ist für $k > -0,5$ weiter als die Normalparabel.

P_k ist enger als die Normalparabel, wenn $\left| \frac{k}{k+1} \right| > 1$, also wenn

(I) $\frac{k}{k+1} > 1$ ist.   (3) Für $k > -1$ folgt hieraus $k > k + 1$, also $0 > 1$ (f)

(4) Für $k < -1$ folgt hieraus $k < k + 1$, also $0 < 1$ (w)

(II) $\frac{k}{k+1} < -1$ ist. (3) Für $k > -1$ folgt hieraus $k < -k - 1$, also $2k < -1$, d. h. $k < -0,5$,

also $-1 < k < -0,5$.

(4) Für $k < -1$ folgt hieraus $k > -k - 1$, also $2k > -1$, also $k > -0,5$

(Widerspruch)

Ergebnis: P_k ist für $k < -0,5$, aber $k \neq -1$, enger als die Normalparabel.

c) Nur wenn $k = -0,5$ ist, ist $\left| \frac{k}{k+1} \right|$. Also ist nur $P_{-0,5}$: $y = -x^2$ kongruent zur Normalparabel.

8.

Funktion	f	g	h	k	l
Graph	①	③	④	⑤	②

9. G_f wird an der y-Achse gespiegelt: $f_1(x) = (-x)^3 + (-x)^2 - 1 = -x^3 + x^2 - 1$

G_{f_1} wird um eine Einheit nach rechts und um eine Einheit nach oben verschoben:

$f_2(x) = -(x - 1)^3 + (x - 1)^2 - 1 + 1 = (x - 1)^2(-x + 1 + 1) = (x - 1)^2(2 - x)$

$N_1 (1 \mid 0) \in G_{f_2}$: $(1 - 1)^2(2 - 1) = 0$ ✓

$N_2 (2 \mid 0) \in G_{f_2}$: $(2 - 1)^2(2 - 2) = 0$ ✓

$T (0 \mid 2) \in G_{f_2}$: $(0 - 1)^2(2 - 0) = 1 \cdot 2 = 2$ ✓

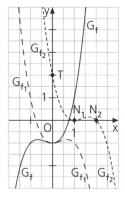

10.

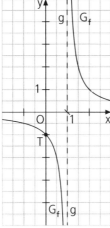

a) $\lim\limits_{x \to \pm\infty} \dfrac{1}{x-1} = 0$.

Der Graph G_f hat die Gerade g mit der Gleichung $x = 1$ als senkrechte und die x-Achse als waagrechte Asymptote. Er ist überall im Definitionsbereich von f streng monoton fallend. Er schneidet die y-Achse im Punkt T $(0 \mid -1)$ und verläuft durch den III., den IV. und den I. Quadranten.

b) Die Graphen G_g gehen für $a > 1$ durch Strecken und für $0 < a < 1$ durch Stauchen in y-Richtung im Verhältnis $a : 1$ aus G_f hervor.
Die Graphen G_h gehen aus G_f durch Verschieben in Richtung der y-Achse um a nach oben hervor.
Die Graphen G_k gehen aus G_f durch Verschieben in Richtung der x-Achse um a nach links hervor.

$g(x) = \dfrac{a}{x-1}$; $D_g = \mathbb{R} \setminus \{1\}$; $\lim\limits_{x \to \pm\infty} \dfrac{a}{x-1} = 0$

$h(x) = \dfrac{1}{x-1} + a$; $D_h = \mathbb{R} \setminus \{1\}$; $\lim\limits_{x \to \pm\infty} \left(\dfrac{1}{x-1} + a\right) = a$

$k(x) = \dfrac{1}{x+a-1}$; $D_k = \mathbb{R} \setminus \{1-a\}$; $\lim\limits_{x \to \pm\infty} \dfrac{1}{x+a-1} = 0$

11. a) Im I. Quadranten verläuft P steigend und G_{f_a} fallend.

b) P und G_{f_a} schneiden einander im Punkt V:

$x_V^2 + 1 = \dfrac{a}{x_V}$; für $x_V = 1$ ergibt sich $1 + 1 = \dfrac{a^\star}{1}$, also $a^\star = 2$ und $V^\star$ $(1 \mid 2)$.

Die Gerade mit der Gleichung $x = 1$ teilt das Fünfeck OLIVE in zwei Trapeze; mit

I $(4 \mid 0,5)$ erhält man $A_{OLIVE} = \left(\dfrac{1+2}{2} \cdot 1 + \dfrac{2+0,5}{2} \cdot 3\right)$ FE $= (1,5 + 3,75)$ FE $= 5,25$ FE.

AH S.37

12. Da $f(-x) = \dfrac{-x}{(-x)^2+1} = -\dfrac{x}{x^2+1} = -f(x)$ für jeden Wert von $x \in D_f$ gilt, ist G_f punktsymmetrisch zum Ursprung.

Es ist $f(x) > 0$ für jeden Wert von $x > 0$; also verläuft G_f durch den I. Quadranten.
Es ist $f(x) < 0$ für jeden Wert von $x < 0$; also verläuft G_f durch den III. Quadranten.
Außerdem verläuft G_f duch den Ursprung.

$$\lim\limits_{x \to \pm\infty} \dfrac{x}{x^2+1} = \lim\limits_{x \to \pm\infty} \dfrac{\frac{1}{x}}{1+\frac{1}{x^2}} = \dfrac{0}{1+0} = 0$$

Wertetabelle:

x	0	±0,5	±1	±1,5	±2	±2,5	±3	±3,5	±4
f(x)	0,00	±0,40	±0,50	±0,46	±0,40	±0,34	±0,30	±0,26	±0,24

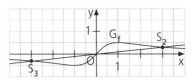

Da der Ursprung O auf G_f liegt, hat jede Gerade g durch O (Gleichung: $y = mx$) mit G_f mindestens diesen Punkt gemeinsam.

Für die Abszissen gemeinsamer Punkte gilt

$mx = \frac{x}{x^2 + 1}; | \cdot (x^2 + 1)$

$mx(x^2 + 1) = x; | -x$

$x(mx^2 + m - 1) = 0; x_1 = 0;$

$mx^2 + m - 1 = 0; | + 1 - m$

$mx^2 = 1 - m; | : m \quad (m \neq 0)$

$x^2 = \frac{1 - m}{m} = \frac{1}{m} - 1.$

Für $m = 1$ folgt $x^2 = 0$; g hat mit G_f genau den Punkt O gemeinsam.

Für $\frac{1}{m} > 1$, also $0 < m < 1$, hat g mit G_f außer O noch zwei weitere Punkte, also insgesamt drei Punkte gemeinsam.

Für $\frac{1}{m} < 1$, also für $m > 1$ sowie für $m < 0$, ist $\frac{1}{m} - 1 < 0$; in diesem Fall hat also g mit G_f nur genau einen Punkt, nämlich den Ursprung O, gemeinsam.

Wenn $m = 0,1$ ist, ergibt sich $x^2 = 10 - 1 = 9$, also $x_2 = 3$ und $x_3 = -3$;

$f(\pm 3) = \pm 0,3$; $S_2 (3 | 0,3)$; $S_3 (-3 | -0,3)$.

13. a) $p = \frac{2\pi}{\frac{\pi}{4}} = 8$; $W_f = [1 - 2; 1 + 2] = [-1; 3]$

AH S.39–40

b)

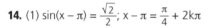

14. (1) $\sin(x - \pi) = \frac{\sqrt{2}}{2}$; $x - \pi = \frac{\pi}{4} + 2k\pi$

bzw. $x - \pi = \frac{3\pi}{4} + 2k\pi \, (k \in \mathbb{Z})$

$k = 0: x_1 = \frac{5\pi}{4} \in G; k = -1:$

$x_2 = -\frac{3\pi}{4} \in G$ bzw.

$k = 0: x_3 = \frac{7\pi}{4} \in G; k = -1: \quad x_4 = -\frac{\pi}{4} \in G$

$L_1 = \{-\frac{3\pi}{4}; -\frac{\pi}{4}; \frac{5\pi}{4}; \frac{7\pi}{4}\}$

(2) $3 \sin[(2(x - 1)] - 1 = 2; | + 1$

$3 \sin[2(x - 1)] = 3; | : 3$

$\sin[2(x - 1)] = 1;$

$2(x - 1) = \frac{\pi}{2} + 2k\pi; | : 2 \quad (k \in \mathbb{Z})$

$x - 1 = \frac{\pi}{4} + k\pi; | + 1$

$x = \frac{\pi}{4} + k\pi + 1;$

$k = 0: x_1 = \frac{\pi}{4} + 1 \in G;$

$k = 1: x_2 = \frac{5\pi}{4} + 1 \in G;$

$k = -1: x_3 = -\frac{3\pi}{4} + 1 \in G$

$L_2 = \{-\frac{3\pi}{4} + 1; \frac{\pi}{4} + 1; \frac{5\pi}{4} + 1\}$

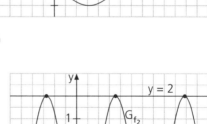

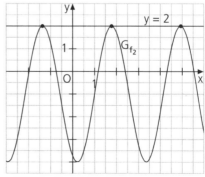

(3) $2\cos(x + 2) = 1$; $\mid : 2$ $\cos(x + 2) = 0{,}5$;

$x + 2 = \dfrac{\pi}{3} + 2k\pi$; $\mid -2$

bzw. $x + 2 = -\dfrac{\pi}{3} + 2k\pi$; $\mid -2$ ($k \in \mathbb{Z}$)

$k = 0$: $x_1 = \dfrac{\pi}{3} - 2 \in G$;

$k = 1$: $x_2 = \dfrac{7\pi}{3} - 2 \in G$ bzw.

$k = 0$: $x_3 = -\dfrac{\pi}{3} - 2 \in G$;

$k = 1$: $x_4 = \dfrac{5\pi}{3} - 2 \in G$

$L_3 = \{-\dfrac{\pi}{3} - 2; \dfrac{\pi}{3} - 2; \dfrac{5\pi}{3} - 2; \dfrac{7\pi}{3} - 2\}$

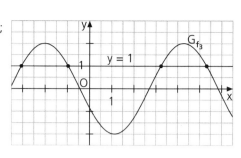

15. a) Periode: $p = \pi$; Amplitude: 3

b) 1. Schritt

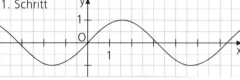

2. Schritt

3. Schritt

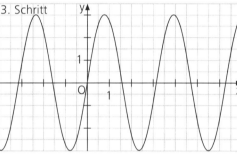

4. Schritt

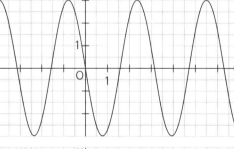

5. Schritt

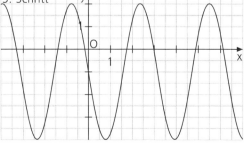

16. a)

Monat	Jan.	Feb.	März	April	Mai	Juni	Juli	Aug.	Sept.	Okt.	Nov.	Dez.
Durchschnittswert der Lufttemperatur (°C)	−2,0	−1,0	3,5	8,0	12,0	15,5	17,5	16,5	13,5	8,0	3,0	−0,5

b) $a \approx 9,8$ (Amplitude oder halbe „Gesamthöhe" von G_f); $b = \frac{2\pi}{12} \approx 0,52$ (die Perioden-
länge ist 12); $c \approx -3,4$ und $d \approx 7,8$ (der erste Schnittpunkt von G_f mit seiner
„Mittellinie" g ist etwa Q (3,4 | 7,8);
$f(t) \approx 9,8 \sin\left[\frac{2\pi}{12}(t-3,4)\right] - 7,8 \approx 9,8 \sin(0,52\,t - 1,8) + 7,8.$

AH S.41–42

17. a)

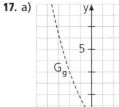
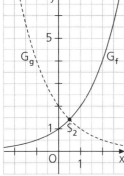

$2^x = 2 \cdot 2^{-x}; | \cdot 2^x \qquad 2^{2x} = 2; \ 2x = 1; \ x = 0,5; \qquad f(0,5) = \sqrt{2} = g(0,5);$
$S_2 (0,5 | \sqrt{2})$

b) $a^x = a \cdot a^{-x}; | \cdot a^x \qquad a^{2x} = a; \ 2x = 1; \ x = 0,5; \qquad h(0,5) = \sqrt{a} = k(0,5);$
$S_a (0,5 | \sqrt{a})$
Die Abszisse des Schnittpunkts S_a ist für jeden Wert von $a \in \mathbb{R}^+ \backslash \{1\}$ stets 0,5;
die Ordinate ist $\sqrt{a}$.
$\overline{S_a S_2} = \sqrt{(0,5-0,5)^2 + (\sqrt{2} - \sqrt{a^\star})^2} = \sqrt{2};$
$|\sqrt{2} - \sqrt{a^\star}| = \sqrt{2}; \ a^\star > 0: \sqrt{a^\star} = 2\sqrt{2}; \ a^\star = 8$

18. *Beispiel*: Der Graph der Funktion f wird zunächst an der y-Achse gespiegelt und dann in
Richtung der y-Achse mit dem Faktor $3^3 = 27$ gestreckt.
Gemeinsamer Punkt S der Funktionsgraphen:
$3^{1,5x} = 3^{3-1,5x}; \ 1,5x = 3 - 1,5x; | + 1,5x$
$3x = 3; | : 3 \qquad x = 1 \in D_f = D_{f^\star}; \qquad f(1) = 3^{1,5} = f^\star(1); \qquad S(1 | 3^{1,5}) = S(1 | 3\sqrt{3})$

19. a) T: $f(0) = 3^{0-2} - 2 = -1\frac{8}{9}; \ T(0 | -1\frac{8}{9})$
R: $3^{x-2} - 2 = -1; | + 2 \qquad 3^{x-2} = 1; \ x = 2; \ R(2 | -1)$
E: $3^{x-2} - 2 = 1; | + 2 \qquad 3^{x-2} = 3; \ x - 2 = 1; | + 2 \qquad x = 3; \ E(3 | 1)$

b) Die Strecke [RE] ist die steilste dieser drei Strecken: $m_{[RE]} = \frac{1-(-1)}{3-2} = 2.$

20. a) Für $x \to \infty$ gilt $f(x) \to \infty; \ \lim\limits_{x \to -\infty} a^{x-2} = 0;$
$W_{f_a} = \ ]0; \infty[$

b) $a^{x-2} < 1; \ x - 2 < 0; \ x < 2$: Es fällt auf, dass das Ergebnis nicht von a abhängt.

c) $f^*: f^*(x) = -a^{x-2}; \; D_{f^*} = \mathbb{R}$

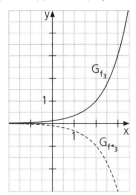

$T_a(0 \mid a^{-2}); \; T_a^*(0 \mid -a^{-2})$

$r = \overline{OT_a} = \overline{OT_a^*} = a^{-2} = 0{,}8; \quad 0{,}8 = \dfrac{1}{a^2}; \; 1 \cdot \dfrac{a^2}{0{,}8} \quad a^2 = \dfrac{5}{4}; \; a > 1: \quad a = \dfrac{\sqrt{5}}{2}$

21. $D_{f\,max} = \mathbb{R} \setminus \{-a; a\};$ \qquad\qquad $D_{g\,max} = \mathbb{R} \setminus \{-a; a\};$

$D_{h\,max} = {]{-\infty}; -a]} \cup [a; \infty[\cup \{0\}; \quad D_{k\,max} = {]{-\infty}; -2a[} \cup {]2a; \infty[}$

Für jeden Wert von $x \in {]{-\infty}; -2a[} \cup {]2a; \infty[}$ sind alle vier Funktionen definiert.

W

W1 $A = 8 \text{ cm} \cdot 5 \text{ cm} \cdot \sin 36° \approx 23{,}5 \text{ cm}^2$

W2 $n! = 2^7 \cdot 3^2 \cdot 5 \cdot 7 = 1 \cdot 2 \cdot 3 \cdot 2^2 \cdot 5 \cdot (2 \cdot 3) \cdot 7 \cdot 2^3 = 8!; \; n = 8$

W3 $W_f = [2; 6]$

$\log_2 256 = 8$

$\log_3 (2^4 + 2^3 + 2^1 + 2^0) = 3$

$\left(2^5 \cdot 2^{-3} \cdot \sqrt[4]{256}\right)^0 = 1$

Diese Themenseite zeigt den Jugendlichen, dass sich in der Kunst und in der Architektur vielfältige Elemente der Mathematik finden und veranschaulicht an den ausgewählten Beispielen die Ästhetik der Mathematik.
In allen Jahrhunderten gab es Künstler, die zu ihren Werken mathematische Berechnungen und Konstruktionen durchgeführt haben.

154

155

1. Individuelle Lösungen

2. Individuelle Lösungen

156

Die Aufgaben sind nach Unterkapiteln geordnet; so wird ein gezieltes Unterstützen zum Vertiefen bei speziellen Themen und auf verschiedenen Anforderungsniveaus gut möglich.

1. a) y-Achsenpunkt von G_f: $f(0) = -2$; $T(0 | -2)$
Gemeinsame Punkte mit der x-Achse: $f(x) = 0$. Es ist $f(1) = 0$, da $1^3 + 1 - 2 = 0$ ist. ✓

$(x^3 + x - 2) : (x - 1) = x^2 + x + 2$
$\underline{-(x^3 - x^2)}$
$\quad x^2 + x$
$\quad \underline{-(x^2 - x)}$
$\qquad 2x - 2$
$\qquad \underline{-(2x - 2)}$
$\qquad\qquad 0$

$x^2 + x + 2 = 0$ hat keine reellen Lösungen,
da $D = 1^2 - 4 \cdot 1 \cdot 2 = -7 < 0$ ist.
Einziger x-Achsenpunkt von G_f ist $S(1 | 0)$.

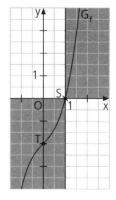

	$-\infty < x < 1$	$x = 1$	$1 < x < \infty$
$f(x)$	< 0	0	> 0

b) y-Achsenpunkt von G_g: $g(0) = 0$; $O(0 | 0)$
Gemeinsame Punkte mit der x-Achse: $g(x) = 0$;
$x^4 - x^3 - 2x^2 = 0$; $x^2(x^2 - x - 2) = 0$;
$x^2(x + 1)(x - 2) = 0$.
G_g hat mit der x-Achse den Ursprung O sowie die
Punkte $N_1 (-1 | 0)$ und $N_2 (2 | 0)$ gemeinsam.

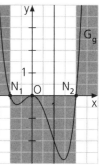

	$-\infty < x < -1$	$x = -1$	$-1 < x < 0$	$x = 0$	$0 < x < 2$	$x = 2$	$2 < x < \infty$
$g(x)$	> 0	0	< 0	0	< 0	0	> 0

AH S.43–45

AH S.47–48

2.

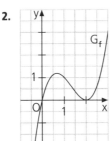

a)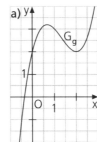

b)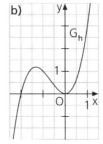

c)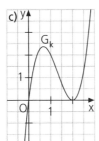

d)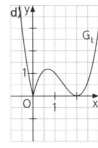

e)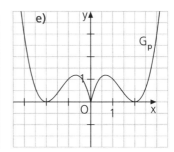

3. Diskriminante der Gleichung $x^2 - 6kx + 12k = 0$: $D = 36k^2 - 48k = 12k(3k - 4)$
a) Für $k = 0$ besitzt f_k die dreifache Nullstelle $x_1 = 0$.
b) Für $k = \frac{4}{3}$ ist $D = 0$, und es ist $f_k(x) = x(x^2 - 8x + 16) = x(x - 4)^2$:
Für diesen Wert von k hat f_k die doppelte Nullstelle $x_2 = 4$ und die einfache Nullstelle $x_1 = 0$.

c) $D > 0$: $12k(3k - 4) > 0$, d. h. entweder (1) $k > 0 \land 3k - 4 > 0$, also $k > \frac{4}{3}$, oder

(2) $k < 0 \land 3k - 4 < 0$, also $k < 0$:

Wenn $k > \frac{4}{3}$ ist und wenn $k < 0$ ist, ist $D > 0$; dann besitzt f_k drei einfache Nullstellen.

d) Wenn $D < 0$ ist, also wenn $0 < k < \frac{4}{3}$ ist, hat f_k genau eine Nullstelle, und zwar die einfache Nullstelle $x_1 = 0$.

4. $x^2 = u$; $u^2 - 18u + 81 - k = 0$; $D = 18^2 - 4(81 - k) = 324 - 324 + 4k = 4k$.

Wenn $k < 0$ ist, hat f_k keine Nullstellen.

(1) $k = 0$: $u^2 - 18u + 81 = 0$; $(u - 9)^2 = 0$; $u = 9$; $x^2 = 9$; $x_1 = 3$; $x_2 = -3$:

f_0 besitzt zwei Nullstellen, und zwar $x_1 = 3$ und $x_2 = -3$.

$k > 0$: $u_{1,2} = \frac{18 \pm \sqrt{4k}}{2} = 9 \pm \sqrt{k}$

(2) $k = 81$: $u = 9 \pm 9$; $u_1 = 18$; $u_2 = 0$;

$x_1^2 = 18$; $x_{11} = \sqrt{18} = 3\sqrt{2}$; $x_{12} = -3\sqrt{2}$;

$x_2^2 = 0$; $x_2 = 0$: f_{81} besitzt drei Nullstellen.

(3) $0 < k < 81$: $u_{1,2} > 0$: Es gibt zwei positive Lösungen u; somit besitzt f_k vier Nullstellen.

(4) $k > 81$: Es gibt eine positive Lösung u_1; deshalb besitzt f_k zwei Nullstellen.

	$k < 0$	$k = 0$	$0 < k < 81$	$k = 81$	$81 < k < \infty$
Anzahl n der Nullstellen	0	2	4	3	2

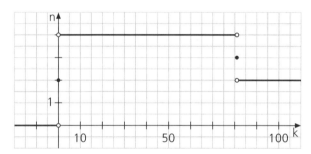

5. a) Gemeinsame Punkte:

$S_{1;2}$ $(-2 \mid 0)$ und $S_{2;2}$ $(2 \mid 0)$

b) $-kx^2 + k^3 = -\frac{1}{k} x^2 + k$; $\mid \cdot k$

$-k^2x^2 + k^4 = -x^2 + k^2$; $\mid + x^2 - k^4$

$x^2(1 - k^2) = k^2(1 - k^2)$; $\mid : (1 - k^2)$ $[k \neq \pm 1]$

$x^2 = k^2$;

$x_1 = k$; $y_1 = f_k(k) = -k^3 + k^3 = 0 = g_k(k)$;

$x_2 = -k$; $y_2 = f_k(-k) = -k^3 + k^3 = 0 = g_k(-k)$

Die Graphen schneiden einander für jeden zulässigen Wert von k in den x-Achsenpunkten

$S_{1;k}$ $(-k \mid 0)$ und $S_{2;k}$ $(k \mid 0)$.

$S_{1;7}$ $(-7 \mid 0)$; $S_{2;7}$ $(7 \mid 0)$; $\overline{S_{1;7}S_{2;7}} = 14$

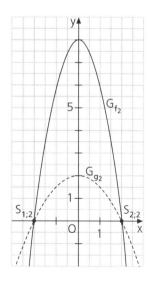

6. a) $p = \pi$; $a = 4$ **b)** $p = 4\pi$; $a = 1$

c) $p = 6\pi$; $a = 2,5$ **d)** $p = \frac{2\pi}{3}$; $a = 1$

7.

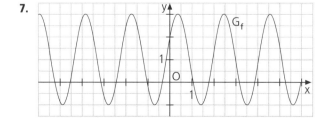

8. a)

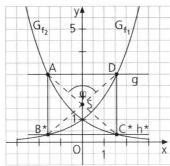

b) A: $2^{-x} = 3$; $-x \log 2 = \log 3$; $|: (-\log 2)$ $\quad x = -\dfrac{\log 3}{\log 2} \approx -1{,}58$; A $\left(-\dfrac{\log 3}{\log 2} \mid 3\right)$

D: $2^x = 3$; $x \log 2 = \log 3$; $|: \log 2$ $\quad x = \dfrac{\log 3}{\log 2}$; D $\left(\dfrac{\log 3}{\log 2} \mid 3\right)$

$\overline{DA} = 2 \cdot \dfrac{\log 3}{\log 2} \approx 3{,}17$;

B: $2^x = a$; $x \log 2 = \log a$; $|: \log 2$ $\quad x = \dfrac{\log a}{\log 2}$; B $\left(\dfrac{\log a}{\log 2} \mid a\right)$

C: $2^{-x} = a$; $-x \log 2 = \log a$; $|: (-\log 2)$ $\quad x = -\dfrac{\log a}{\log 2}$; C $\left(-\dfrac{\log a}{\log 2} \mid a\right)$

$0 < a < 1$: $\overline{BC} = -2 \cdot \dfrac{\log a}{\log 2}$. Wenn $\overline{BC} = \overline{DA}$ ist, ist $-2 \cdot \dfrac{\log a}{\log 2} = 2 \cdot \dfrac{\log 3}{2 \cdot \log 2}$; $|\cdot \dfrac{\log 2}{-2}$

und somit $\log a = -\log 3 = \log \dfrac{1}{3}$ also $a^* = \dfrac{1}{3}$.

Das Viereck AB*C*D ist ein Rechteck:

$A_{\text{Rechteck}} = \overline{DA} \cdot \overline{C^*D} = 2 \cdot \dfrac{\log 3}{\log 2} \cdot \left(3 - \dfrac{1}{3}\right) \text{FE} = \dfrac{16}{3} \dfrac{\log 3}{\log 2} \approx 8{,}45 \text{ FE}$

Die Diagonalen schneiden einander im Mittelpunkt S der Strecke [AC*] auf der y-Achse:

$x_S = 0$; $y_S = \left(3 + \dfrac{1}{3}\right) : 2 = \dfrac{5}{3}$; S $\left(0 \mid \dfrac{5}{3}\right)$

Schnittwinkel: $\tan \dfrac{\varphi}{2} = \dfrac{\frac{\log 3}{\log 2}}{\frac{4}{3}}$; $\dfrac{\varphi}{2} \approx 49{,}9°$; $\varphi \approx 99{,}9°$

9. a) 0 b) 0 c) 1 d) 1 e) 2 f) 2 g) 0 h) 0 i) 0 j) 0 k) 0 l) 0

10. a) f b) f c) w d) f

Zu **a)** Falsch: G_f müsste von g für **alle** hinreichend betragsgroßen Werte von x um **beliebig wenig** abweichen.

Zu **b)** Falsch [siehe Begründung zu a)]

Zu **d)** Falsch: Diese Bedingung ist weder notwendig noch hinreichend.

11. a) $D_{f\,max} = \mathbb{R}$

Gemeinsamer Punkt mit der y-Achse: $f(0) = -1$; T $(0 \mid -1)$

Gemeinsame Punkte mit der x-Achse: $f(x) = 0$; $x^2 = 1$; $x_1 = 1$; $x_2 = -1$;

$N_1 (1 \mid 0)$, $N_2 (-1 \mid 0)$

b) Es ist $f(-x) = \dfrac{(-x)^2 - 1}{(-x)^2 + 1} = \dfrac{x^2 - 1}{x^2 + 1} = f(x)$ für jeden Wert von $x \in D_f$; also ist G_f symmetrisch zur y-Achse.

c) $\displaystyle\lim_{x \to \pm\infty} \dfrac{x^2 - 1}{x^2 + 1} = \lim_{x \to \pm\infty} \dfrac{1 - \frac{1}{x^2}}{1 + \frac{1}{x^2}} = \dfrac{1 - 0}{1 + 0} = 1$.

Die Gerade g: $y = 1$ ist waagrechte Asymptote von G_f.

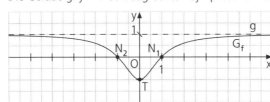

d) $1 - f(x) = 1 - \frac{x^2 - 1}{x^2 + 1} = \frac{x^2 + 1 - x^2 + 1}{x^2 + 1} = \frac{2}{x^2 + 1}; \frac{2}{x^2 + 1} < 0{,}1; |\cdot 10(x^2 + 1)$

$20 < x^2 + 1; |-1 \quad x^2 > 19; |x| > \sqrt{19} \approx 4{,}36$: Für $x > \sqrt{19}$ sowie für $x < -\sqrt{19}$
unterscheidet sich $f(x)$ von 1 um weniger als 0,1.

e) Der Flächeninhalt des Quadrats mit den Eckpunkten A (1 | 1), B (–1 | 1), C (–1 | –1)
und D (1 | –1) ist größer als der Flächeninhalt A des getönten Bereichs:
$A_{ACBD} = 4\,\text{FE} > A$.
Der Flächeninhalt A des getönten Bereichs ist größer als
$A_{\text{Rechteck}N_1ABN_2} + A_{\text{Dreieck}N_1N_2T} = 2 \cdot 1\,\text{FE} + \frac{1}{2} \cdot 2 \cdot 1\,\text{FE} = 2\,\text{FE} + 1\,\text{FE} = 3\,\text{FE}$.
Also ist $3\,\text{FE} < A < 4\,\text{FE}$.
Hinweise: (1) Das Dreieck N_1N_2T liegt ganz innerhalb des getönten Bereichs, da die
Gerade TN_1 mit G_f nur die Punkte T und N_1 gemeinsam hat.
(2) Der exakte Wert des Flächeninhalts des getönten Bereichs ist $\pi\,\text{FE} \approx 3{,}14\,\text{FE}$.

12. a) $D_{f\,max} = \mathbb{R}$; f besitzt keine Nullstellen, da für jeden Wert von $x \in D_f$ stets
$4x^2 + 32 \geqq 32$ ist.

b) Da $f(-x) = \frac{4(-x)^2 + 32}{(-x)^2 + 16} = \frac{4x^2 + 32}{x^2 + 16} = f(x)$ für jeden Wert von $x \in D_f$ gilt, ist G_f
achsensymmetrisch zur y-Achse.

c) $\lim\limits_{x \to \pm\infty} \frac{4x^2 + 32}{x^2 + 16} = \lim\limits_{x \to \pm\infty} \frac{4 + \frac{32}{x^2}}{1 + \frac{16}{x^2}} = \frac{4 + 0}{1 + 0} = 4$.

Die Gerade g: y = 4 ist waagrechte Asymptote von G_f.

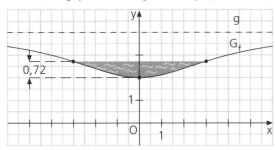

d) $f(0) = 2$; $f(3) = \frac{4 \cdot 3^2 + 32}{3^2 + 16} = \frac{68}{25} = 2{,}72$. Die Wassertiefe beträgt 2,72 m – 2 m = 0,72 m.

$f(x) = 2 + 1{,}5; \frac{4x^2 + 32}{x^2 + 16} = 3{,}5; |\cdot (x^2 + 16) \quad 4x^2 + 32 = 3{,}5x^2 + 56; |-3{,}5x^2 - 32$
$0{,}5x^2 = 24; \quad x^2 = 48; \quad x_1 = 4\sqrt{3}; \quad x_2 = -4\sqrt{3}$.
Der Fluss ist $(2 \cdot 4\sqrt{3}$ m, also) etwa 14 m breit.

13. a) 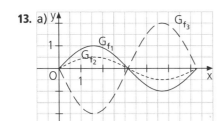 **b)**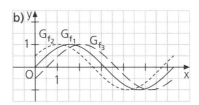

c) 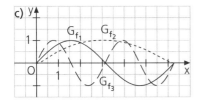 **d)**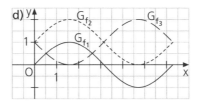

14. *Beispiele:*

a) $f(x) = \sin x$; $a = 1$; $b = 1$; $c = 0$

b) $f(x) = \sin\left(x - \frac{\pi}{4}\right)$; $a = 1$; $b = 1$; $c = -\frac{\pi}{4}$

158

c) $f(x) = \sin\left[2\left(x - \frac{\pi}{4}\right)\right]$; $a = 1$; $b = 2$; $c = -\frac{\pi}{4}$

d) $f(x) = 3\sin\left[2\left(x - \frac{\pi}{4}\right)\right]$; $a = 3$; $b = 2$; $c = -\frac{\pi}{4}$

Aus ⓐ entsteht durch **Stauchen** in Richtung der x-Achse im Verhältnis 1 : 2 und anschließendes **Verschieben** um $\frac{\pi}{4}$ nach rechts der Graph ⓒ und dann aus ⓒ durch **Strecken** in y-Richtung im Verhältnis 3 : 1 der Graph ⓓ.

15. Seit Beginn der Beobachtung sind x Tage vergangen.

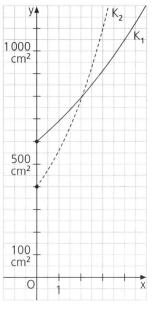

    a) Kolonie 1: $f(x) = 600 \text{ cm}^2 \cdot 1{,}15^x$
       Kolonie 2: $g(x) = 400 \text{ cm}^2 \cdot 1{,}40^x$

    b) $400 \text{ cm}^2 \cdot 1{,}40^x = 600 \text{ cm}^2 \cdot 1{,}15^x$; $|: (400 \text{ cm}^2 \cdot 1{,}15^x)$
       $\left(\frac{1{,}40}{1{,}15}\right)^x = \frac{3}{2}$; $x \log \frac{1{,}40}{1{,}15} = \log \frac{3}{2}$; $|: \log \frac{1{,}40}{1{,}15}$

       $x \approx 2{,}06$:
       Nach etwa 2 Tagen nehmen die beiden Kolonien gleich große Flächen (von je etwa 800 cm² Flächeninhalt) ein.

    c) Nach etwa 55,41 Tagen ist der See völlig bedeckt. Die Kolonie 2 nimmt dann etwa 99,997 %, die Kolonie 1 nur etwa 0,003 % der Fläche (nämlich etwa 140 m²) ein.

16.

x	0,1	0,5	1	2	3	4	5	6	7	8	9	10
$\log_2 x$	−3,30	−1,00	0,00	1,00	1,58	2,00	2,32	2,58	2,81	3,00	3,17	3,32
$\log x$	−1,00	−0,30	0,00	0,30	0,48	0,60	0,70	0,78	0,85	0,90	0,95	1,00
$\sqrt{x} - 1$	−	−	0,00	1,00	1,41	1,73	2,00	2,24	2,45	2,65	2,83	3,00

Beispiele für Eigenschaften, die f, g und h miteinander gemeinsam haben:
Jede der drei Funktionen ist in ihrer ganzen Definitionsmenge zunehmend.
Es ist $f(1) = g(1) = h(1) = 0$.
Beispiele für Eigenschaften, in denen sich f, g und h voneinander unterscheiden:
f und g besitzen auch negative Funktionswerte, h dagegen nicht.
Die drei Funktionen sind zwar alle zunehmend; sie nehmen aber in gleichen x-Intervallen unterschiedlich stark zu.

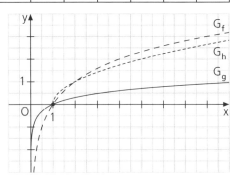

W

W1 P(„Die erste Augenanzahl ist größer als die zweite") $= \frac{15}{36} \approx 42 \%$;
     P(„Das Produkt der beiden Augenanzahlen ist größer als 9") $= \frac{19}{36} > \frac{15}{36}$.
     Es ist günstiger, auf „Das Produkt der beiden Augenanzahlen ist größer als 9" zu wetten.

W2 $x + y + xy + 1 = 10$; $(x + 1)(y + 1) = 10$
     Lösungen: $(-11; -2)$; $(-6; -3)$; $(0; 9)$; $(1; 4)$

W3 83

$20 \cos \frac{\pi}{3} = 10$

$1\frac{1}{4}\%$ von 560 \$ sind 7 \$.

$1\frac{1}{4}\%$ von 44 800 \$ sind 560 \$.

L

I. **a), d)**

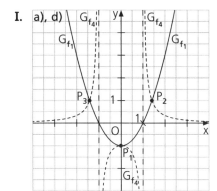

b) f_2: $f_2(x) = -x^2 + 1$; $D_{f_2} = \mathbb{R}$

c) f_3: $f_3(x) = (4 - x)^2 - 1$; $D_{f_3} = \mathbb{R}$

d) G_{f_4} verläuft durch alle vier Quadranten und hat mit G_{f_1} die Punkte $P_1\,(0\,|-1)$, $P_2\,(\sqrt{2}\,|\,1)$ und $P_3\,(-\sqrt{2}\,|\,1)$ gemeinsam

e) f_5: $f_5(x) = \dfrac{x^2}{x^2 - 1} = \dfrac{x^2 - 1 + 1}{x^2 - 1} = 1 + \dfrac{1}{x^2 - 1}$; $D_{f_5} = \mathbb{R} \setminus \{-1;\, 1\}$

e)

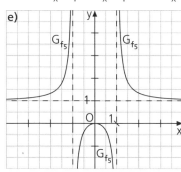

e)

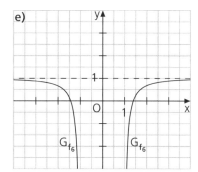

Der Graph G_{f_5} hat die Gerade mit der Gleichung $y = 1$ als waagrechte Asymptote und die Geraden mit den Gleichungen $x = 1$ bzw. $x = -1$ als senkrechte Asymptoten.

f_6: $f_6(x) = \dfrac{x^2 - 1}{x^2} = 1 - \dfrac{1}{x^2}$; $D_{f_6} = \mathbb{R} \setminus \{0\}$

Der Graph G_{f_6} hat die Gerade mit der Gleichung $y = 1$ als waagrechte Asymptote und die y-Achse als senkrechte Asymptote.

Beispiele für gemeinsame Eigenschaften:

G_{f_1}, G_{f_5} und G_{f_6} sind symmetrisch zur y-Achse.

G_{f_1}, G_{f_5} und G_{f_6} haben mindestens einen Punkt mit der x-Achse gemeinsam.

G_{f_1}, G_{f_5} und G_{f_6} verlaufen durch alle vier Quadranten.

II. **a)**

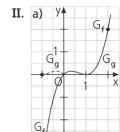

b)

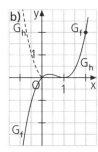

c)

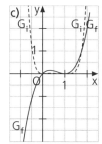

d)

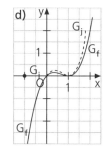

III. a)

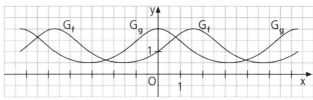

$W_f = [0,5; 2] = W_g$

G_g (nicht jedoch G_f) ist achsensymmetrisch zur y-Achse, da für jeden Wert von $x \in D_g (= D_f)$ stets $2^{\cos(-x)} = 2^{\cos x}$ (nicht aber stets $2^{\sin(-x)} = 2^{\sin x}$) gilt.

b) Die Graphen würden sich qualitativ nicht ändern; die Wertemengen wären jeweils $[\frac{1}{a}; a]$. Die Graphen G_f würden alle durch den y-Achsenpunkt T (0 | 1) verlaufen; die Graphen G_g würden die y-Achse jeweils im Punkt T_a (0 | a) schneiden.

IV. a) Tidenhub: etwa 6,5 m, Tidenperiode: etwa 12,5 h; mittlerer Pegelstand (etwa 6,8 m) z. B. um 0 Uhr

b) Sinusfunktion: $f(x) \approx 6,8 \text{ m} + \frac{6,5 \text{ m}}{2} \sin\left(\frac{2\pi x}{12,5}\right) \approx 6,8 \text{ m} + 3,2 \text{ m} \cdot \sin(0,50x)$; $D_f = [0; 24]$.
Hier bedeutet x die Maßzahl der Uhrzeit (z. B. ist am Mittag x = 12).

L

1. a) $S(3 \mid -5)$ **b)** $S(-1 \mid 3)$ **c)** $S(1,5 \mid 5,5)$

2. $P_1: y = x^2$ $P_2: y = (x + 4)^2 + 3$ $P_3: y = -[(x + 4)^2 + 3] = -(x + 4)^2 - 3$

3. a) $S^* (a \mid 2a - 4)$ **b)** $2a - 4 = 0; a = 2$
 c) $a^2 + 2a - 4 = 0; a_{1,2} = -1 \pm \sqrt{5}$ **d)** $2a - 4 = 10; a = 7$

4. a) $f^*: f^*(x) = 2^{-x} - 1; D_{f^*} = \mathbb{R}$ **b)** $f^*: f^*(x) = \frac{1}{x - 1} + 1; D_f = \mathbb{R} \setminus \{1\}$

5. a) $\lim\limits_{x \to \pm\infty} \frac{x + 2}{x + 1} = 1$ **b)** $\lim\limits_{x \to \pm\infty} \left[\frac{1}{(x + 1)^2} + 4 \right] = 4$

 c) $\lim\limits_{x \to \pm\infty} \frac{1 + x^2}{2 - x^2} = -1$ **d)** $\lim\limits_{x \to -\infty} [3^x \cdot (\sin \frac{x}{2})^2] = 0$

6. $f: f(x) = \frac{2(x - 3)}{x - 5}; D_f = \mathbb{R} \setminus \{5\}$

7. a) Schnittpunkt mit der y-Achse· $T(0 \mid a)$. Da $a \in \mathbb{R}^+$ ist, schneidet G_{f_a} die y-Achse stets oberhalb des Ursprungs.
 Schnittpunkt mit der x-Achse: $\frac{a^3}{a^2 + x^2} = 0; \mid \cdot (a^2 + x^2)$ $a^3 = 0$: falsch, da $a \in \mathbb{R}^+$;
 G_{f_a} schneidet also für keinen Wert von $a \in \mathbb{R}^+$ die x-Achse.
 Achsensymmetrie zur y-Achse: $f_a(-x) = \frac{a^3}{a^2 + (-x)^2} = \frac{a^3}{a^2 + x^2} = f_a(x)$ ✓
 b) $\lim\limits_{x \to \pm\infty} \frac{a^3}{a^2 + x^2} = 0$ unabhängig von a

c)

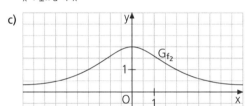

d) $\frac{8}{4 + x^2} < \frac{1}{25}; \mid \cdot 25(4 + x^2)$ $x^2 > 196; |x| > 14$

8. a) $p = \pi$ **b)** $p = 2\pi$

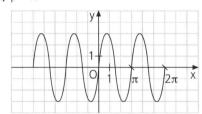 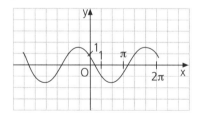

c) $p = \frac{2\pi}{3}$ **d)** $p = \pi$

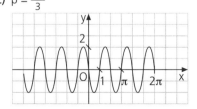 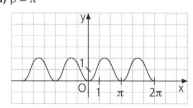

9. a) $f_1: f_1(x) = 1,1^x; D_{f_1} = \mathbb{R}$, bzw. $f_2: f_2(x) = 1,2^x; D_{f_2} = \mathbb{R}$, bzw. $f_3: f_3(x) = 1,5^x; D_{f_3} = \mathbb{R}$
 b) $f_1: f_1(x) = (\sqrt{2})^x; D_{f_1} = \mathbb{R}$, bzw. $f_2: f_2(x) = (\sqrt{3})^x; D_{f_2} = \mathbb{R}$

Wahr oder falsch?

Untersuchen Sie bei jeder der Aussagen, ob sie wahr ist, und kreuzen Sie entsprechend an. Stellen Sie falsche Aussagen richtig.

	Aussage	wahr	falsch
1.	Die über der Grundmenge $\mathbb{R}$ maximale Definitionsmenge D_f einer Funktion f mit dem Term $f(x) = \frac{x + 1}{2 - x}$ ist $\mathbb{R}\backslash\{2\}$.		
2.	Die x-Achse ist waagrechte Asymptote des Graphen G_f der Funktion f: $f(x) = \frac{1}{1 + x^2}$; $D_f = \mathbb{R}$.		
3.	Die Punkte P_a $(\frac{1}{a} \mid a^2 + 3)$; $a \in \mathbb{R}\backslash\{0\}$, liegen alle im 1. Quadranten.		
4.	Bei der Funktion f: $f(x) = \frac{2x - 6}{3 + 0,5x}$; $D_f = D_{f\,max}$, gilt $f(x) \to 4$ für $x \to -\infty$.		
5.	$\lim\limits_{a \to \infty}\left(3 - \frac{2}{a}\right) = 3$		
6.	Der Graph G_f der Funktion f: $f(x) = \frac{6}{x} - \frac{3}{x^2}$; $D_f = \mathbb{R}\backslash\{0\}$, hat mit der x-Achse keinen Punkt gemeinsam.		
7.	Die Lösungsmenge der Gleichung $10^{2x} - 11 \cdot 10^x + 10 = 0$ über der Grundmenge $\mathbb{R}$ ist $L = \{1\}$.		
8.	Für jeden Wert von $x \in \mathbb{R}$ gilt $(2^{2x} + 2^{-2x})^2 = 16^x + 2 + 16^{-x}$.		
9.	Der Graph G_f der Funktion f: $f(x) = 10 - 10^{-0,5x}$; $D_f = \mathbb{R}$, schneidet die y-Achse im Punkt T $(0 \mid 10)$.		
10.	Der Graph G_f der Funktion f: $f(x) = 10 - 10^{-0,5x}$; $D_f = \mathbb{R}$, hat mit der x-Achse den Punkt S $(-2 \mid 0)$ gemeinsam.		
11.	Der Graph G_f der Funktion f: $f(x) = \frac{x^2}{1 + 2^{x^2}}$; $D_f = \mathbb{R}$, ist achsensymmetrisch zur y-Achse.		
12.	Der Graph G_g der Funktion g: $g(x) = (\cos x)^3$; $D_g = \mathbb{R}$, ist punktsymmetrisch zum Ursprung.		
13.	Die über der Grundmenge $\mathbb{R}$ maximale Definitionsmenge D_f einer Funktion f mit dem Term $f(x) = 2\sqrt{\frac{x^2 + 1}{2}}$ ist $\mathbb{R}$.		
14.	Für jeden Wert von $x \in \mathbb{R}$ gilt $3 + \sqrt{4x^2} = 3 + 2x$.		
15.	Der Flächeninhalt J(a) des Dreiecks ABC mit den Eckpunkten A $(0 \mid a^2)$, B $(0 \mid 0)$ und C $(4a \mid \frac{2}{a})$; $a \in \mathbb{R}^+$, ist $J(a) = 4a^2$.		

	Aussage	wahr	falsch
1.	Die über der Grundmenge $\mathbb{R}$ maximale Definitionsmenge D_f einer Funktion f mit dem Term $f(x) = \frac{x+1}{2-x}$ ist $\mathbb{R}\backslash\{2\}$.	X	
2.	Die x-Achse ist waagrechte Asymptote des Graphen G_f der Funktion f: $f(x) = \frac{1}{1+x^2}$; $D_f = \mathbb{R}$.	X	
3.	Die Punkte $P_a\left(\frac{1}{a} \mid a^2 + 3\right)$; $a \in \mathbb{R}\backslash\{0\}$, liegen alle im 1. Quadranten.		X
4.	Bei der Funktion f: $f(x) = \frac{2x-6}{3+0,5x}$; $D_f = D_{f\,max}$, gilt $f(x) \rightarrow 4$ für $x \rightarrow -\infty$.	X	
5.	$\lim\limits_{a \to \infty}\left(3 - \frac{2}{a}\right) = 3$	X	
6.	Der Graph G_f der Funktion f: $f(x) = \frac{6}{x} - \frac{3}{x^2}$; $D_f = \mathbb{R}\backslash\{0\}$, hat mit der x-Achse keinen Punkt gemeinsam.		X
7.	Die Lösungsmenge der Gleichung $10^{2x} - 11 \cdot 10^x + 10 = 0$ über der Grundmenge $\mathbb{R}$ ist $L = \{1\}$.		X
8.	Für jeden Wert von $x \in \mathbb{R}$ gilt $(2^{2x} + 2^{-2x})^2 = 16^x + 2 + 16^{-x}$.	X	
9.	Der Graph G_f der Funktion f: $f(x) = 10 - 10^{-0,5x}$; $D_f = \mathbb{R}$, schneidet die y-Achse im Punkt T (0 | 10).		X
10.	Der Graph G_f der Funktion f: $f(x) = 10 - 10^{-0,5x}$; $D_f = \mathbb{R}$, hat mit der x-Achse den Punkt S (–2 | 0) gemeinsam.	X	
11.	Der Graph G_f der Funktion f: $f(x) = \frac{x^2}{1+2^{x^2}}$; $D_f = \mathbb{R}$, ist achsensymmetrisch zur y-Achse.	X	
12.	Der Graph G_g der Funktion g: $g(x) = (\cos x)^3$; $D_g = \mathbb{R}$, ist punktsymmetrisch zum Ursprung.		X
13.	Die über der Grundmenge $\mathbb{R}$ maximale Definitionsmenge D_f einer Funktion f mit dem Term $f(x) = 2\sqrt{\frac{x^2+1}{2}}$ ist $\mathbb{R}$.	X	
14.	Für jeden Wert von $x \in \mathbb{R}$ gilt $3 + \sqrt{4x^2} = 3 + 2x$.		X
15.	Der Flächeninhalt J(a) des Dreiecks ABC mit den Eckpunkten A (0 | a^2), B (0 | 0) und C (4a | $\frac{2}{a}$); $a \in \mathbb{R}^+$, ist J(a) = $4a^2$.		X

Gegeben sind sechs Funktionen; als Grundmenge G ist durchwegs $\mathbb{R}$ vorausgesetzt.

① $f(x) = 2^x(2^x - 1)$; $D_f = D_{f\,max}$ über G

② $f(x) = -x \cdot 2^{x^2}$; $D_f = D_{f\,max}$ über G

③ $f(x) = x \log_{10}(x^2)$; $D_f = D_{f\,max}$ über G

④ $f(x) = x^3 \log_{10}(1 + x)$; $D_f = D_{f\,max}$ über G

⑤ $f(x) = \dfrac{3x}{x^2 + 1}$; $D_f = D_{f\,max}$ über G

⑥ $f(x) = \dfrac{\sqrt{x^2}}{x^2 - 1}$; $D_f = D_{f\,max}$ über G.

Ordnen Sie den Funktionen ① bis ⑥ die Graphen ⓐ bis ⓕ richtig zu.

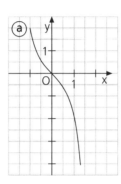

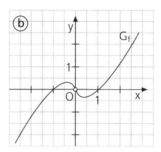

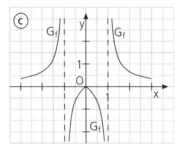

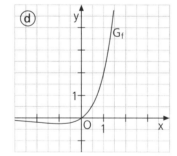

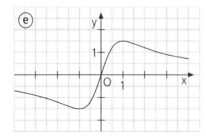

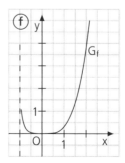

① ② ③ ④ ⑤ ⑥
ⓓ ⓐ ⓑ ⓕ ⓔ ⓒ